武汉

光电

论坛

主 编 叶朝辉

第六辑

系列文集

交融思想 砥砺创新

华中科技大学出版社
http://www.hustp.com
中国·武汉

图书在版编目(CIP)数据

武汉光电论坛系列文集. 第六辑 / 叶朝辉主编.—武汉：华中科技大学出版社，2021.11
　ISBN 978-7-5680-7686-9

Ⅰ.①武… Ⅱ.①叶… Ⅲ.①光电子技术-文集 Ⅳ.①TN2-53

中国版本图书馆 CIP 数据核字(2021)第 224835 号

武汉光电论坛系列文集(第六辑)

叶朝辉　　主编

Wuhan Guangdian Luntan Xilie Wenji(Di-liu Ji)

策划编辑：徐晓琦
责任编辑：徐晓琦　曾小玲
封面设计：原色设计
责任校对：曾　婷
责任监印：周治超

出版发行：华中科技大学出版社(中国·武汉)　　电话：(027)81321913
　　　　　武汉市东湖新技术开发区华工科技园　　邮编：430223

录　　排：武汉楚海文化传播有限公司
印　　刷：武汉科源印刷设计有限公司
开　　本：710mm×1000mm　1/16
印　　张：15.5
字　　数：275 千字
版　　次：2021 年 11 月第 1 版第 1 次印刷
定　　价：58.00 元

序 preface

2008 年 3 月，武汉光电国家实验室（筹）（Wuhan National Laboratory for Optoelectronics，WNLO）（现称武汉光电国家研究中心）发起并组织举办了"武汉光电论坛"系列学术讲座。截至 2021 年 10 月，该论坛已经成功举办了 179 期。

武汉光电国家研究中心依托华中科技大学，是科技部首批批准组建的 6 个国家研究中心之一，是适应大科学时代基础研究特点的学科交叉型国家科技创新基地，是国家科技创新体系的重要组成部分。其前身武汉光电国家实验室（筹），为科技部 2003 年首批批准筹建的 5 个国家实验室之一，2017 年获批组建武汉光电国家研究中心。

武汉光电国家研究中心面向信息光电子、能量光电子和生命光电子三大领域，以三个重大研究任务（海陆空天一体化光网络、绿色高效光子循环与光子制造、脑连接图谱与类脑智能）为牵引，围绕集成光子学、光子辐射与探测、光电信息存储、激光科学与技术、能源光子学、生物医学光子学、多模态分子影像、生命分子网络与谱学等 8 个方向，开展基础性、前瞻性、多学科交叉融合的创新研究，力争成为在光电科学领域具有重要国际影响力的学术创新中心、人才培育中心、学科引领中心、科学知识传播和成果转移中心，为国家实施创新驱动发展战略和建设世界科技强国作出重要贡献。

武汉光电国家研究中心始终把"为国民经济主战场服务"作为自己的责任与使命，通过开展前沿科学与跨学科研究，引领行业发展方向，同时在技术创新与成果转化、光电测试、光电行业标准建立、光电人才培养与培训等方面为"武汉·中国光谷"和光电行业发展与产业化提供多方位的支撑与服务。

武汉光电国家研究中心已成为我国光电领域国际交流与合作的重要平台，打造了"武汉光电论坛"等高水平学术交流品牌，至今已有 100 余名海内外大师大家来论坛讲学。

武汉光电国家研究中心是国家科技创新体系的重要组成部分和"武汉·中国光谷"的创新研究基地，是定位于国家创新体系下的科研基地、光电科学与技术的学科创新基地，也是光电领域高层次、复合型、创新性人才培训基地以及光电领域国际交流与合作基地。武汉光电国家研究中心为推动民族光电产业进一步发展、提升我国光电产业国际竞争力提供了强有力的科学和技术支撑，并积极参与、深度融入武汉东湖国家自主创新示范区的建设，为区域经济发展做贡献。

根据武汉光电国家研究中心的定位和建设目标，我们强调"依托光谷、省部共建、资源整合、区域创新"，并为"武汉光电论坛"确立了"交融思想、砥砺创新"的宗旨。论坛邀请在光电领域取得重要学术成就的科技专家，面向光电学科与产业发展的重大需求，介绍光电学科前沿和专业技术进展，讨论关键科学问题与技术难点，预测学科与产业发展趋势，从而打造融汇光电智慧的思想库，为促进"武汉·中国光谷"乃至全球的光电科技产业发展出谋划策。

为精益求精，保证论坛的学术水平，武汉光电国家研究中心制定了严格的流程，指定专人认真组织和协调。每期论坛的筹备工作都超过一周，旨在与主讲人充分沟通论坛要求和报告主题，务求报告能紧扣主题，介绍光电学科前沿和专业技术进展，讨论关键科学问题与技术难点，预测学科与产业发展趋势，提供一份业界、项目管理者、学术界都感兴趣的热点问题的综述，并能给相关行业或领域以启发。

"武汉光电论坛"目前已经引起业界的广泛关注，专业人士纷纷慕名而来。为拓展知识传播途径、搭建信息沟通桥梁，每期论坛的内容都会在有关部门和机构的网站上同步转发，供相关研究人员下载。现将第 144～173 期论坛的主要内容整理成文，并汇编出版（第 1～143 期已于 2009 年、2012 年、2016 年、2017 年和 2020 年分别出版），借此使得所有信息对外公开，以促进学术交流与合作，引起共鸣。

感谢莅临"武汉光电论坛"并作出精彩演讲的各位教授和学者，感谢长期以来为"武汉光电论坛"忙碌的武汉光电国家研究中心办公室全体职员，感谢参与"武汉光电论坛"的各位师生，感谢为此文集付梓作出努力的华中科技大学出版社的编辑。没有你们的努力，"武汉光电论坛"的发展不会如此迅速；没有你们的努力，也不会有本文集的面世。感谢教育部、国家外国专家局"高等学校学科创新引智计划（111 计划，B07038）"，光电子技术湖北省协同创新中心建设专项，以及华中科技大学校园文化品牌建设项目对"武汉光电论坛"的资助。

我们真诚希望能够通过本文集给大家带来一些思考和启示。知识的传递是一项崇高的事业，是一种不尽的幸福，更是一种无私的奉献。我们将不断完善"武汉光电论坛"，通过学术交流与合作，为大家奉献更加丰硕的成果。

叶朝辉

2021 年 10 月

目录 contents

崔屹 美国斯坦福大学材料科学与工程系终身教授。1998年在中国科学技术大学获理学学士学位，2002年在美国哈佛大学获博士学位，2003—2005年在美国加州大学伯克利分校从事博士后研究，2005年加入斯坦福大学材料科学与工程系，2010年获得终身教职。崔教授主要从事纳米材料在能源、光伏、拓扑绝缘材料、生物和环境领域的研究工作。发表论文400多篇，其中 Science 8篇，Nature 2篇，Nature 子刊73篇，Science 子刊6篇，被引用超过12万次，h因子164，授权国际专利40余件。在2014年美国汤森路透(Thomson Reuters)集团在线公布的全球材料科学领域"高被引科学家(Highly-Cited Researchers)"名单中排名第一，被誉为"世界最具影响力的科学头脑"。他是美国材料学会(Materials Research Society)会士、美国电化学会(Electrochemical Society)会士、英国皇家化学学会(Royal Society of Chemistry)会士、世界知名科学期刊《纳米快报》(Nano Letters)副主编、美国湾区太阳能光伏联盟(Bay Area Photovoltaics Consortium)主任，以及美国电池500联盟(Battery 500 Consortium)主任。他创立了 Amprius 公司、4C Air 公司和 EEnovate Technology 公司。获得过一系列国际重要奖项或基金，包括2017年度布拉瓦尼克青年科学家奖、2015年 MRS Kavli Distinguished Lectureship in Nanoscience 和 Resonate Award for Sustainability、2014年纳米能源奖、2014年布拉瓦尼克国家奖入围奖、2013年 IUPCA(国际理论化学与应用化学联合会)新材料及合成杰出奖、2011年哈佛大学威尔逊奖、2010年斯隆研究基金、2008年 KAUST 研究奖、2008年 ONR 年轻发明家奖、2007年 MDV 创新奖等，并在2004年入选"世界顶尖100名青年发明家"。

第144期

Applications of Nanotechnology in Energy，Environment and Textiles

Keywords：applications of nanotechnology，lithium ion batteries，anti-haze filtration materials，nano-polymer fiber fabric

第144期

纳米技术在能源、环境和织物领域的应用

崔　屹

21世纪以来,纳米技术的迅猛发展影响和变革了大量应用领域,极大地推动了科学技术的发展和人类文明的进步。纳米科学技术被认为是本世纪非常重要的、将对人类的生存和发展产生显著影响的科技领域。同时,进入21世纪,能源和环境问题日益凸显,已成为目前人类面临的两大全球化艰巨问题。人类既要发展能源技术、增加能源获取途径,也要避免引起环境污染。我们提出将纳米技术广泛应用在能源和环境的相关领域,通过多样化的纳米化的精巧结构设计方法和精密的纳米制造工艺来应对全球能源和环境问题。纳米技术将在提高能源利用效率、革新电化学储能技术、改善环境质量和提高人们环境适应能力等多方面提供强有力的手段支持,拓展出纷繁多样的应用方式。

本文将从近十年来我们的研究团队对纳米技术应用在能源、环境等领域开展的三个代表性研究方向的成果进行简述:(1)纳米技术在以高能硅负极为先锋的下一代高比能锂离子电池及未来锂金属电池中的应用,即在电化学储能中的应用;(2)纳米技术在应对环境问题中的应用——制造可高效过滤PM 2.5颗粒且透气性好的防雾霾过滤材料等;(3)纳米技术在智能调节人体温度的高分子纤维织物中的应用。

1. 纳米技术在电化学储能中的应用

可充电锂离子电池的研究是当今世界科技前沿,属于国家重大战略需求,具有广阔的产业前景,尤其在新能源汽车、消费电子、智能电网等方向,总体产量和市场规模在近些年得到快速提升。相比铅酸电池、镍镉电池等传统电化学储能技术,锂离子电池在能量密度和循环寿命上具有非常明显的优势。在下一代锂离子电池研究中,硅(Si)是极具吸引力的负极材料,因为它具有较低的放

电电位和已知的最高理论充电比容量（4200 mAh/g），是现有的商业化石墨负极的十倍以上，同时也远高于各种氮化物和氧化物材料。在这个能源短缺的时代，硅负极锂离子电池技术的前景十分诱人。但是硅负极的工业化应用有局限，这缘于体相硅颗粒至少存在两大问题，影响电池中电子传导，并造成容量衰减，最终导致电池失效，大大缩短了电池的使用寿命：（1）充放电过程中体积膨胀高达 420%，容易导致颗粒和电极的破裂；（2）充放电过程中发生副反应，形成不稳定、不导电的固体电解质界面 SEI 膜。

十多年来，我们的研究团队用十多代的纳米结构设计，试图解决锂离子电池中硅负极的两个问题，并逐步推进硅负极的产业化应用。

第一代纳米设计。我们首先提出了硅纳米线（Si NW）电极来克服硅电极的问题（见图 144.1）。因为硅纳米线电极可以适应较大的应变而不粉碎，从而能够稳定地提供良好的电子接触和传导，同时在一定程度上呈现出较短的锂离子扩散距离。最终我们实现放电比容量高达 2000 mAh/g 以上。

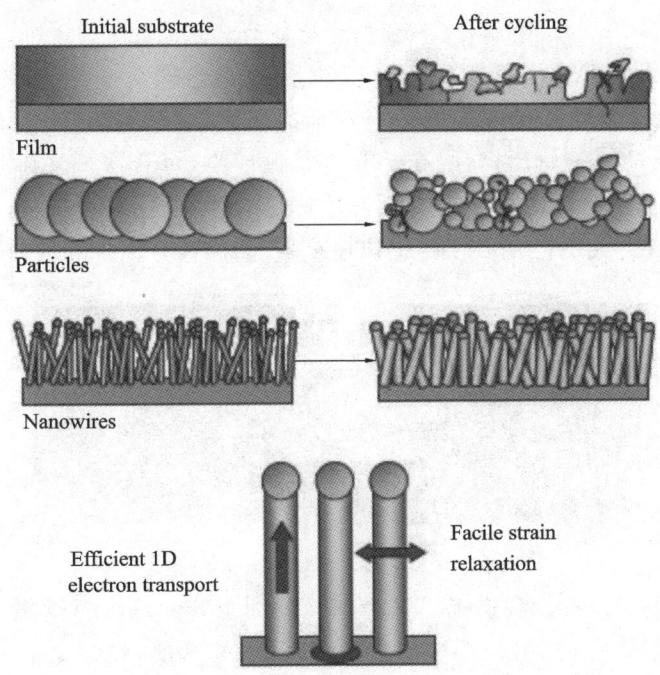

图 144.1　硅纳米线负极设计

第二代纳米设计。我们采用一步合成的方法在不锈钢基体上制备了以晶体硅为核心、无定形硅作为壳的核壳结构纳米线电极。由于两者的锂化电势不

同，晶体硅可作为电化学活性硅芯，它提供一种稳定的机械支撑的同时也是一种高效的导电途径，而无定形硅的壳则用于储存锂离子。我们证明这些核壳纳米线具有高的电荷存储容量（1000 mA/g，是碳的 3 倍），在 100 个周期内保持90% 的容量。在高充放电速率下（6.8 A/g），其电化学性能也非常优异，如图144.2 所示。

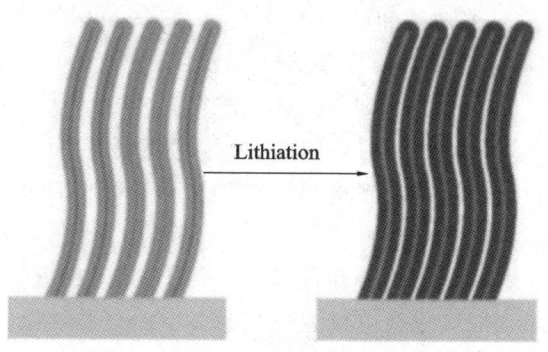

图 144.2　核壳结构硅纳米线电极

第三代纳米设计。我们提出了一种新的互连硅空心纳米球电极（见图144.3），在电池循环过程中能够适应本征的巨大体积变化而不粉碎。实现了2725 mAh/g 的高初始比容量，在 700 个总循环中，每百次循环降低的容量低于 8%，硅空心纳米球电极在后期循环中库仑效率也达到 99.5%。研究表明，锂离子能够在互连的硅空心结构中快速扩散，因而具有优异的倍率性能。

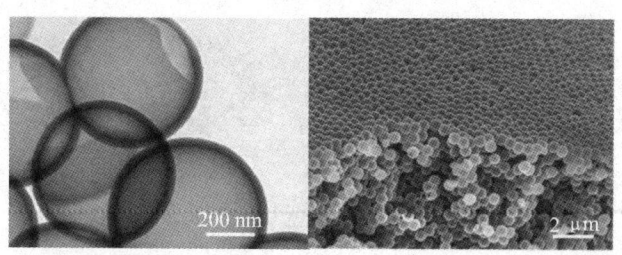

图 144.3　互连硅空心纳米球电极

第四代纳米设计。我们提出了由活性硅纳米管和可渗透锂离子的硅氧化物外壳组成的硅负极，可以在半电池中循环 6000 多次，同时保持 85% 以上的初始容量。硅纳米管的外表面被氧化壳阻止膨胀，膨胀的内表面不暴露在电解液中，从而形成稳定的固态电解质中间相（SEI 膜）。含有这种双壁硅纳米管负极（见图 144.4）的电池的充电容量大约是传统碳负极的 8 倍，充电速率可达 20C。

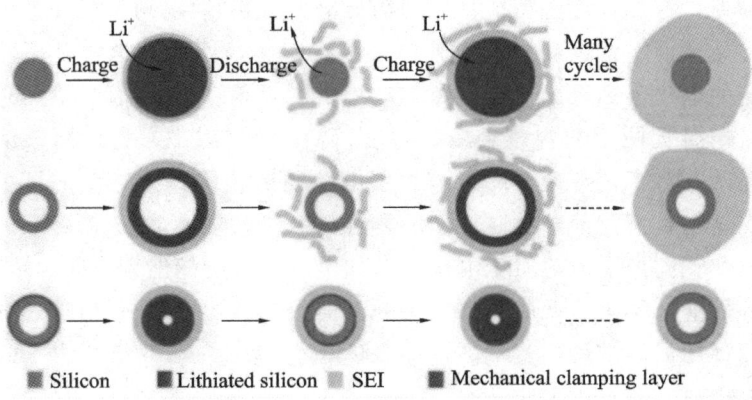

图 144.4　双壁硅纳米管负极

　　第五代纳米设计。我们设计和制造了一个蛋黄纳米结构,以应对硅负极的挑战(见图 144.5)。制作过程中没有特殊的设备,大多在室温下进行。商用硅纳米颗粒完全封闭在适形、自支撑的薄碳壳内,颗粒与壳之间有合理的空隙设计。良好的孔隙空间允许硅颗粒自由膨胀而不破坏外层碳壳,从而稳定了壳表面的固态电解质中间相。最终通过蛋黄结构实现了高容量(2800 mAh/g at C/10)、长循环寿命(1000 个循环,保留 74％的容量)、高库仑效率(99.84％)的硅负极。

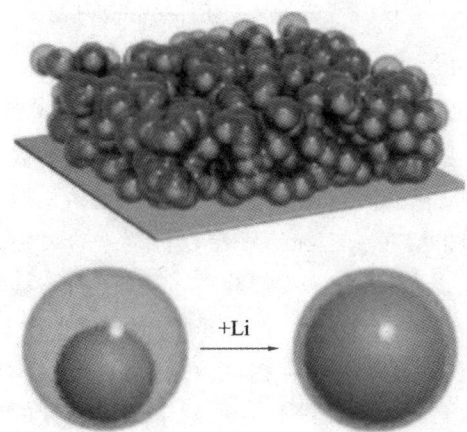

图 144.5　蛋黄结构的硅电极设计

　　第六代纳米设计。我们提出了一种简便且可规模化生产的方案,在硅基阳极中加入导电聚合物水凝胶(见图 144.6)。水凝胶在原位聚合,形成由导电聚合物共形包覆的硅纳米颗粒组成的连接良好的三维多孔网络结构。这种分层

水凝胶框架具有多种优势特征:(1)利用导电聚合物基体,可提供快速的电子和离子传递通道;(2)提供硅体积膨胀的自由空间。我们成功地实现了高容量和非常稳定的电化学循环。该电极可在电流密度为 6.0 A/g 的情况下,连续深循环 5000 次,且无明显的容量衰减(容量保持在 90% 以上)。此外,该溶液的合成和电极的制造工艺与现有的浆液涂层电池制造技术具有高度的可扩展性和兼容性。这将有可能使这种高性能的复合电极扩大规模,用于制造下一代高能锂离子电池。锂离子电池对于电动汽车和电网规模的储能系统非常重要,而电网规模的储能系统需要低成本和可靠的电池系统。此外,我们所描述的硅基阳极材料设计还可以应用到其他同样存在体积变化巨大和不稳定的 SEI 膜问题的电池电极材料体系中去。

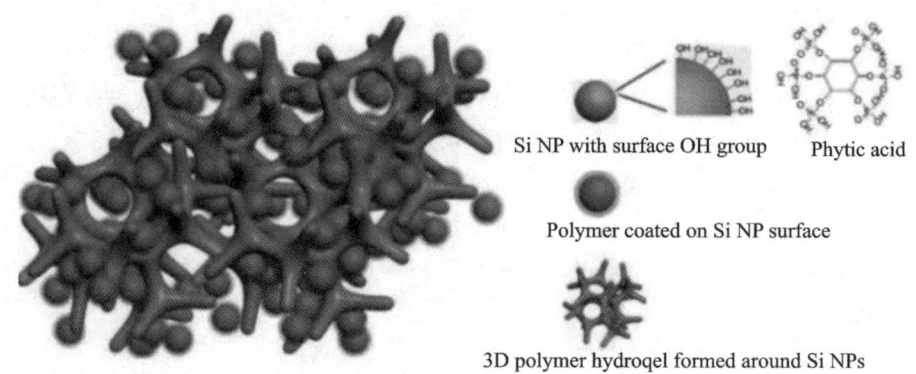

Si NP with surface OH group Phytic acid

Polymer coated on Si NP surface

3D polymer hydroqel formed around Si NPs

图 144.6 水凝胶三维导电网络硅负极

第七代纳米设计。高容量电极(如硅负极)因循环过程中产生的机械断裂导致循环寿命较短。我们受大自然"生物自愈合"能力的启发,将自愈化学应用于硅微粒子(SiMP)负极,以提升其循环寿命。研究表明,当在由低成本的 SiMP(3~8 μm)构筑的硅负极上涂覆一层自修复聚合物后,实现了稳定恒电流充放电,表现出杰出的循环寿命。我们获得了循环寿命达当时最好的 SiMP 负极的 10 倍以上的结果,并且仍然保持高容量(约 3000 mAh/g)。在循环过程中产生的裂纹和损伤,通过氢键聚合物可使涂层自行愈合,如图 144.7 所示。

第八代纳米设计。我们提出一种分层纳米结构设计的硅负极,其设计灵感来自石榴的结构(见图 144.8),其中单粒的硅纳米颗粒被一层导电碳层包覆,在嵌锂和脱锂的电化学过程中,能够保留下足够的膨胀和收缩的空间。然后,这些混合纳米粒子的集合再次被更厚的碳层包裹在微米大小的囊中,充当电解质屏障,从而实现稳定的 SEI 膜。由于这种类石榴的分层结构,SEI 膜能够保持稳定,从而具有优越的可循环性(1000 次循环后可保留 97% 的容量)。此外,

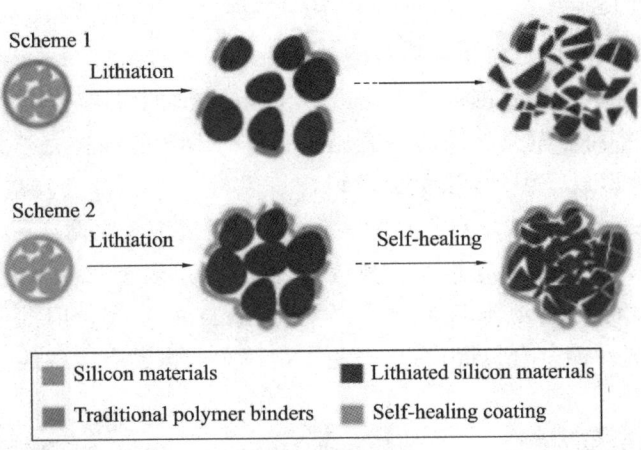

图 144.7　具备自愈合能力的硅负极设计

这种类石榴微观结构也同时降低了电极和电解液的接触面积,呈现出极高的库仑效率(99.87%)和大的体积比容量(1270 mAh/cm³),即使当面积比容量增加到商业锂离子电池的水平(3.7 mAh/cm²),电极循环依然可以保持稳定。

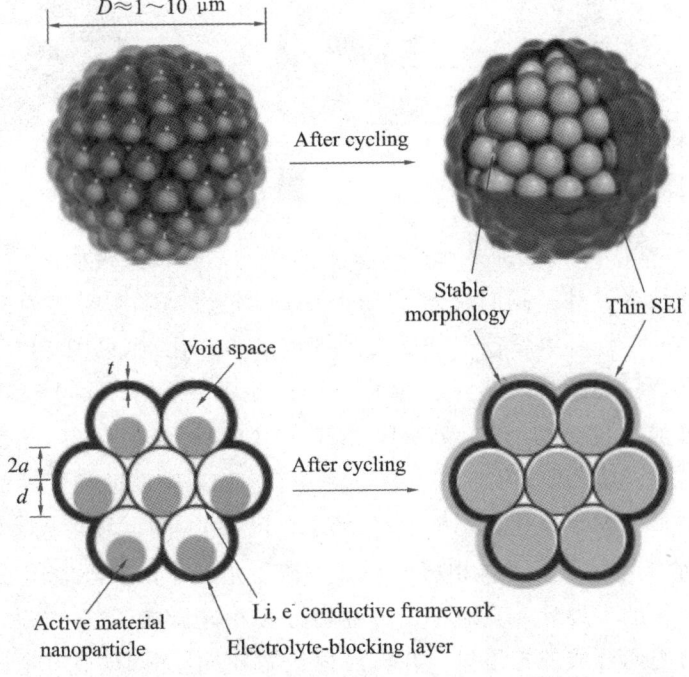

图 144.8　类石榴结构的硅负极纳米设计

第九代纳米设计。针对硅负极材料的断裂和 SEI 稳定性问题,我们进一步

设计了一种非填充碳包覆多孔硅微粒子(nC-pSiMP)核壳结构(见图 144.9)作为负极材料。其内核是由相互连接的硅初级纳米颗粒组成的多孔硅微粒,外壳是一个封闭的碳层,可允许锂离子通过。互连的硅纳米颗粒可提供足够的空间用于体积膨胀,而非填充涂层的碳壳则保持了 SiMP 的结构完整性,并防止了 SEI 膜的持续形成。因此,该负极可以深度循环 1000 次,且容量保持在 1500 mAh/g 左右。而面积载量在 3 mAh/cm² 以上经过 100 次循环后,依然无明显衰减。此外,该材料的合成和电极制造工艺简单,可规模化生产且具有高可重复性,并可与传统电池电极的浆料涂层制造技术兼容。因此,这一类 nC-pSiMP 作为高性能复合负极,在未来的大规模生产中具有广阔的应用前景。

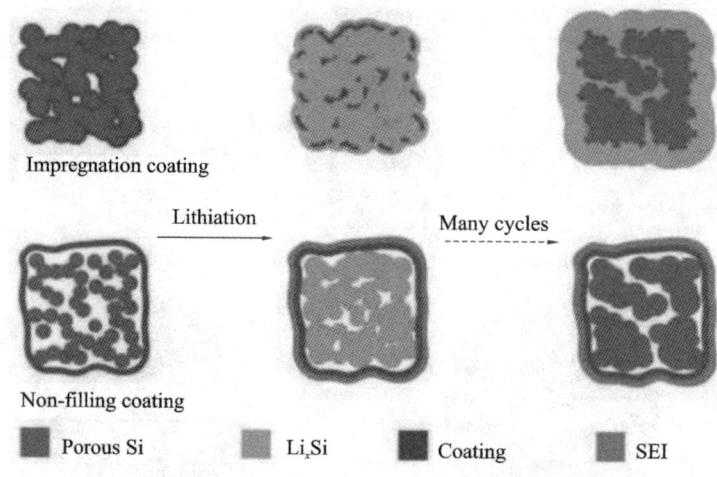

图 144.9　非填充碳包覆多孔硅微粒核壳结构负极

第十代纳米设计。我们设计了 Li_xSi-Li_2O 核壳纳米颗粒作为一种具有高比容补偿第一个循环容量损失的优良的锂离子预锂化剂(见图 144.10)。这些复合硅纳米颗粒是通过一步热合金化过程产生的。Li_xSi-Li_2O 核壳纳米颗粒在浆液中可加工,在干燥空气条件下,由于 Li_2O 钝化壳的保护,可表现出高容量,这表明这些纳米颗粒可与工业电池制造工艺相兼容。硅和石墨负极都成功地与这些纳米颗粒预锂化,以达到 94% 至大于 100% 的循环库仑效率。Li_xSi-Li_2O 核壳纳米颗粒使高性能电极材料在锂离子电池中的实际应用成为可能。

第十一代纳米设计。我们提出一种新方法将硅微粒子(1～3 μm)封装在共形多层石墨烯合成的笼子里。在深度恒流循环过程中,石墨烯笼子可扮演一种机械强度高、弹性强的缓冲器,以确保允许笼内的硅微粒在电化学过程中发生膨胀和断裂,同时能够维持整体颗粒层面和电极层面的离子、电子电导。此

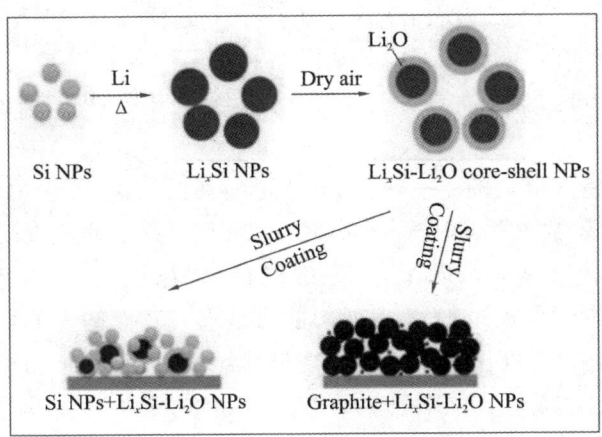

图 144.10　$Li_x Si$-$Li_2 O$ 核壳预锂化剂

外,惰性化学石墨烯保持架形成稳定的固态电解质界面中间相(SEI 膜),可有效减少锂离子的不可逆消耗,在早期循环中迅速提高库仑效率。研究表明,即使在严苛的全电池电化学试验中,这种通过石墨烯笼子封装硅微粒实现的结构电极依然可以保持稳定循环(100 次循环,90％的容量保持),如图 144.11所示。

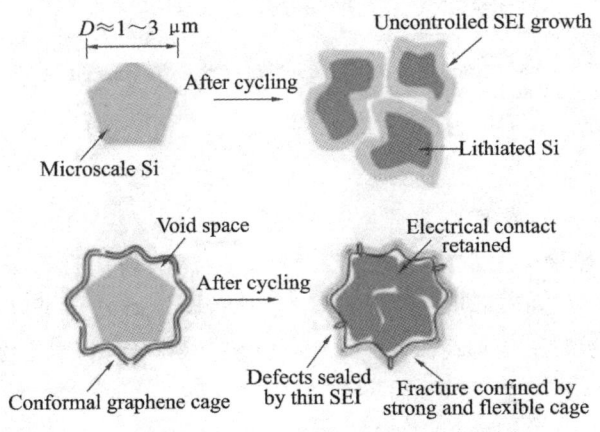

图 144.11　石墨烯笼子设计硅负极

2.纳米技术在环境领域的应用

环境中的颗粒物污染已引起人们对公众健康的强烈关注。虽然室外的个人防护可以通过口罩来实现,但室内的空气净化往往需要昂贵且高耗能的空气过滤设备。

　　传统过滤 PM2.5 的材料有两种:(1)多孔膜过滤器;(2)吸附过滤器。如图 144.12(c)、144.12(d)所示,这两种过滤材料的共同缺点是空气流通性差。一款好的 PM2.5 过滤材料需要有三大特点,即 PM2.5 吸收率高、透气性好、透光性好。

　　为了克服传统材料的不足,我们利用电纺丝的方法,开发出一种新型聚合物纳米线基过滤材料薄膜,如图 144.12(e)所示。我们研究发现,带有极性基团的聚合物具有很强的吸附 PM2.5 的能力,比如聚酰亚胺(PI)、聚丙烯腈(PAN)等。聚合物偶极矩越大,其吸附能力越强。我们基于 PAN 研制的这种通过窗户进行室内空气保护的透明空气过滤器,利用自然被动通风,即可有效地保证室内空气质量。在极端恶劣的空气质量环境下(PM2.5 质量浓度>250 $\mu g/m^3$)可达到 90% 透明度和 95.00% 的 PM2.5 去除率。

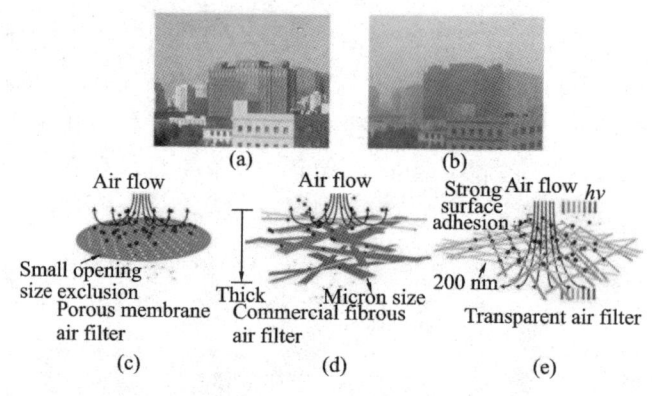

图 144.12　透明空气过滤器

　　进一步地,我们发现很多 PM2.5 物质都是在高温环境下排放的,如图 144.13 所示。如果想要从源头上解决 PM2.5 问题,所用材料必须具有一定的高温稳定性。因此,在前期工作的基础上,我们设计研究出了以聚酰亚胺为基础的耐高温的新型聚合物纤维材料。该材料在保证 PM2.5 去除率的前提下,兼具高温稳定性。其在 370℃ 以下仍然能够高效工作,SEM 表征发现其微观结构保持完整。以汽车尾气中 PM2.5 的去除为例,其实测稳定性也很好,如图 144.13 所示。

　　除此之外,我们还开展了防雾霾口罩等相关研究。在环境科学其他领域,如清洁水源方向,我们利用纳米技术实现了滤除水中的重金属以提供清洁水源,以及开发了海水中提取铀的崭新策略等。形形色色的纳米技术将在环境领域展现其独特的魅力。

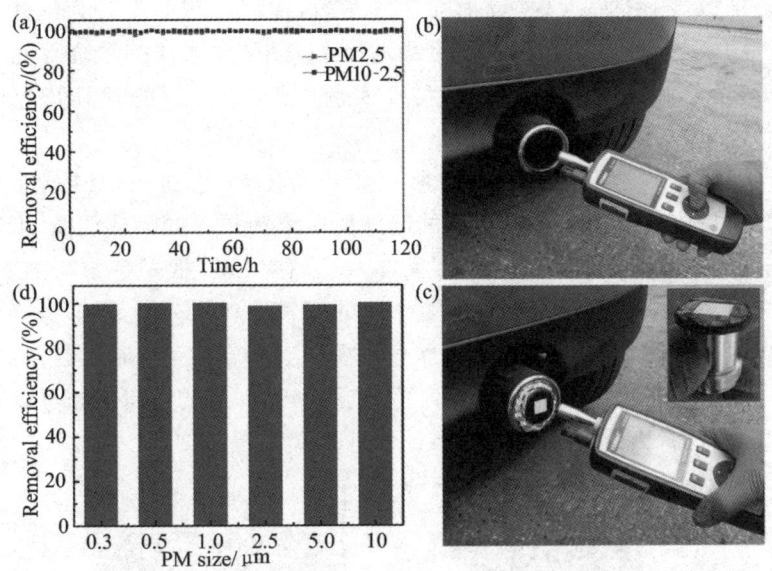

图 144.13　耐高温新型聚合物纤维过滤材料

3.纳米技术在织物中的应用

能源危机和气候变化是 21 世纪人类面临的两大问题。传统化石能源的大量消耗带来温室气体过度排放,严重扰乱了气候平衡,继而导致全球变暖和极端天气频发。科学家们为解决这两个问题进行了大量研究,一方面努力开发可再生新能源,例如太阳能、风能、海洋能等;另一方面,减少当前的能源消耗和改善能源利用效率同样重要。

有研究表明,在美国各类能源策略中,通过使用节能电器或节能建筑设计来提高能源效率是解决能源问题最具有"成本效益"的方法。降低室内温度调节需求将对全球能源使用产生重大影响。传统的方法一直侧重于设计建筑保温和实现建筑智能温度控制,我们提出"人体热管理"概念,将提供一种极具前景的节能新方案。

人体热管理只对人体及其周围环境进行温度调控,而不浪费整个建筑的多余能量。由于人体的热质量比整个建筑的热质量小得多,相比调节室内温度,人体热管理将会具有更高的能源效率。为了实现这一目标,有必要更好地控制人体在室内环境中的散热过程。在 33.5℃ 的正常皮肤温度,人体发出的红外(IR)波长范围为 $7\sim14~\mu m$,峰值辐射波长为 $9.5~\mu m$。在典型的室内场景中,红外辐射散热占人体总热量损失的 50% 以上。人体热管理的目标是夏季加强

红外辐射耗散，冬季抑制红外辐射耗散。然而，传统纺织品不是为红外辐射控制而设计的。基于此，我们将多样的纳米技术应用在"人体热管理"中，通过多种纳米策略，设计了一系列新的材料来实现"冬暖夏凉"的各具特色的节能织物。

首先我们研制了一类金属银纳米线涂层纺织品（如图 144.14 所示），这种涂层的纺织品比普通布料具有更高的红外反射率和更好的隔热性能，可以将人体 40％以上的红外辐射反射"回到"人体，使人体升温，抵御冬季严寒。同时，银纳米线的多孔结构并没有牺牲原有布料的透气性和耐久性，能够保持与普通布料相同的透气性和耐久性。相关计算表明，与传统的室内加热器相比，这种银纳米线涂层布料可以有效地加热人体，这种局部加热的纳米线布可以减少数百瓦的电力需求，由此减少我们对化石燃料的依赖。

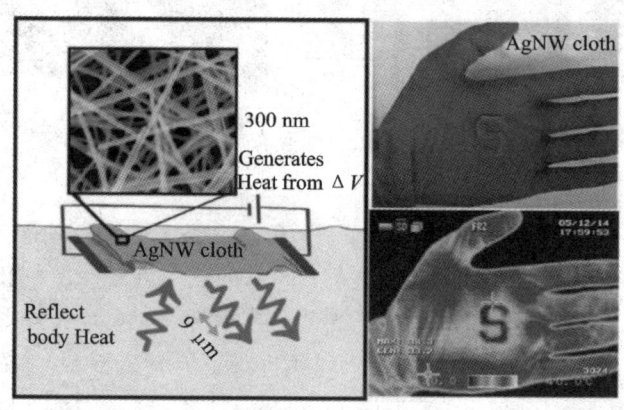

图 144.14　银纳米线涂层保暖织物

另一方面，对于夏季炎热的天气，我们同样开展了"散热织物"系列研究。我们从家庭常用的聚乙烯（PE）保鲜膜上受到启发，研制了能够充分透过人体红外辐射（IR-transparent），但是却和普通布料一样非透明（visiblelight-opaque）、透水性和透气性良好的纳米多孔聚乙烯散热织物（如图 144.15 所示）。为提高人体红外辐射透过性能，我们通过纳米化多孔设计，利用微针打孔技术，制备了孔径在 50～1000 nm 的多孔聚乙烯（nanoPE），并引入亲水的聚多巴胺（PDA）涂层来增强织物汗液毛细的作用，同时实现高水蒸气透过率（WVTR），然后将棉网夹在两层 PDA-nanoPE 之间，通过点焊进行黏结，以增强其机械强度，再精心选择涂层的厚度、微孔尺寸和网孔填充比，最终制备出 PDA-nanoPE-棉网复合织物，兼具良好的光学和热性能。该复合织物的平均红外透射率为 77.8％，不透明度高于 99％。在穿着时，皮肤温度可实现比穿棉纺

织品时低 2.0℃,拥有高效散热特性。

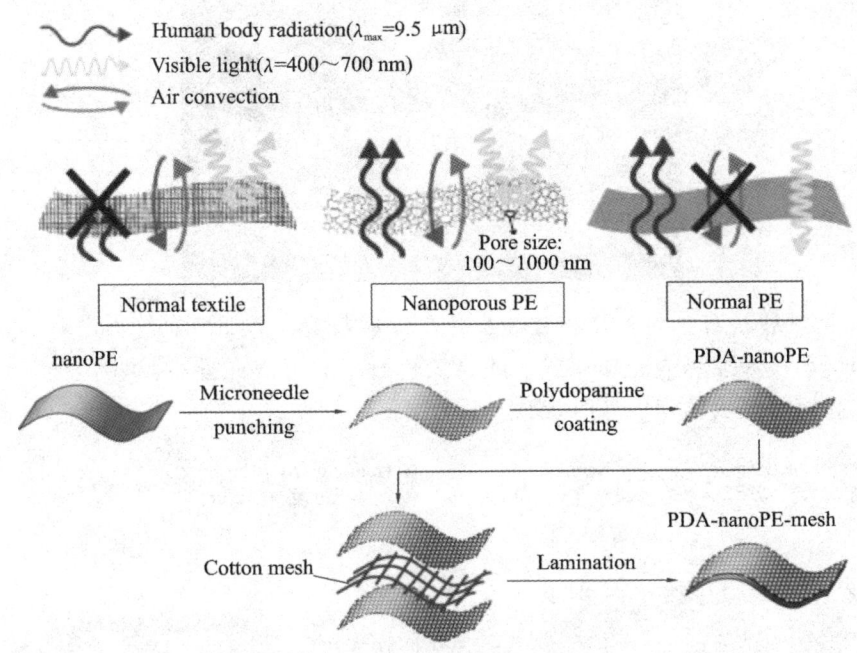

图 144.15　非透明纳米多孔聚乙烯复合散热织物及其制备方法

更进一步,我们研制了可规模化、工业化量产的由纳米多孔聚乙烯微纤维制成的节能织物(如图 144.16 所示)。相比商业棉布,nanoPE 量产织物依然具备优良的冷却效果,可实现 2.3℃ 的室内人体降温,并节约 20% 能耗。在纳米多孔聚乙烯微纤维中嵌入纳米粒子,不仅保证了可见的不透明度,而且达到了像棉花一样柔软的效果。除此之外,此类纳米面料还展示了一系列引人注目的耐磨性特征。随着大规模生产,它可以作为一种可持续的节能解决方案,很快被广泛采用来改善我们的生活方式。我们希望纳米面料不仅能彻底改变纺织品的散热方式,还能在降低能源消耗、实现全球可持续发展方面取得突破性进展。

除此之外,我们还研制了一种"双模节能织物",即在同一块织物上实现"正穿保暖、反穿降温"的双功效(如图 144.17 所示)。该双模织物将以碳为材料的高辐射系数层(辐射系数为 0.9)和以铜为材料的低辐射系数层(辐射系数为0.3)分别放于两层不同厚度的纳米多孔聚乙烯织物(碳辐射极一侧的厚度为24μm,铜辐射极一侧的厚度为 12μm)中,通过控制辐射率、纳米聚乙烯的厚度以及辐射体离热侧(人体皮肤)的远近来控制不同的传热系数,最终实现通过翻

图 144.16　大规模可工业量产的纳米多孔聚乙烯节能织物

转即可切换为加热或冷却模式。即当低辐射系数层面向外时,织物会被加热;
而当高辐射系数层面向外时,织物会被冷却。

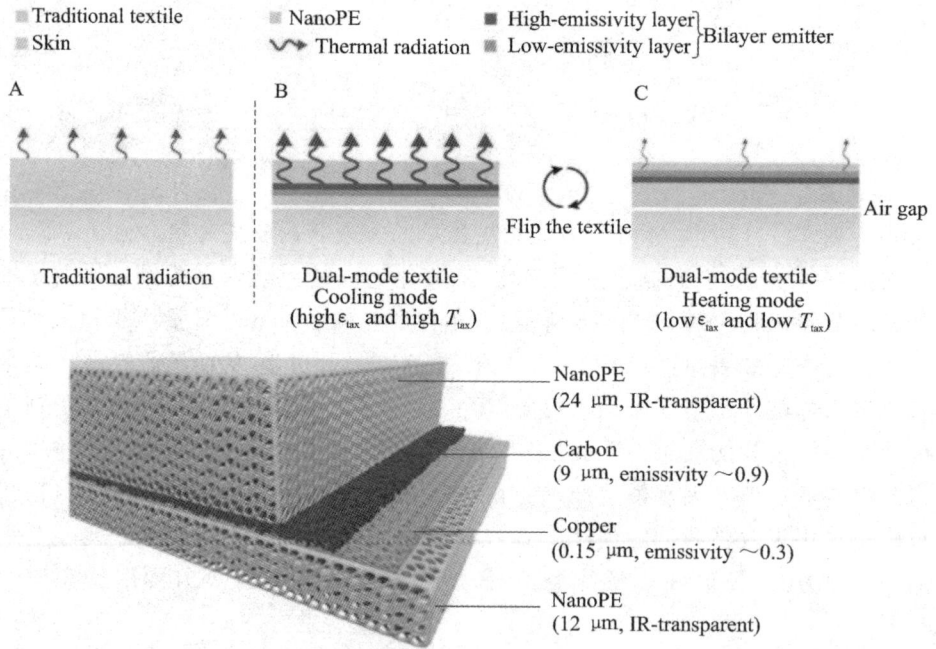

图 144.17　双模节能织物设计

　　随着更加深入的研究,我们发现织物外表面的红外辐射率对衣服的保温性
能有重要影响,而织物内表面的红外辐射率对保温性能几乎没有影响。因此,
我们还设计了一种具有纳米孔洞、外覆纳米金属银涂层的聚乙烯织物(如图
144.18 所示),能够有效减少人体热量的耗散。在舒适度不变的条件下,当人
们穿上这种衣服后,外界供暖温度可因此降低 7.1℃。这种织物由红外透明

（透过率为 96％）的纳米聚乙烯和高红外反射（反射率为 98.5％）的纳米金属涂层复合构成，织物外表面的红外辐射率仅有 10.1％。进一步的研究表明，该织物具有很好的耐磨性、吸水性、透气性和着色性，作为未来的新型织物，有广阔的应用前景。

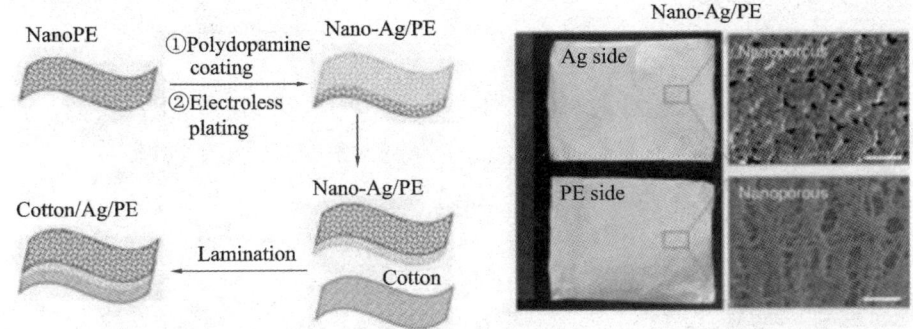

图 144.18　Nano-Ag/PE 复合织物制备示意图及实物照片

最后做一个小结。我们将多样的纳米技术引入能源、环境和织物领域，带来很多新奇的发现，也获得了大量独创性研究成果。本文对相关的系列研究进行了简单总结，以此来展现 21 世纪纳米技术不可忽略的巨大应用价值和无穷的科技魅力！

（审核：孙永明）

沈平 1995 年获得英国伯明翰大学电子与电气工程博士学位,1999 年加入新加坡南洋理工大学电气与电子工程学院,2014 年被任命为光纤技术中心主任,现任南方科技大学讲席教授。沈教授是国际光学工程学会会士和美国光学学会会士,并任多个国际会议的主席、委员会成员和国际顾问。他是IEEE Photonics Society Singapore Chapter(前身为 IEEE LEOS)的创始成员,目前担任 OPTICA 新加坡分会的主席。已发表超过 500 篇期刊和会议论文,研究领域涉及特种光纤以及光纤光器件等,h 因子达到 38。近年来,他的论文年引用量高达 800 余次。

第145期

Optical Fiber Sensing

Keywords:optical fiber sensing, multi-parameter dimension sensing, liquid crystal injection photonic crystal fiber, lab on fiber

第(145)期

光 纤 传 感

沈 平

1. 光纤与光纤传感

随着科技的快速发展,光纤通信与光纤传感这两大光纤技术的重要研究方向吸引了越来越多的学者和业界的注意力,开发出了广泛应用于各行各业的基于光纤的各种功能器件。在光纤通信中,通常要求光纤具有极高的环境稳定性,光波波长等特性不随环境温度、湿度、压力等因素的改变而改变,避免导致通信设备不稳定。而与光纤通信相反,光纤传感则是利用光纤中传输光波的波长、强度、损耗等特性对于环境变化异常敏感,从而实现对温度、湿度等各种物理量的测量。

得益于光纤技术的不断发展,光纤传感器与传统传感器相比,具有成本低廉、体积小、质量轻、灵敏度高、耐恶劣环境、抗环境电磁干扰等诸多优势,在诸如航空航天、海洋探测、管道监测、桥梁监测、机场环境监测、生物医学等领域,以及大型结构在振动、冲击等环境下的健康监测中发挥着极其重要的作用。

如上这些越来越复杂、越来越特殊的工程应用环境对于实时获取环境信息(例如温度、湿度、应力、应变、振动、冲击等)的需求越来越高,这就需要应用更先进的传感器网络来获取环境信息,并要求传感器网络中的传感元件不仅具有质量轻、精度高、成本低等特点,还需要满足以下要求:

(1)微型化:尽量减少传感器对结构或材料性能的影响;

(2)网络化:便于对复杂大型结构实现分布式监测;

(3)高可靠:保证传感器在结构服役状态下的稳定正常工作;

(4)多参量监测:即一种结构的光纤传感器能同时实现对多种环境参量的监测。

目前,多参量监测也是制约光纤传感发展的重要瓶颈之一。只有实现了多参量监测,才能有效减少传感元件数量,进一步减小传感网络体积,提高分布式组网控制及监测的灵活可靠性,更好地发挥出光纤传感的重大应用价值。因此,如何设计微结构光纤实现多参量监测是光纤传感发展的重要特征,也是必然选择。

2. 光纤制备及发展历程

光纤通信、光纤传感、光纤激光器等的发展需求驱动着光纤技术发展的不断进步,而光纤技术的发展同样离不开光纤制备技术进步的支持。传统的光纤制备主要分为:原材料提纯、预制棒制作、拉丝、套塑、成缆等步骤,这些步骤共同确保低损耗光纤批量制备的实现。

光纤作为一种介质圆柱光波导,它能够约束并引导光波在其内部或其表面附近沿其轴线方向向前传播,光纤中光波的传播遵循内全反射原理。自光纤结构诞生以来,损耗、工作波长等问题,阻碍了光纤在通信、传感等领域的应用,在众多科学家的努力下,光纤发展经历了三个主要的技术节点,克服了损耗、工作波长等多个障碍,在通信、传感等领域的应用取得了极大的成功。目前全球已铺设的光纤长度足以连接地月四十余次。

光纤发展的三个主要技术节点分别如下。

(1)低损耗光纤。1966 年,高锟博士在其发表的著名论文《光频率介质纤维表面波导》中首次明确提出,通过改进制备工艺,减少原材料杂质,可使石英光纤的损耗大大下降,并有可能拉制出损耗低于 20 dB/km 的光纤,从而使光纤可用于通信之中,推动了光纤通信技术迅猛发展。

(2)光放大技术。1989 年,英国南安普顿大学研制出掺铒光纤放大器(ED-FA),在较短的 15 m 光纤内,使信号放大 1000 倍,获得了 30 dB 增益。EDFA的出现延长了光纤的无中继距离,大大简化了光电光中继器系统,极大地提升了光纤的传输容量。

(3)光子晶体光纤。光子晶体光纤属于光子晶体的应用之一。1966 年,Philip Russell 等人成功实现光子晶体光纤的制备。与传统光纤不同,光子晶体光纤将微米级甚至纳米级微结构引入光纤剖面设计中,依靠微结构不同于一般均匀材料的色散、能带等特性,光子晶体光纤具有不同于传统光纤的导光特性。光子晶体光纤众多可调设计参数,使其在通信、传感等领域相较于传统光纤具有无可比拟的优势。

3. 多参量维度光纤传感系统

传统光纤传感器通常只能对环境的温度、湿度、应力、应变、弯曲等一个或少数几个物理量的改变作出响应。而随着光纤传感器应用场景的复杂化,传统的针对特定物理参量进行响应的光纤传感器已经难以满足应用的要求。为了实现多参量多维度的传感,一种途径是采用多种类型的光纤传感器共同使用,分别监测对应的物理参量。然而,这种方法极大地增加了光纤传感系统的复杂度和成本。为了满足特殊场景环境监测应用的复杂需求,各种各样的可用于多参量监测的微结构光纤传感器及其传感系统应运而生。

下面将分类介绍多参量维度光纤传感器的原理及研究设计。

1) 传统光纤光栅传感器

近几年,基于传统具有芯包层结构的全固态光纤(芯层折射率高于包层折射率)的光纤光栅传感器成为国内外的研究热点。一般的光纤光栅传感器都是通过对布拉格反射波长的漂移量进行测量来实现对被测量的检测。此种传感器可以很方便地构成分布式的结构,其灵敏度相对比较高,能够代替其他结构类型的光纤传感器,可以实现对大型构件的实时监测,在一根光纤中可以进行多点测量。目前国内外对其进行研究的范围主要包括:对传感网络技术、封装技术等的研究;对高灵敏度、小型化、低成本的探测技术的研究;对能够同时感测温度变化及应变的传感器的研究。

以新加坡机场的光纤光栅传感器系统为例来介绍应用于温度和应力监测的分布式传感系统。由于光纤光栅传感器的灵敏度较高,在该机场的分布式光纤光栅传感器系统中,相邻光栅的间隔设为 7 m。对于短周期的光纤光栅的制作,可以通过掩膜版以及紫外光照射形成折射率的周期性排布来实现,并通过掺杂稀土元素等提升光敏特性,进而提升传感系统的灵敏度。此种光纤光栅传感器可以同时监测温度和应力的变化,其对应的响应参量均为光纤光栅的谐振反射波长变化。应力的改变拉伸或者压缩了光纤光栅,进而改变光纤光栅的周期,相应的谐振反射波长也发生变化,实现对应力的监测。温度的改变将使光纤光栅导光的折射率发生变化,进而改变光栅相应的谐振反射波长,从而实现对温度的监测。

此外,基于传统光纤的应用于湿度传感的光纤传感器也是采用光纤光栅结构,通过光栅结构、掺杂元素等的改变使得结构能够对湿度进行响应。

2) 微结构(光子晶体)光纤

微结构光纤,也可称为光子晶体光纤,是将微米级甚至纳米级微结构引入光纤剖面设计中,使得光纤具有不同于传统光纤的导光特性。传统的光子晶体光纤是在圆柱形石英材料中加入阵列分布的空气孔,光纤的中心为实芯的非孔洞区,形成纤芯,纤芯周围的多孔结构形成光纤的包层。由空气孔排列组成的光纤包层的有效折射率低于纤芯的有效折射率。光子晶体光纤的折射率分布也满足光波导的基本条件——全内反射条件,因而光波被束缚在芯层里。

不同的光纤结构使得光子晶体光纤具有各种不同的优良特性,比如非常大的数值孔径、单模工作、低弯曲损耗、极小或者极大的非线性、空气引导、空气孔中填充金属或者液晶等材料的可能性、高双折射特性、灵活的色散操控能力,等等。此外,阵列排布的空气孔也可使光纤针对不同波长的光可以工作在不同的模式中,如光栅区、布拉格反射区、禁带区等,使得光纤可以应用在不同的场景中。

本研究组 17 年前即开始研究光子晶体光纤,见证了光子晶体光纤从最开始钻石般昂贵的价格到现如今价格相对便宜的过程。最初的光子晶体光纤采用阵列规则排布的空气孔,改变空气孔的尺寸及排布方式、将金属或不同种类的液晶等一些具有特殊性质的材料灌入光纤中间的空气孔中,可使得光子晶体光纤具有各种不同的响应特性。

3)液晶注入型光子晶体光纤传感器

在传统的光子晶体光纤的空气孔中注入不同种类的液晶,即形成液晶注入型光子晶体光纤。因为不同种类的液晶具有不同的性质,环境温度、湿度、应力等参量的改变使得液晶的晶向等参量产生不同的响应,所以可以用于多种参量、多种维度的传感应用中。

液晶注入型光子晶体光纤同时结合了光子晶体光纤和液晶材料的优势。然而,由于光子晶体光纤的空气孔尺寸较小,如何将液晶灌入到空气孔当中成为一个需要解决的问题。光子晶体光纤中很小的空气孔会起到一种毛细管的作用,将光子晶体光纤放入液晶材料中,由于毛细管现象的存在,简化了液晶注入型光子晶体光纤的制作难度,无须通过加负气压等方法即可将液晶材料充满光纤中的空气孔。

液晶注入型光子晶体光纤具有许多不同的特性,着重介绍以下两种优良特性。

(1)不同的光谱响应。液晶注入型光子晶体光纤存在吸收峰,通过注入一束波长在吸收峰内的光可以升高液晶的温度,进而改变液晶的相位等特性。吸光进而产热为光控光提供了一种可能性。

(2)高双折射特性。液晶注入型光子晶体光纤与传统光纤不同,由于液晶材料的存在,该光纤针对 e 光和 o 光具有不同的光谱响应,在不同的波长范围内,光纤仅支持一种偏振光的传输。此外,在特定波长范围内,该光纤还具有极强的双折射特性,相较于市面上传统的光纤,其双折射效率提高了两个数量级。高双折射特性直接将偏振维度也引入到光纤传感中,为监测环境的更多物理量提供了可能性。

以温度传感为例,在光子晶体光纤的空气孔中选择性地注入液晶,可以形成两个纤芯,只要改变光纤的温度,两根纤芯中的光功率比也会随之发生变化,由此可以对环境的温度进行监测。

4. Lab on fiber 及发展远景展望

光纤设计及制作有着如下三点优势:

(1)耐恶劣环境,使得光纤在各种特殊的场景中具有重要的应用价值;

(2)光纤制作技术的进步使得光纤有可能实现由二维截面设计向三维设计的跨越式发展;

(3)光子晶体光纤具有非常高的设计灵活性,可以实现多参量传感。

这些优势使得在光纤上构建 Lab 成为可能。目前有少数研究组利用 3D 打印技术实现了 Lab on fiber 的概念验证,但还存在无法量产的问题。

所以,多参量维度传感、Lab on fiber 量产等是未来一段时间内光纤传感的重要研究方向。

(记录人:李振　审核:余宇)

张岩 1990—1994年于哈尔滨工业大学应用物理系本科学习,1994—1996年于哈尔滨工业大学应用物理系攻读硕士,1996—1999年于中国科学院物理研究所攻读博士学位,1999—2001年得到日本学术振兴会博士后基金资助,于日本山形大学工学部任特别研究员,2001—2002年于香港理工大学电机工程系任研究助理,2002—2003年得到德国洪堡基金资助,于德国斯图加特大学应用光学研究所任洪堡学者,2003年回国,于首都师范大学物理系任研究员,其间于2004年赴香港科技大学物理系任访问学者一个月。

现任中国物理学会光物理委员会委员、中国光学学会全息与信息处理委员会委员、中国光学学会光电技术委员会委员、中国仪器仪表协会光机电技术与系统集成分会理事、美国光学学会会士和国际光学工程学会会士。2004年入选北京市科技新星计划,2006年以骨干人员入选北京市科技创新团队成员。在 *Optics Letters*、*Optics Express*、*Applied Physics Letters* 等杂志上发表论文100余篇,被SCI他人引用800余次。曾主持、参加和完成包括国家973计划、国家863计划、国家自然科学基金面上项目等国家级项目5项,省部级项目4项。从事的研究为光子晶体器件设计、太赫兹光谱与成像、表面等离子光学以及光学信息处理。

第146期

Terahertz Metasurface

Keywords：terahertz，metasurface，wavefront control

第146期

太赫兹超构表面

张　岩

1. 太赫兹的应用以及面临的问题

20 世纪 90 年代，致力于微波的研究者努力把光源波长变短，但做到太赫兹的边缘以后，整个源的产生效率越来越低，因此停滞不前。而做红外波段的研究者则不断地让产生的光源波长变长，但做到太赫兹波段时也遇到了相应的困难。所以当时很长时间没有人研究太赫兹波段，电磁频谱上产生了很大的空隙，被称为太赫兹空隙。

1）太赫兹波段的优势

第一，在太赫兹波段可以进行相干探测，由傅里叶变换得到太赫兹的振幅和相位信息。太赫兹可通过实验室里的飞秒脉冲激光器去泵浦半导体或光开关来产生，经过待测样品之后，太赫兹的振幅和相位信息会改变，然后利用电光采样的方法可得到太赫兹相干信号。之后用示波器去看电压的时域波形，它是电场，有正负值，因此经过傅里叶变换后，就可以得到太赫兹信号在每个频率上的振幅和相位。此时相位信息可通过相干探测得到，比强度探测的信息量更丰富。

第二，太赫兹具有穿透性。许多介电材料和非极性物质对太赫兹都是不吸收的，如木材、纸张、布料等，太赫兹都可以很好地穿透它们。因此太赫兹可应用到安检或者质检分析中。

第三，太赫兹有非常低的光子能量。太赫兹光子对应的能量是 4.3 meV（毫电子伏特），而 X 射线的光子能量约为千电子伏特，所以 X 射线很容易引起组织当中细胞的电离，对人体是有害的，太赫兹就不会对细胞等产生危害。2018 年，成都机场装了名为"弱光子"的安检仪，实际上它是 X 射线安检仪，长期使用将危害人的身体健康，这引起了社会很大的反响，于是立马被撤了下来。

但对于太赫兹来讲,它的光子能量比较低,对人体是安全的。因此可以用太赫兹去做人体或者动物活体的检测。

第四,很多生物的大分子以及一些毒品、爆炸物的成分的指纹谱,即所谓的特征谱都是落在太赫兹波段的,所以我们可以利用太赫兹的光谱去识别这些物质。

第五,利用光学的方法产生的太赫兹是宽谱的。在实验室里用脉冲宽度为120 fs 的光纤飞秒脉冲激光器去泵浦一个光电导天线,产生太赫兹的谱宽一般从 0.2 THz 到 2.6 THz 甚至到 3 THz。可以发现,产生信号的谱宽比它本身泵浦的谱宽还要宽,这样,谱越宽,可以包含的信息就越多,而现在用空气等离子的产生方法,可以做到 50 THz,最高的结果是德国康斯坦茨大学做到了 80 THz 的宽谱。这样可以包含更多的频谱去做物质的识别,识别的精细度就会得到很大的提高。

第六,太赫兹还可以做无线通信。现在的第五代无线通信已经进入了 30～40 GHz,如果想无限接近覆盖整个带宽,或者增加传输速度、信息容量的话,就需要把载波从 30～40 GHz 提高到近 100 GHz,即进入太赫兹波段。如果是宽带的,进行通信的时候,就可以建立更多的通道。

2)太赫兹波段存在的问题

第一,利用太赫兹连续波成像时有一个很大的缺陷,就是没有相位信息,也没有光谱信息,这样前文提到的太赫兹最大的两个优势就没有了。

第二,利用太赫兹进行相干层析的时候需要三维的扫描,即物体的二维空间扫描和时间维度的扫描。整体来讲,这是一种比较费时的测量方式。

第三,对太赫兹进行波前调控的传统光学元件的尺寸较大,限制了其现场装配调试的运用。

2. 太赫兹研究进展

1)太赫兹成像

太赫兹成像中一个很重要的研究内容就是探究太赫兹图像的获取及发展,从而进行成像探测。将太赫兹源与相干层析结合起来,可制作太赫兹焦平面成像系统。扫描以后就可以把每一个点的时域信号进行傅里叶变化,进而获取不同的太赫兹频率,每个频率得到的图像不一样,就可以根据成像进行相应的识别。但还需要有三维的扫描,即物体的二维空间扫描和时间维度的扫描。如果使用一个 CCD 作为探测器,就可以省略平面上的二维扫描,只有时间上的一维扫描,才可极大节省探测时间。

在成像之后，可以使用差分探测。差分探测是一种直接的、性价比高的探测方式。电光探测中晶体加上太赫兹信号后，太赫兹信号会影响晶体的有效折射率，进而使两个光束在不同的偏振方向上强度变化不一样，信号差就会增大。将差分探测技术运用到焦平面成像系统中，同时探测 S 偏振光和 P 偏振光，将两个信号相减获得太赫兹信号。激光器有波动的话，这两个信号会同时波动，差分探测使这个噪声在相减的过程中被消除从而提高信噪比（信噪比可以提高至少 4 倍），最终可以得到质量比较高的太赫兹信号。对石英晶体来讲，太赫兹有一个双折射效应，利用偏振光成像，由于偏振比强度更敏感，所以可以极大地提高图像的分辨率。

这个成像系统还有一个应用是 STP 波的探测。在光学波段，一般是用近场扫描显微镜去探测。近场扫描显微镜得到的只是强度分布，得不到相位信息。在太赫兹波段，探测会相对容易一点。若太赫兹可以测量 E_z 方向的分量，就直接进行相位的测量，这时，把探测晶体由原来的〈110〉晶向晶体换成〈100〉晶向晶体就可以直接测量表面波的 E_z 分量，从而对 STP 波进行相位和振幅表征。

焦平面成像系统可以进行频率、相位、振幅及传播方向的测量。

2）太赫兹超结构元件

超构表面是由人工设计的具有亚波长尺度的天线阵列，可实现对电磁波精细的操控。基于微结构的谐振效应，超构表面在谐振频率附近存在强烈的散射效应，可以实现对电磁波振幅、相位及偏振的调控，不仅可以用来产生特殊形状的光束，也可以用来作为微型成像元件。

由于光栅本身的衍射效应，高阶衍射的存在导致光利用率下降。因为太赫兹波段的波长较长，再加上实验室中太赫兹光束的直径大概在厘米量级，使得像素数比较小，所以得到的图像分辨率较低。

而超构表面的一个好处是可以合理设计亚波长天线的形状来进行多功能的调控，比如偏振选择成像等。利用偏振分开的两束光（左旋光和右旋光）的焦点是不一样的，焦点分开的距离与器件的设计相关。以正弦光为例设计器件，左、右旋光对同一个物体的照明成像在不同的位置。利用这个技术可以进行偏振选择成像，也可以识别照到物体上的光的偏振态。利用这种现象可以进行精确的方向定位，可测量太阳光照射到物体上偏振态的改变以获取方向进行导航。

此外，该结构可以用于波长选择的全息，使用红、绿、蓝三种光照明形成三种模式，三种模式成像在不同的位置。这三种模式在空间上可以重叠，也可以不重叠。因此三基色照明以后，可以利用简单的超构表面存储一个彩色的图案，这是要在可见光波段做的。我们将这项技术应用到太赫兹，做了一个单频光的测试。首先将 0.5 THz 的光打进去形成一个图案，再将 0.65 THz 的光打进去形成另一个图案。该器件对不同的波长相位响应是不一样的，利用色散效应作为波长选择的原理，得到的实验结果与理论、仿真结果吻合度较高。

超构表面还可以进行相位和振幅的调控，从而产生一些自控光束。这里介绍一种二维光束的产生。首先仿真得到我们需要的振幅和相位分布，根据我们的需求设计相应的超构表面来进行相位和振幅的调控，最后测试经过片子之后得到的光强和相位分布是否与理论结果相符。本实验中，我们得到了较为一致的结果。

该结构也可进行振幅和偏振的联合调控。利用十字形的天线，通过调节 x 方向和 y 方向来调控其偏振变化，可实现将圆偏光变为线偏光。也可通过调节结构的共振点来实现对光振幅的调控，进而调节焦点的距离，利用这个技术，可产生一些不同偏振和不同振幅的太赫兹光。

对金属超构表面来说，最大的问题就是效率不高，因为有一个偏振转换的过程，经计算，其振幅效率不会超过 50%。目前有两个提高效率的途径，一是利用介质替换金属做偏振调控，但是在太赫兹波段做电子束调控有一定的难度，硅的高度要做到 $300\sim400\ \mu m$，而这个制作耗费时间太长；二是可以做一个双层的结构，下层是波导，上层是超构表面的结构，上下表面形成一个载波腔产生共振，使得整个结构的效率提高。使用第二种结构进行模拟之后，振幅的效率达到了 90%，光强的利用率达到了 80% 以上，这就与光学可见波段下的性能相当了。我们利用此结构设计了一个透镜，该透镜可以很好地聚焦，也可以对一些物体进行成像。随后，我们利用此结构做了一种特殊的层析图，在一个平面上产生字符"A"，在另一个平面上产生字符"C"，实验上也获得了相应的结果，实现了特殊层析图的分析。

3. 太赫兹前景展望

（1）太赫兹焦平面成像。

可以进行相干层析，分析图像的相位、偏振等信息，提供更多的信息量。

（2）超结构元件。

利用超结构元件去做太赫兹波前的获取、调控，用来产生特殊形状的光束，或作为微型成像元件等。

4. 结论

对于太赫兹波场调控,可以调节的信息有频率、偏振、相位、振幅等,利用超构表面可以进行频率的选择、振幅的调控、相位和波矢的调控,甚至一些偏振的调控,这具有重要的研究意义和应用前景。

(记录人:陈燎)

李永舫 中国科学院院士,中国科学院化学研究所(有机固体重点实验室)研究员,苏州大学(材料与化学化工学部)特聘教授,中国化学会常务理事,北京能源与环境学会会长。主要从事聚合物太阳能电池光伏材料和器件及钙钛矿太阳能电池等方面的研究。已发表研究论文 600 余篇,国内外学术会议邀请报告 120 余次,发表论文已被 SCI 他人引用 34000 余次,h 因子 93。

第147期

Recent Research Progress of Photovoltaic Materials for Polymer Solar Cells

Keywords:polymer solar cell, non-fullerene system, high efficiency photovoltaic materials, perovskite solar cell

第(147)期

聚合物太阳能电池光伏材料最新研究进展

李永舫

1. 聚合物太阳能电池背景介绍

随着社会的发展,能源危机在近几十年变得越来越突出,传统的化石能源存在着日益枯竭的问题,同时使用化石能源造成的环境污染也越来越严重。在此背景下,寻找可替代的新能源成为当下研究的热点,而在众多备选的替代能源中,太阳能电池由于具有清洁性、可持续性等优点得到了大量的关注。有机太阳能电池是在 20 世纪 90 年代发展起来的新型太阳能电池,它以有机半导体作为实现光电转换的活性材料。

有机太阳能电池是解决环境污染、能源危机的有效途径之一,其在质轻、柔软、半透明、可大面积低成本印刷、环境友好等方面都远远优于传统太阳能电池,被认为是具有重大产业前景的新一代绿色能源技术。然而,实现太阳能到电能的高效率转化是有机太阳能电池研究的核心难题。这一难题能否解决也直接决定着有机太阳能电池能否走出实验室、走进人类的实际生产生活。有机太阳能电池的工作原理普遍认为是光诱导电子转移的光物理过程,理想的电子产生转移过程由以下四步组成:(1)激子的产生:给体材料吸收太阳光,其基态最高占据分子轨道能级(HOMO)上的电子被激发到激发态最低非占据分子轨道能级(LUMO),形成激子(电子空穴对);(2)激子的迁移:激子在复合前扩散到给体-受体(D/A)界面,迁移距离一般在 10 nm 以内;(3)激子的分离与自由载流子的产生:如果给体和受体材料的能级差比激子束缚能高,激子就会在内建电场的作用下在 D/A 界面分离,激子分离产生的电子将从给体 LUMO 能级转移到受体的 LUMO 能级,而空穴留在给体的 HOMO 能级,这一步产生自由载流子;(4)载流子的扩散与收集:载流子分别向相应的电极迁移,电子和空穴分别被阴极和阳极收集。

相比无机太阳能电池,有机太阳能电池具有如下优点:(1)与无机太阳能电池使用的材料相比,有机半导体材料的原料来源广泛、易得、价廉、环境稳定性高,且有机半导体材料质量轻,有良好的光伏效应、较高的吸收系数,有机化合物结构可设计且制备提纯加工简便,有着加工性能好、易进行物理改性等优点;(2)有机太阳能电池制备工艺更加灵活简单,可采用真空蒸镀或涂敷的办法制备成膜,还可采用印刷或喷涂等方式,生产中的能耗较无机材料的低,生产过程对环境无污染,且可在柔性或非柔性衬底上加工,具有制造面积大、超薄、价廉、简易、柔韧性良好等特点;(3)有机太阳能电池可制备为半透明产品,便于装饰和应用,且色彩可选。

近年来,虽然有机太阳能电池研究获得了迅猛发展,实现了单层太阳能电池超过 14% 的光电转化效率,但仍远远低于其他主要以无机材料(如硅)为主的太阳能电池转化效率。主要原因在于,有机高分子材料本身较低的载流子迁移率限制了活性层厚度,导致太阳光不能获得有效的利用。因此研究开发新的光伏材料成为提高太阳能电池转换效率的一个重要方法。高效的光伏材料需要达到以下几个方面的要求:(1)吸收光谱:在可见光—近红外区有宽而强的吸收;(2)电荷载流子迁移率:给体需要有高空穴迁移率、受体需要有高电子迁移率,并且这两种迁移率能够接近平衡;(3)电子能级:给体和受体电子能级相匹配,既保证在 D/A 界面上激子的有效分离,又具有最高的开路电压;(4)溶解性:在有机溶剂中有较好的溶解性,这是溶液加工成膜的前提;(5)聚集和形貌:D/A 能自组装形成纳米尺度相分离的 D/A 互穿网络结构。有机太阳能电池的正/反式结构如图 147.1 所示,通常以 ITO 和 Al 作为两电极,在两电极之间引入活性层,同时为了获得更高效的聚合物太阳能电池,电极与活性层之间往往会引入电极修饰层,即正极修饰层和负极修饰层。

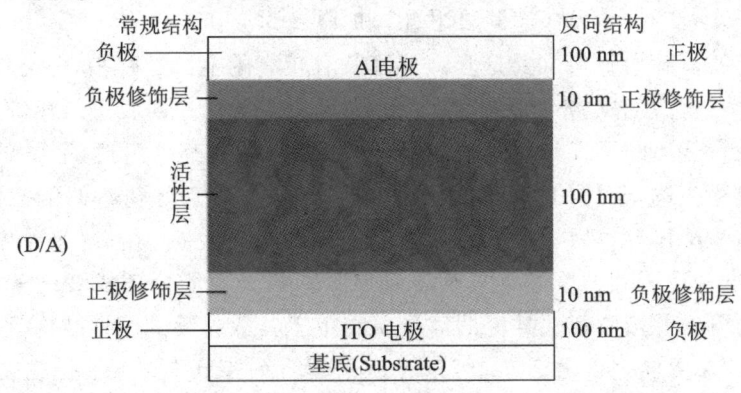

图 147.1　聚合物太阳能电池器件结构

2. 聚合物太阳能电池的分类

聚合物太阳能电池通常由 p 型有机半导体(p-OS)给体和富勒烯衍生物或其他 n 型有机半导体(n-OS)受体共混活性层夹在透明导电电极和金属电极之间所组成,具有结构简单、重量轻、成本低以及可采用溶液加工方法制备成柔性和半透明器件等优点。根据受体材料的不同,我们可以将有机太阳能电池分为富勒烯有机太阳能电池和非富勒烯有机太阳能电池。当选取合适的受体材料时,我们通常会考虑以下几个要求:(1)受体材料的吸收谱要和给体材料相互补充,这样才能更好地吸收太阳光;(2)受体材料与给体材料的能级要匹配,保证合适的能级差促进激子进行分离;(3)受体材料要具备良好的电子迁移率,这样才能使得载流子传输过程更顺畅,进而使载流子被电极收集形成光电流。

体异质结有机太阳能电池是将给体和受体进行共混,按一定的比例溶于有机溶剂中。在这种结构的太阳能电池中,电池的形貌控制对于器件性能尤为重要,实现良好的相分离和控制相分离的尺寸是提高器件性能的有效途径。体异质结双连续的网络状结构增大了界面处的接触面积,使得光生激子可以在其漂移过程中被分离,而且这种网络状结构为载流子传输提供了通道,是器件转换效率得以提升的一个重要原因。目前单层聚合物给体搭配富勒烯衍生物的有机太阳能电池的转换效率已经突破 11%,而单层共轭聚合物给体搭配非富勒烯受体的有机太阳能电池的转换效率已经突破 14%,并且这种体系太阳能电池的研究工作处于前沿热点,有望在未来几年内让器件的转换效率进一步提升。

1)基于富勒烯体系聚合物太阳能电池

基于富勒烯体系聚合物太阳能电池的电子受体材料是富勒烯及其衍生物,如 $PC_{61}BM([6,6]$-苯基 C_{61} 丁酸甲酯)和 $PC_{71}BM([6,6]$-苯基 C_{71} 丁酸甲酯)等。传统的富勒烯材料主要是 C_{60},尽管其有较高的电荷迁移率,但是在常温下较难溶于有机溶剂中,不能用于旋涂法中,所以一般通过对其进行修饰,在其侧链上添加官能团的形式对其进行改性,这样可以提高其溶解度,通常的产物是 PCBM 类衍生物,常见的有 $PC_{61}BM$ 和 $PC_{71}BM$。改变富勒烯的侧链,还可以得到 ICBA 及其衍生物。有机太阳能电池吸收太阳光后,在 D/A 界面产生光生激子,这种束缚性的电子空穴对需要克服库仑力才能分离成载流子,再传输到相应的电极并被收集。共混的体异质结由于其双连续的网络结构,可以提供有效的 D/A 界面来拆分激子,可以让激子拆分效率接近 100%。在之前的研究中,富勒烯及富勒烯衍生物作为受体材料受到了广泛的关注,并且取得了太

阳能电池效率的提升,这主要得益于富勒烯衍生物的独特球状共轭结构,可以提供很好的电子亲和力以及电荷迁移率,使得电子在 D/A 界面可以很好地离域化。所以,富勒烯受体被认为是高效有机太阳能电池发展中不可缺少的一环。基于富勒烯体系聚合物太阳能电池活性层常用材料(给体或受体)的分子结构示意图如图 147.2 所示。

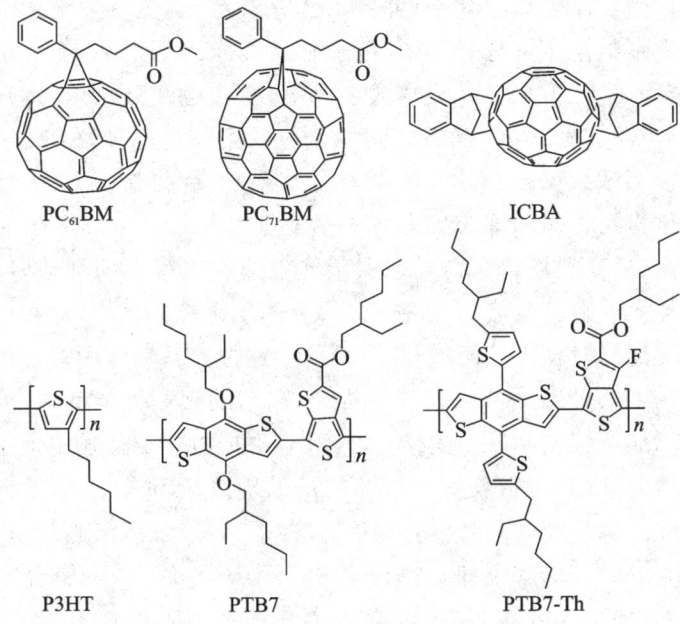

图 147.2　富勒烯体系常用材料的分子结构

2)基于非富勒烯体系聚合物太阳能电池

富勒烯材料存在价格昂贵、电子亲和能的可调性不好、在可见光和近红外区域的吸收较弱、热稳定性和光稳定性差等缺点,因此在制备聚合物太阳能电池的过程中往往将传统有机太阳能电池使用的富勒烯衍生物受体用 n-OS 受体材料取代,这样可以克服富勒烯受体存在的可见光区吸光弱、能级调控困难和形貌稳定性差等缺点,是提高有机太阳能电池光伏性能和稳定性的有效方法,这样的聚合物太阳能电池称为非富勒烯太阳能电池。非富勒烯受体材料已经成为当前体异质结有机太阳能电池研究的重心,与之前广泛应用的富勒烯受体材料相比,它们的化学结构和亲电子性质具有较高的可调节性,在可见光及近红外区域有较好的吸收,而且大部分非富勒烯受体分子的合成过程更加简单,成本也更加低廉。

有机太阳能电池 p-OS 给体光伏材料包括共轭聚合物和有机小分子两类

材料。与共轭聚合物相比,小分子材料具有分子结构确定、无合成批次差别、易提纯等优点,因此有机小分子给体光伏材料也引起了人们的广泛关注。全小分子非富勒烯有机太阳能电池使用 p-OS 小分子给体和非富勒烯 n-OS 小分子受体,同时具有小分子给体材料和非富勒烯受体材料的优点,最近成为有机太阳能电池领域的一个重要研究方向。p-OS 小分子给体材料多采用 A-π-D-π-A 型(其中 D 代表给体结构单元,A 代表受体结构单元)线性分子结构。一般认为在体异质结电池的激子拆分过程中,电子是从给体的 LUMO 能级跳跃到受体的 LUMO 能级上,空穴则是从受体的 HOMO 能级跳跃到给体的 HOMO 能级上,所以给体与受体 LUMO 能级之间的差值和给体与受体之间 HOMO 能级的差值就可以当做载流子拆分的驱动力。另外,也有文献认为,驱动力是来源于给体和受体材料之间的能带宽与电荷转移态(charge transfer state)之间的差值。总之,这种现象使得非富勒烯太阳能电池在取得大的开路电压的同时,又可以取得较大的短路电流。而在富勒烯太阳能电池体系中,存在着开路电压和短路电流不能同时很大的问题,这也制约了这种体系电池的进一步发展。

比较当前发展的非富勒烯受体结构,可以归纳为两种类型,一种是主体为混合的芳香二酰亚胺的小分子受体;另一种是根据内分子很强的推拉效应合成的小分子受体。首先,非富勒烯受体结构的共轭骨架和 π-共轭官能团是由一种强电负性的元素来修饰的,例如,氧(形成羰基)、氮(形成氰基)等;其次,这些官能团上的 π 电子可以离域到共轭骨架中。第一个特征可以使合成的材料具有很强的得电子能力,第二个特征则使材料中有相对低的重组能,电子可以很容易地传输而不会被困住。除此之外,官能团的选择也是很重要的,必须满足可以溶解的要求,因为考虑到要将合成的受体材料与给体材料共混合,按照一定比例溶解于有机溶剂中进行旋涂,得到电池。

2015 年,一种小分子受体 ITIC 的出现,使得非富勒烯电池的发展进一步加快。目前,单节太阳能电池的最高效率值也是由这类受体的衍生物取得的。通过操纵分子内的电子推拉效应,同时保持它们的关键特性,可以很容易地调节 ITIC 及衍生物的分子能级和吸收谱。正是因为这类材料可以轻易地调节其分子能级,所以由这类小分子受体构成的非富勒烯太阳能电池取得了很大的进展。非富勒烯体系聚合物太阳能电池常用活性层材料分子结构示意图如图147.3 所示。

我们研究组最近在 p-OS 小分子给体材料和全小分子非富勒烯有机太阳能电池的研究中取得了一系列研究进展,使这类器件的能量转换效率突破了10%。我们首先在开发的用于非富勒烯聚合物太阳能电池的 J-系列高效聚合

图 147.3　非富勒烯体系聚合物太阳能电池常用活性层材料分子结构示意图

物给体光伏材料的基础上,将 J-系列聚合物小分子化,合成了基于苯并二噻吩(BDT)为给体单元、氟取代三氮唑(FBTA)为受体单元、乙腈酯基为末端受体单元的 p-OS 小分子 H11 和 H12(分子结构见图 147.4)。以 H11 为给体、n-OS小分子 IDIC 为受体的全小分子有机太阳能电池开路电压(V_{oc})达到 0.97 V,能量转换效率(下面简称效率)达到 9.73%。非富勒烯 n-OS 受体材料具有各向异性的共轭骨架的特点,因而优化 p-OS 的分子结构来调节全小分子活性层的形貌以形成良好的给体-受体纳米尺度相分离的互穿网络结构,是提高全小分子非富勒烯有机太阳能电池光伏性能的重要手段。我们以 BDT 为中心给体单元,将寡聚噻吩结构引入 p-OS 分子结构中,合成了两个 p-OS 分子 SM1和 SM2(分子结构见图 147.4)。基于 SM1∶IDIC 的全小分子有机太阳能电池效率达到 10.11%,这是全小分子非富勒烯有机太阳能电池效率首次突破10%。在基于噻吩取代 BDT 的二维共轭聚合物中,硅烷基侧链可以有效地降低聚合物的 HOMO 能级,增强吸收和提高空穴迁移率。为了进一步提升全小分子有机太阳能电池的光伏性能,我们最近又将硅烷基噻吩为侧链的二维BDT 单元引入 p-OS 小分子给体材料中,合成了两个新的 p-OS 小分子给体光伏材料 H21 和 H22(分子结构见图 147.4),并研究了不同末端受体单元对材料物理化学性质及其光伏性能的影响。基于 H22∶IDIC 的全小分子有机太阳能电池的效率进一步提升到 10.29%(其中填充因子达到 71.15%,开路电压为0.942 V,短路电流为 15.38 mA/cm²,相关研究成果发表在近期的 *Advanced Materials* 上。图 147.4 中给出了这些 p-OS 小分子给体和 n-OS 小分子受体

IDIC 的分子结构。

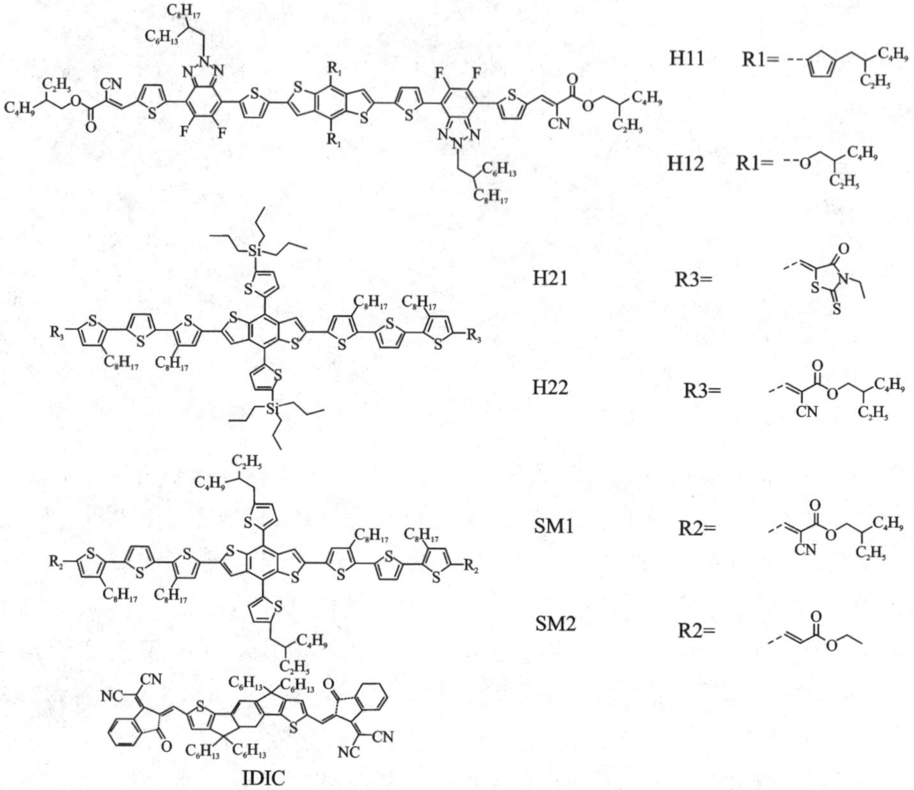

H11　R1=

H12　R1=

H21

H22　R3=

SM1　R2=

SM2　R2=

IDIC

图 147.4　p-OS 小分子给体和 n-OS 小分子受体 IDIC 的分子结构图

与此同时,为了获得更高效的聚合物有机太阳能电池,我们研究组设计并开发了一系列带共轭侧链的二维共轭聚合物给体光伏材料,主要包括二维共轭聚噻吩类(见图 147.5)和烷硫基取代的二维共轭 PBDTTTs 系列聚合物。二维共轭聚噻吩类主要包括聚合物 PEHPVT、PMEHPVT、PT1、PT2、PT3 和 PT4,相关工作发表在 *Macromolecules* 和 *J. Am. Chem. Soc.* 等期刊上,该项工作还受到了国内外同行的一致好评。

二维共轭 PBDTTTs 系列聚合物主要包括 PBDTT-TT、PBDTT-S-TT、PBDTT-O-TT、PBDTTT-C、PBDTT-C-TT、PBDTTT-E 和 PBDTT-E-TT(见图 147.6)。相关工作发表在 *Energy Environ. Sci.* 期刊上,并被国内外同行多次引用。

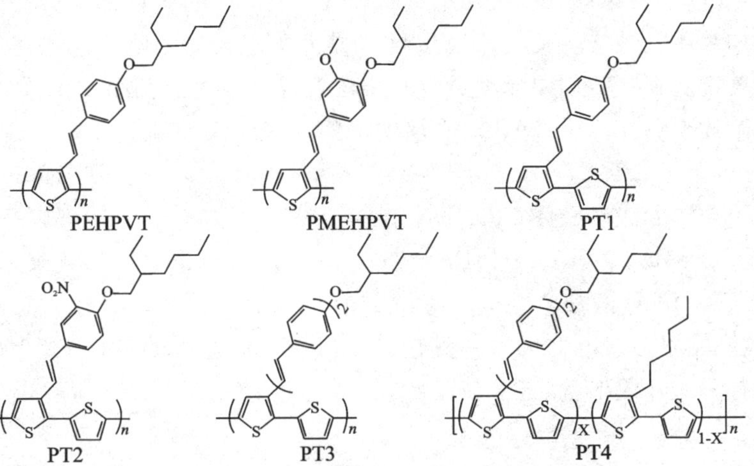

图 147.5　二维共轭聚噻吩类分子示意图

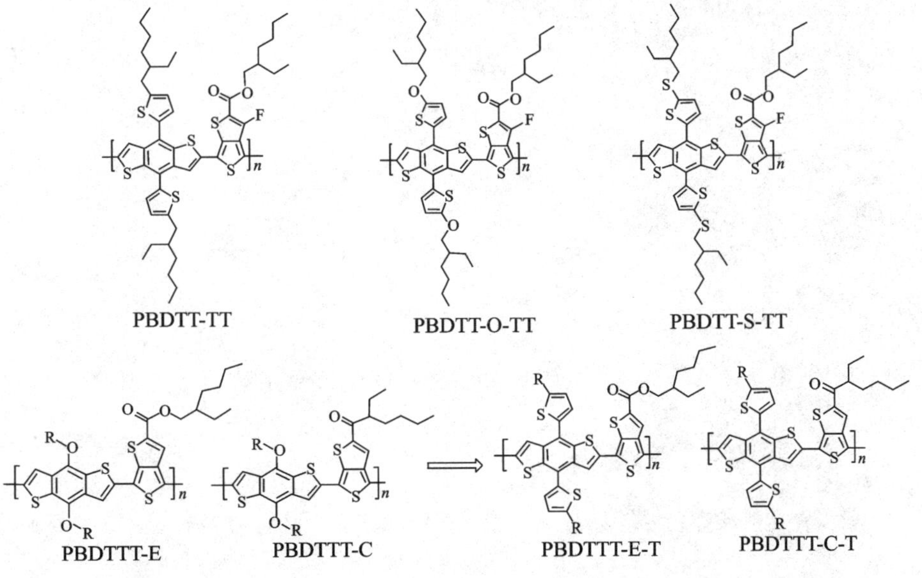

图 147.6　二维共轭 PBDTTTs 系列聚合物分子结构图

3.实用化的低成本高效光伏材料

　　大面积的制备工艺围绕的都是富勒烯太阳能电池体系,对于非富勒烯太阳能电池体系而言,如何进行大面积生产还是一个技术难题。从成本方面考虑,目前非富勒烯小分子受体以及匹配的聚合物给体的合成步骤较多,制约了成本

的降低,如非富勒烯体系中常用的 PBDB-T 和 ITIC 的价格都十分昂贵。所以合成结构简单且性能优良的活性层材料成为非富勒烯太阳能电池真正走向实用化的关键所在。我们课题组通过三步法合成得到具有简单 D-A 结构的低价聚合物给体 PTQ10,与 IDIC 按质量比 1:1 混合可以得到 $V_{oc}=0.969\text{V}$,$J_{sc}=17.81\ \text{mA/cm}^2$,$FF=73.60\%$,$PCE=12.70\%$ 的正式器件。基于 PTQ10 给体和简化了合成方法的受体 MO-IDIC 的聚合物太阳能电池同样可以达到 $V_{oc}=0.91\ \text{V}$,$J_{sc}=19.76\ \text{mA/cm}^2$,$FF=74.83\%$,$PCE=13.4\%$ 的效果。PTQ10、IDIC 和 MO-IDIC 的分子结构示意图如图 147.7 所示。在聚合物太阳能电池中,高效率、高稳定性、低成本一直是广大研究者们追求的目标,聚合物太阳能电池只有平衡好效率、稳定性和成本三者之间的关系,才有可能实现大规模实用化。

图 147.7　PTQ10、IDIC 和 MO-IDIC 的分子结构示意图

4.总结

聚合物太阳能电池作为未来一种有很大潜力实用化的新式能源,主要有以下特点。

(1)聚合物太阳能电池具有器件结构简单、成本低、重量轻以及可以制备成柔性和半透明器件等突出优点,有重要应用前景。

(2)给体和受体光伏材料的吸收互补和能级匹配是实现高效聚合物太阳能电池的关键。

(3)侧链工程(包括共轭侧链、氟取代和侧链异构化)是提高给体和受体材料光伏性能的有效手段。

　　(4)聚合物太阳能电池到了可以向实际应用发展的阶段,降低光伏材料与器件制备的成本、研究和提高材料和器件的稳定性是将来聚合物太阳能电池实现实际应用的关键。

（审核：屠国力）

杨世和　本科毕业于中山大学高分子化学与物理专业,在美国莱斯大学获物理化学博士学位,师从于诺贝尔化学奖获得者 Richard E. Smalley 教授。在加入香港科技大学之前,曾在美国阿贡国家实验室和加拿大多伦多大学做博士后研究(师从于诺贝尔化学奖获得者 John C. Polanyi 教授)。现任北京大学深圳研究生院广东省纳米微米材料研究重点实验室主任。研究兴趣包括化学和物理的有限系统、团簇、纳米材料和能量转换等方面。与合作者在团簇、富勒烯/金属富勒烯、新型纳米材料化学、新一代太阳能电池、太阳能燃料和其他能源转换装置等领域的科学认识和发展中做出了很多贡献。目前的兴趣集中在太阳能纳米科学和纳米技术上。已经发表了520余篇国际期刊论文和10余项专利,论文被引用超过30000次,h因子94。连续两次获得国家自然科学奖二等奖。目前是多个国际期刊的编委会成员,包括 *Chem-NanoMat*(VCH-Wiley)、*Sustainable Energy*（Han Publishers）、*International Journal of Nanotechnology*(Inderscience Enterprises Ltd.)等。

第148期

Materials Innovation for Efficient Solar Energy Conversion

Keywords:multiple length scale materials, solution process, high-performance, efficient solar energy conversion

第（148）期

高效太阳能转换的材料创新

杨世和

1. 早期对纳米材料的研究

组成物质的基本原子和分子结构决定了物质的性质，如电学性质、磁学性质、化学性质等。进一步研究电子、原子和分子内的运动规律和特性，便出现了一项崭新的技术，通过改变构成物质的集合体的纳米结构、形态结构、相互之间的作用等，便可获得具有所期望功能的材料，实现传感、计算、能量转换等功能，同时也可以根据所具有的功能设计相应材料的结构，即纳米科技。这项技术在21世纪推动了信息技术、医学、环境科学、自动化技术及能源科学的发展，给人类生活带来了深远的影响。

对金属富勒烯纳米材料的研究始于1996年，通过高效液相色谱分析技术、UV、XPS等对金属富勒烯材料 $Ce@C_{82}$、$Nd@C_{82}$、$Ce_2@C_{80}$、$Pr@C_{82}$、$Pr_2@C_{80}$ 进行分析和表征，材料纯度可达到99%。到2001年，我们探究了温度对于富勒烯碳纳米管PN结传导的影响。研究表明，电荷传输量随温度的不同而不同，室温下，$Dy@C_{82}$ 是p型半导体，随着温度的降低，它会转化为n型半导体。2003年，我们又进一步通过扫描隧道电子显微镜、扫描穿遂能谱、理论计算等方式探究了金属内嵌杂化富勒烯的性质，$Dy@C_{82}$ 的 SEM 图谱如图 148.1 所示。

2007年，我们又用两性离子法合成了含单磷取代基的 $Dy@C_{82}$ 衍生物，如图 148.2 所示。

ZnO纳米半导体材料在太阳能电池、化学传感器、原声音乐器和场致发光设备中应用很广泛。2000年，我们合成了高分散性 ZnO 纳米颗粒并用聚乙烯修饰改性，研究了聚乙烯修饰对 ZnO 纳米颗粒的形态、结构和光学性质的影响。研究表明，聚乙烯改性之后的 ZnO 纳米颗粒更加稳定，且通过调控聚乙烯

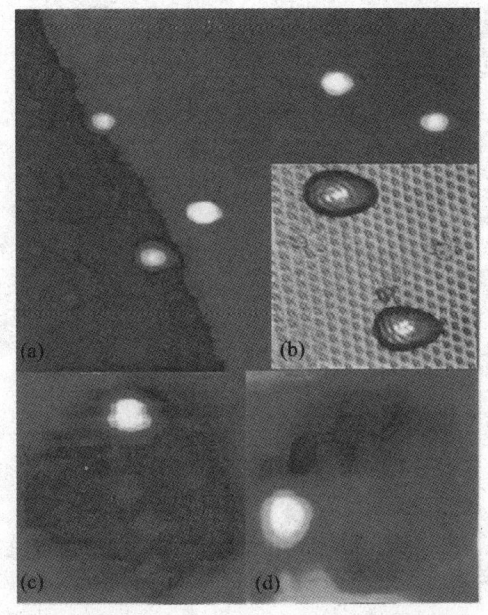

图 148.1　Dy@C$_{82}$ 的 SEM 图谱

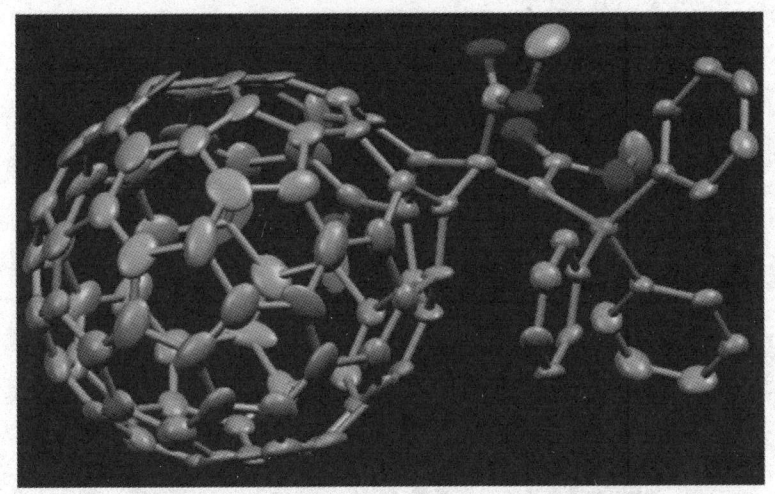

图 148.2　含单磷取代基的 Dy@C$_{82}$ 衍生物

的掺杂量可以调控 ZnO 纳米颗粒的性质,如图 148.3 所示,并应用于电子显示屏的荧光粉。2007 年,通过控制气相和湿感特性合成四针状纳米 ZnO,此种方法可以得到不同形态的纳米 ZnO,如图 148.4 所示。同年,用低温热氧化法无催化合成 ZnO 纳米线阵列,如图 148.5 所示。在锌基板上用电化学方法合成超薄的 ZnO 纳米棒;将锌基底浸入碱性锌基质解胺-酒精的混合物中,在基底上用电化学方法合成 ZnO 纳米棒,如图 148.6 所示。

图 148.3　ZnO 纳米颗粒的 TEM 图像

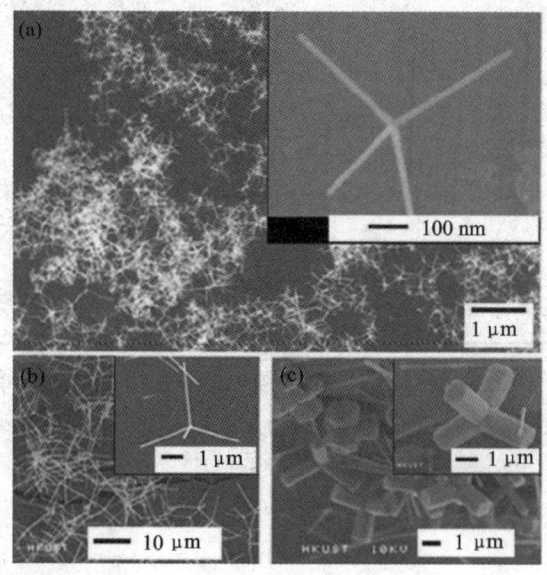

图 148.4　四针状纳米 ZnO

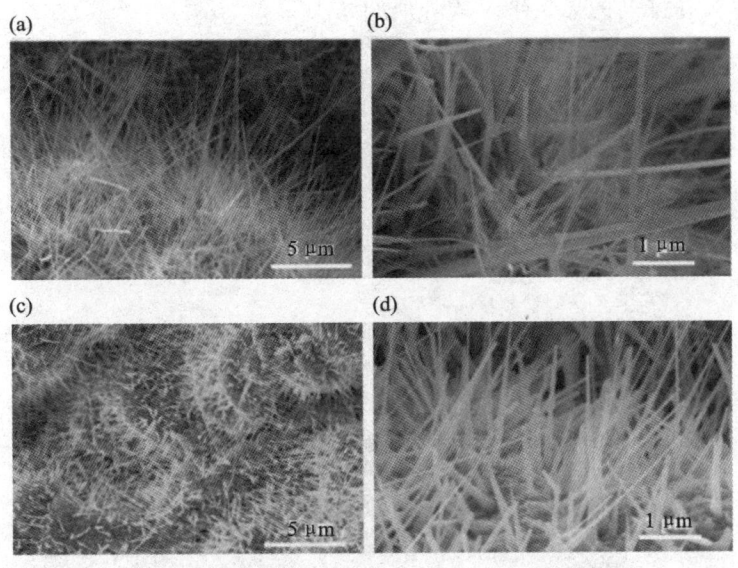

图 148.5 ZnO 纳米线阵列

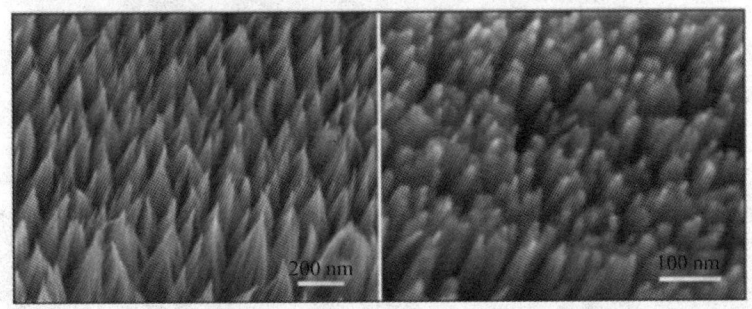

图 148.6 ZnO 纳米棒

2008 年,我们用电化学方法从 ZnO 制备高度分散的 ZnO/碳纳米管。使光活性和电活性有机单分子的 ZnO 纳米四脚状化合物的表面功能化,有用羧酸盐和膦酸酯有机分子功能化两条路线,如图 148.7 所示。利用柯肯德尔法合成对湿度具有高电阻敏感性的超薄 ZnO 纳米管,达到内直径 3 nm,外直径 13 nm,该方法最初是将超薄的锌纳米线通过氧化建立 Zn-ZnO 核壳的纳米管。我们还探究了 ZnO/ZnS 纳米四脚状化合物的非线性光致发光。2009 年,我们尝试将 ZnO 用于染料敏化太阳能电池中,设计一种不需煅烧的 ZnO 纳米四脚状新型染料敏化太阳能电池光阳极结构,实现基于 SnO_2 纳米粒子/ZnO 纳米四脚状复合光阳极的高效染料敏化太阳能电池,如图 148.8 所示。在金属基片上原位生长并排列的无机纳米线阵列如图 148.9 所示。

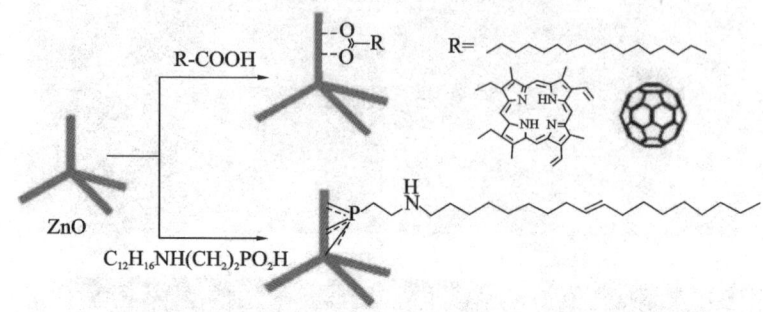

图 148.7　有机功能化路线

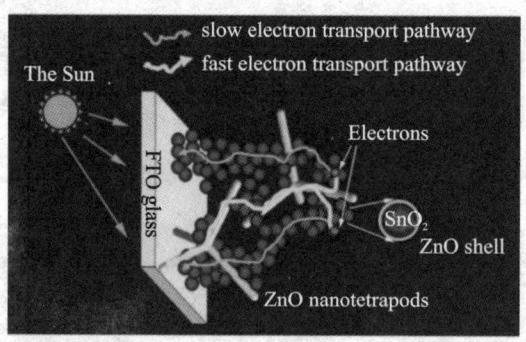

图148.8　ZnO 作用于染料敏化太阳能电池

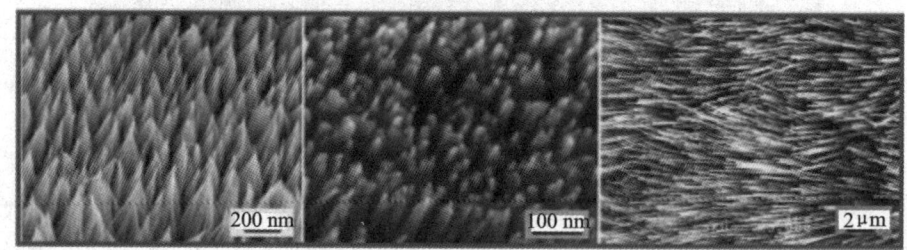

图 148.9　无机纳米线阵列

2. 碳量子点用于 LED 光致发光

近几年,LED 的发展一直是学术界比较关心的热点问题,有希望应用于液晶显示屏、全彩显示器和人们日常生活的照明。作用于其中的胶体半导体量子点,如 CdSe、CdTe、PbTe,在合成过程中可通过调节量子点的类型来调节带隙、带宽和量子产率,已经逐渐应用于显示器和照明设备。以量子点为基础的

LED 自发展以来已经取得了巨大的进步,其设备简易、光谱纯度高,表现出的性能要高于液晶显示器和有机发光二极管。然而,以 Cd^{2+}、Pb^{2+} 量子点为基础的 LED 所带来的毒性,仍给人类的生活和环境带来了极大的影响。

碳量子点由于带隙可调、成本低,更重要的是对环境友好,因此可成为 Cd^{2+}、Pb^{2+} 量子点理想的替代品,大量关于提高碳量子点 LED 性能的工作已经展开。值得注意的是,碳量子点的蓝色荧光量子产率已经高达 80%,可以与最好的全无机半导体的量子产率相媲美。然而,碳量子点的荧光发射却受限于表面缺陷和分子状态,这也影响了它应用于 LED 时的载流子注入效率。为弥补这一缺陷,作为空穴传输层的聚合物已经应用于以碳量子点为基础的 LED 中。但是,碳量子点发光的机制,以及空穴传输层对发光影响的机理还没能得到很好的解释。除此之外,以此为基础的 LED 的亮度和电流效率仍比较低。因此,要实现碳量子点的应用的最好方法就是获得高质量的碳量子点带隙。

2017 年,我们将柠檬酸和二氨基萘融合并碳化,获得了一个独特的碳骨架结构,首次实现了碳量子点由蓝光到红光的转换,同时伴随蓝色荧光的量子产率为 75%,关键点在于合成的碳量子点是氮掺杂、表面钝化且高度结晶。这是第一例不需要添加空穴传输层,只有碳量子点便可以实现从蓝光到红光的光致发光,如图 148.10 所示。光源非常稳定,且蓝光最大亮度有 136 cd/m^2,是目前以碳量子点为基础的 LED 性能最好的体现。白光 LED 最大亮度可达到 2050 cd/m^2,电流效率达到 1.1 cd/A,赶上了以半导体量子点为基础的 LED。同年,利用 Ⅱ 共轭结构实现了 53% 的红色发射碳量子点,应用于高显色和稳定的暖白光 LED,首次实现了磷基暖白光 LED,达到了 97 的显色指数,为低成本、环境友好、高效的碳量子点在白光 LED 中的应用提供了光明的前景,如图 148.11 所示。

2018 年,我们又发现了基于窄带宽的三角形碳量子点,量子产率可达 54%~72%。

3. 从燃煤到太阳能利用的可持续发展

早期的工业改革主要针对煤炭燃料,新型的工业改革主要是提高对太阳能等天然资源的利用,纳米科技为人类的可持续发展奠定了一定的基础。当代社会,煤炭仍占据世界电力产量的 40% 以上,但能源专家预计,在 10 年之内煤炭所占份额将达到峰值,继而开始下降。与此同时,更为洁净的能源如太阳能和风能的成本将变得足够低廉,从而在电力产量上实现对煤炭的超越。

太阳能作为一种可再生的新能源,具有清洁、环保、持续、长久等优势,已成

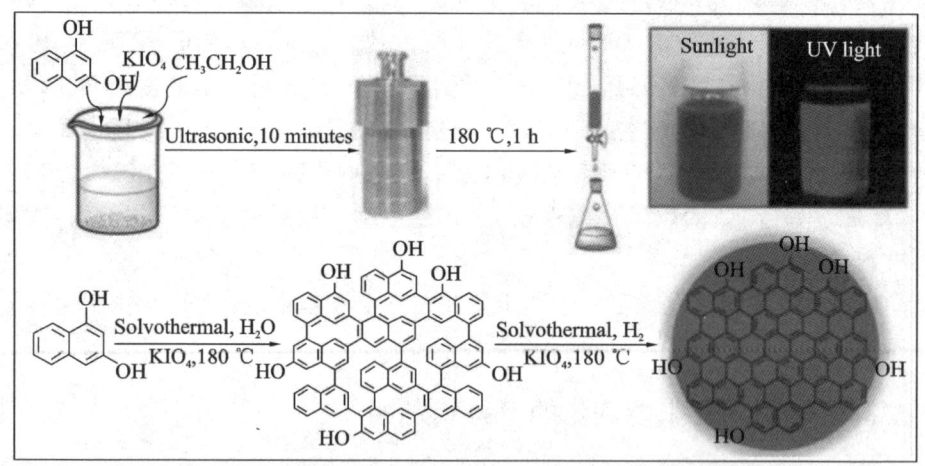

图 148.10　基于碳量子点的光致发光

图 148.11　基于红光碳量子点制备

为应对能源短缺、气候变化与节能减排的重要选择之一,其大规模利用可有效减小对化石能源的依赖,其发展前景被各国看好。与常规能源相比,太阳能资源的优点主要有以下几个方面。

(1) 储量丰富。每年到达地球表面的太阳辐射能约为 130 万亿吨标准煤,

约为目前全球耗能总和的 2×10^4 倍。

（2）长久性。太阳辐射源源不断地供给地球,按目前太阳的核能产生速率估算,氢储量可维持上百亿年,而地球寿命约为几十亿年,所以,太阳能对人类来说是取之不尽的。

（3）普遍性。相对于其他能源来说,太阳辐射能分布在地球上的大部分地区,可就地取用,对解决偏远地区的供能问题有极大的优越性。

（4）洁净安全。太阳能素有"洁净能源"和"安全能源"之称。太阳能几乎不产生任何污染,远比常规能源清洁,也远比核能安全。

（5）经济性。太阳能的长期发电成本低,是 21 世纪最清洁、最廉价的能源。

4. 钙钛矿太阳能电池——光伏界的明星

钙钛矿是一种矿物名称,化学组成为 $CaTiO_3$。狭义的钙钛矿是指矿物 $CaTiO_3$ 本身,广义的钙钛矿是指具有钙钛矿结构类型的 ABX_3 型化合物。其中 A(A＝Na^+、K^+、Ca^{2+}、Sr^{2+}、Pb^{2+}、Ba^{2+}、Re^{n+} 等)为大半径的阳离子,B(B＝Ti^{4+}、Nb^{5+}、Mn^{4+}、Fe^{3+}、Ta^{5+}、Th^{4+}、Zr^{4+} 等)为小半径的阳离子,X 为阴离子(X＝O^{2-}、F^-、Cl^-、Br^-、I^- 等),其晶体结构如图 148.12 所示。钙钛矿结构最重要的特征就是半径大小相差悬殊的离子可以稳定共存于同一结构中。由于在 A、B 和 X 位可容纳元素种类和数量非常广泛,因此,具有钙钛矿型结构的化合物种类十分庞大。另一方面,由于理想钙钛矿的晶体结构对称性比较高,基于理想钙钛矿的结构畸变也非常常见,故钙钛矿可有多种结构畸变类型。因此,在众多领域内都可见钙钛矿型结构的化合物的身影,钙钛矿型结构的化合物在地球科学、物理学、材料科学等领域都得到了广泛的应用。

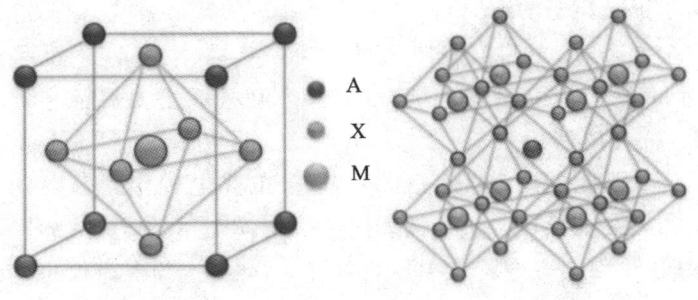

图 148.12　钙钛矿晶体结构

太阳能电池是一种利用光伏效应将光能转化为电能的器件。1839 年,法国实验物理学家 Becquerel 首次在溶液中发现了光伏效应,此后 Hertz 于 1887 年观察到了物质的光电效应,表明当物质接受足够能量的电磁辐射后,材料中的电子可以从物质中溢出。1905 年,爱因斯坦给出了光电效应的理论解释,并获得了 1921 年的诺贝尔物理学奖。1954 年,美国贝尔实验室制作了单晶硅太阳能电池,其光电转换效率达到了 6%。近年来,随着人们对新能源领域的不断开发,太阳能电池的种类也得到了进一步拓展。

1956 年,人们第一次在钙钛矿材料 $BaTiO_3$ 中发现了光电流,便将其应用于光伏领域。后来人们相继在 $LiNbO_3$ 等材料中发现了光伏效应,但早期研究所获得的效率很低,通常低于 1%。此后,卤素钙钛矿（$X = F^-$、Cl^-、Br^-、I^-）开始受到人们的重视。1980 年,$KPbI_3$ 等无机钙钛矿材料首次作为光伏材料被报道,它的吸收带与太阳光谱相匹配,但是并没有实际的太阳能电池器件被制备出来。1978 年,Weber 首次将甲胺离子引入晶体结构中,形成具有三维结构的有机-无机杂化钙钛矿材料。典型的 ABX_3 型有机-无机钙钛矿材料中,一般 A 指的是有机胺离子(如 $CH_3NH_3^+$、$NH=CHNH_3^+$),占据正方体的八个顶点;B 指的是二价金属离子(如 Pb^{2+} 或 Sn^{2+}),处于正方体的体心;X 指的是卤素离子(I^-、Br^-、Cl^- 等)或者多种卤素的掺杂,占据六面体的面心。由于它们的离子半径比较恰当,所以尺寸较小的有机离子可以调节无机离子间的空隙,使得无机卤化物金属可以构成连续的八面体骨架,形成近似于立方体的较为规整的晶型。紧密堆叠所得的三维连续结构因而拥有较窄的带隙。这种有机-无机的杂化不同于传统的杂化材料,是在分子尺度的复合,在宏观上还是均相的,因此能够整合有机材料和无机材料各自性能上的优势。

钙钛矿晶体结构在不同的电场、温度及压力条件下,可以在四方、立方、斜方等晶系间转换。如甲胺铅碘在室温下是四方结构,而在低温下则会转变为正交结构。由于甲胺离子的取向,使得杂化钙钛矿的铁电效应具有方向性。又由于其具有多个价态,在光照及偏压下可能会使八面体扭曲,从而产生电偶极。2009 年,人们首次以甲胺铅碘、甲胺铅溴作为染料敏化太阳能电池的敏化剂,实现了约 4% 的光电转化效率。此后,人们将此材料制备为 2~3 nm 的纳米晶引入染料敏化太阳能电池中,实现了 6% 以上的光电转化效率,其中钙钛矿材料以量子点的形式沉积在二氧化钛表面。但是,以上两种电池都采用了液态电解液,而钙钛矿材料会在电解液中逐渐溶解,因此电池的寿命很短,效率也得不到很大提升。2012 年,以 $CH_3NH_3PbI_3$ 与 $CH_3NH_3PbI_{3-x}Cl_x$ 为代表的钙钛矿材料分别实现了 9.7% 与 10.9% 的光电转化效率,首次将此类电池的效率提高至 10%,从而引起了人们的广泛关注。这也是钙钛矿材料在太阳能电池领

域谱写新篇章的开端。仅一年之后,钙钛矿太阳能电池的效率就已经突破15%。随着对钙钛矿太阳能电池研究的不断深入,效率继续攀升至 15.9%。截至 2013 年底,效率最高达到 16.2%,并在 2013 年被《科学》杂志评为年度十大科技进展之一。目前钙钛矿太阳能电池的效率已经突破 20%,钙钛矿材料的开发设计不断翻新,钙钛矿材料的制备方法也趋于多样,太阳能电池器件结构的设计不断优化。随着对器件内部微观动力学过程的进一步研究,钙钛矿太阳能电池的光电特性将展现得更加清楚。

钙钛矿太阳能电池可分为三类:介孔结构、平面异质结结构、介孔-平面异质结杂化结构。

介孔结构类似于染料敏化太阳能电池的结构,也最早应用于钙钛矿电池中。电池结构从下至上分别是透明电极(FTO)、TiO_2 致密层、TiO_2 多孔层、钙钛矿层、空穴传输层以及金属电极。TiO_2 致密层的作用主要是收集传输电子和阻挡空穴。TiO_2 多孔层起到支撑框架的作用,同时也具备电子传输的作用。钙钛矿颗粒作为吸光层吸附在 TiO_2 多孔层骨架上。空穴传输材料置于钙钛矿层的上方,起到传输空穴的作用。TiO_2 多孔层与钙钛矿层的总厚度通常在500 nm 左右,以保证吸附的钙钛矿颗粒能吸收足够的光。由于钙钛矿膜的生长受到介孔层的限制,因此钙钛矿膜形貌的重复性会比较高。这种钙钛矿太阳能电池结构的最大不足在于器件开路电压相对较低,主要原因是空穴传输材料会部分填充在 TiO_2 多孔层与钙钛矿层形成的孔洞里,导致具有电子传输作用的 TiO_2 颗粒会和空穴传输层直接接触,进一步导致电流的产生,最后导致开路电压下降。

平面异质结结构和有机聚合物太阳能电池结构相似,即将钙钛矿层置于 p 型材料和 n 型材料中间,形成"三明治结构"。平面结构与介孔结构的钙钛矿太阳能电池相比,器件结构更为灵活、简单,开路电压也比较高,器件光电性能的好坏很大程度上取决于钙钛矿膜质量的好坏。但由于没有介孔层,钙钛矿膜的形貌难以控制,导致器件重复性比较差。

介孔-平面异质结杂化结构中,介孔层和钙钛矿覆盖层通常要比它们在相对应的介孔和平面结构钙钛矿太阳能电池中的厚度薄。由于这种杂化结构的钙钛矿太阳能电池的介孔层比较薄,介孔层容易被钙钛矿层完全覆盖而形成覆盖层,避免了介孔层与空穴传输层直接接触,减小了漏电流发生的可能性,提高了电池的开路电压,同时它的回滞现象也没有平面结构的钙钛矿太阳能电池明显。

5. 卤化物杂化钙钛矿太阳能电池

以介孔无机半导体纳米结构和有机导体为基础的固态杂化钙钛矿由于同时具有纳米制造和有机电子器件的性质,在下一代太阳能电池中有着广泛的应用前景。2013 年,我们合成了 $CH_3NH_3I_2Br$,实现了 4.87% 的光电转化效率;2014 年,在反式太阳能电池结构中以 NiO 纳米晶体层作为钙钛矿空穴传输层,厚度为 $30\sim40$ nm 时表现出最好的性质,光电转化效率可以做到 9.11%;同年,又改进了钙钛矿空穴传输层,光电转化效率达到 11.02%,如图 148.13 所示;用喷墨打印纳米碳层作为钙钛矿空穴传输层,光电转化效率达到 11.6%;2015 年,以石墨烯作为空穴传输层,如图 148.14 所示;以 PCBM 作为电子传输层的反式电池结构,开路电压从 0.97 V 做到 1.07 V,极大地提高了器件性能;2016 年,用溶剂法基于全碳太阳能电池将光电转化效率提高到 14% 以上;稳定性问题一直是阻碍钙钛矿太阳能电池商业化的一大难题,2017 年,我们关注到了有机卤化物钙钛矿太阳能电池中有机阳离子降解的问题,进行了分析,并对 MA^+、FA^+ 两种材料进行了比较,通过抑制离子迁移来降低对光吸收的影响,

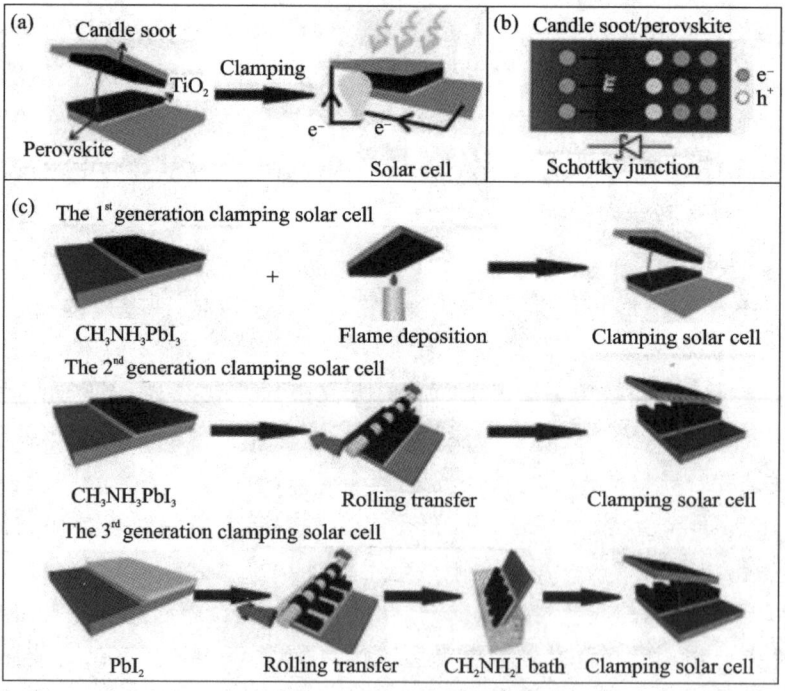

图 148.13　改进方法示意图

如图 148.15 所示;二维钙钛矿材料稳定性比较好,在光伏领域有着较好的应用,但是层间结构的电子传输阻碍了器件的性能,我们设计了一种三维和二维相结合的结构,不仅提高了器件的稳定性,也减少了载流子的复合,光电转化效率达到 19.89%;我们又尝试用全碳做成空穴传输层来提升卤化物钙钛矿太阳能电池的稳定性,如图 148.16 所示。

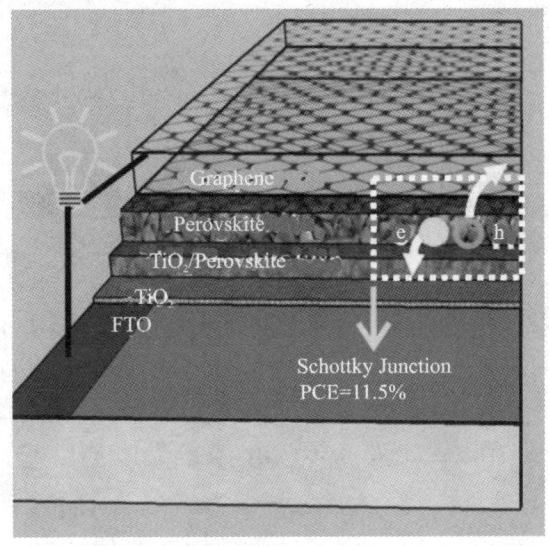

图 148.14   石墨烯为空穴传输层的电池结

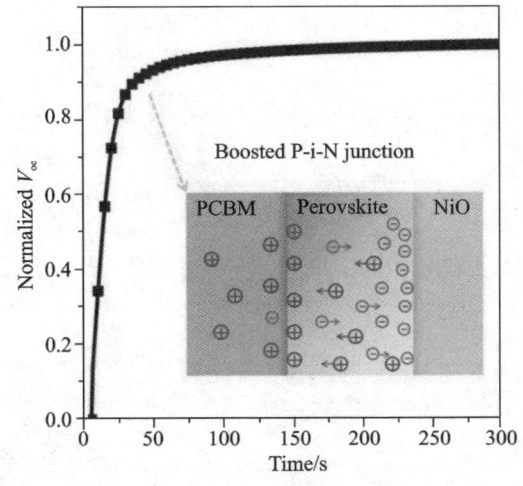

图 148.15   抑制离子迁移降低对光吸收的影响

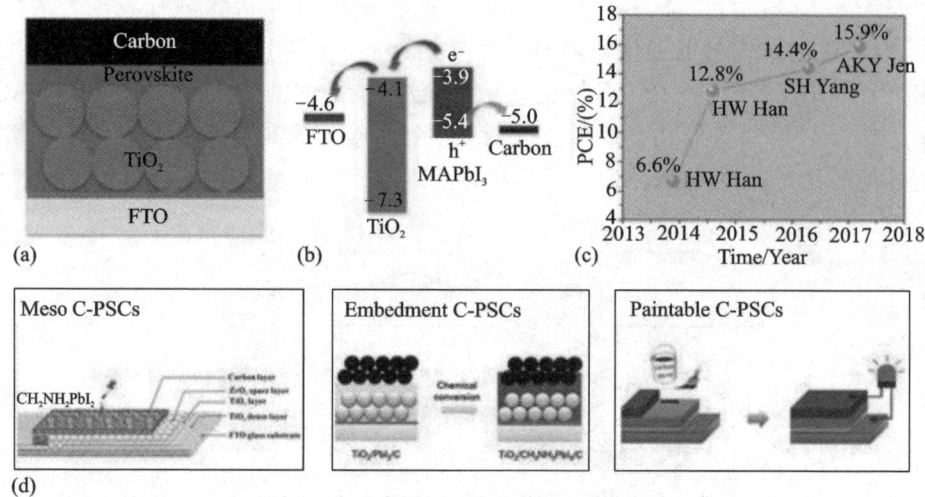

图 148.16　基于全碳的钙钛矿太阳能电池设计

　　综上所述,本文主要介绍了早期对纳米材料结构的研究,以及新一代太阳能电池的前景和在杂化卤化物钙钛矿中所做出的改进,着重介绍了基于全碳材料作为空穴传输层的新型钙钛矿太阳能电池的应用。

（审核：陈炜）

王钻开　香港城市大学机械工程学系教授。2000 年毕业于吉林大学，获机械工程学士学位，2003 年在中国科学院上海微系统与信息技术研究所，获微电子学硕士学位，2008 年获美国仁斯利尔理工大学机械工程博士学位，2009 年在美国哥伦比亚大学生物医学工程系进行博士后研究，然后加入香港城市大学任教。2016 年入选教育部"长江学者"讲座教授。长期从事仿生机械、表面工程等领域的研究工作。领导的研究小组在拓扑机械系统体系的基础研究及工程应用等方面取得了一系列原创和突破性成果。通过调控传统机械系统中通常忽略的拓扑结构，扩展了传统工程的界限。首次发现了液滴饼状弹跳现象，揭示了固/液动态接触时间的终极极限这一核心问题；提出拓扑流体二极管概念，并开发了一系列无源自驱动器件；首次开发水下仿生可逆黏附胶带和仿生有腿软机器人。过去四年在 *Science*、*Science Advances*、*Nature Physics*、*Nature Communications* 等国际权威综合杂志发表论文 9 篇，另外在 *Physical Review Letters*、*Nano Letters*、*ACS Nano*、*Advanced Materials*、*Advanced Functional Materials* 等顶级专业期刊发表论文几十篇。荣获首届香港科学院青年院士(2018)、香港城市大学 President Lectureship(2020，首个以正教授身份获得)、香港城市大学杰出研究奖(2017，首个以副教授身份荣获 senior category)、国际仿生学会杰出青年奖(2016)、美国光学学会青年科学奖(2016)、中国机械工程学会上银优秀机械博士论文奖优秀奖(2016，指导教师)、教育部杰出留学生奖(2007)、美国材料学会杰出研究生银奖(2007)等奖项。指导博士、研究生荣获 2016 年美国材料学会杰出研究生金奖、2015 年美国材料学会杰出研究生银奖、香港青年科学家奖(工程类，每年 1 人)等奖项。

第149期

Nature-inspired Innovation

Keywords：bioinspired materials，drop mobility，solid liquid interface

第 149 期

基于大自然的创新

王钻开

1. 仿生界面工程

仿生工程是一个激动人心的多学科交叉研究领域，生物感知的功能转移，在历史上改变了我们的生活方式，并将在未来继续引领科学和技术各个方面的创新。事实上，数百万年的进化使得生物世界成为一个开放、友好和强大的实验室，供人类学习和模仿。通过借鉴自然界中各种动植物的特性，研究人员和工程师正在开发具有新功能水平的人造材料，包括轻质坚韧材料、超级黏合剂，以及新的生物医学组织的光学成像技术。在仿生工程的核心，仿生界面材料具有增强的液滴迁移特性，对于广泛的工业应用，如节能、绿色环境和医疗保健，具有重要意义。由于高速成像和纳米技术取得了令人振奋的进展，该领域在过去几十年里出现了复兴。值得注意的是，在科学中排名前 10 位的"睡美人"中，有 3 位被认为长期冬眠期的文章，其引用量突然飙升，均与生物仿生界面材料有关。目前，具有增强液体排斥性能的仿生界面材料可以由任何类型的材料制成，包括硅、聚合物、金属等。尽管取得了显著的进展，但这些人造材料在可扩展性、稳定性和可靠性方面尚未达到成熟水平，并且由于工作环境的复杂性，它们在工业环境中的应用仍然有限。因此，开发具有复杂输运特性（流体动力学或热流体）的稳定材料，以及增进对相关物理现象的基本理解，将对科学、经济和社会产生至关重要的影响。

本文中我们将把注意力集中在最近在荷叶效应和猪笼草效应激发下具有增强的落差流动性的人工表面工程方面的进展。我们将回顾相关物理基础和这些界面中动态相互作用的基础，包括液滴扩散、回缩和弹跳，以及液滴成核、聚结和跳跃。我们还描述了如何通过控制表面粗糙度、浸润性和环境条件来促进液滴流动性。此外，将讨论用于冷凝和防冰的各种仿生界面材料的最新进

展。最后,还简要总结了对这一研究领域未来发展的个人看法。

2.液滴在仿生界面材料上迁移的基本原理

自然界中的许多生物系统通过在其界面处操纵液体状态来协调其对环境的适应性。具有大于150°的水静态接触角(CA)的超疏水表面(SHS),如荷叶(见图149.1(a))允许液滴容易地离开表面。其极高的落差流动性是其表面微纳量级的凸起结构(见图149.1(b))和低表面能共同作用的结果。自然界中的一些动物也随着有吸引力的液体驱避表面而运动,如水黾(见图149.1(c))能够进行水上行走/跳跃的非浸润腿由定向的微型刚毛组成(见图149.1(d)),蝴蝶翅膀允许液滴定向脱落,以及蚊子眼睛具有在湿气凝结情况下保持干燥的能力等。除荷叶般的超疏水表面外,自然界还利用了另一种概念上不同的方法来实现防水性,如猪笼草(见图149.1(e))具有通过光滑、稳定的液体界面捕获和消化节肢动物的能力(见图149.1(f))。这种表面也消除了超疏水表面中遇到的压力引起的刺穿问题。

在过去的十年中,人们对天然和仿生结构化表面的液滴动力学的基本理解和实际应用的水平(见图149.1(g)~图149.1(i))都有了显著的提升。与液滴在这些结构化表面上的动态行为更为相关的实际应用包括:在飞机、病原体传播、环境气溶胶分散、血液模式分析、农药沉积、电子喷雾冷却,以及无处不在的溅射场景中广泛遇到的跌落冲击和冷凝传热系统。因此,在这些应用中对瞬态多尺度过程的理解,在科学和技术上都是非常重要的。

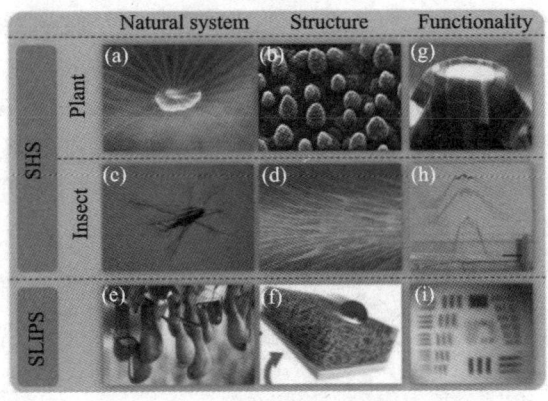

图 149.1 具有疏水性结构和功能的代表性天然系统

根据表面粗糙度、浸润性、基材温度以及环境条件,滴落干燥固体表面的液滴表现出各种不同的结果。液体与其下表面之间的相互作用是一个瞬态的、动态的过程,且具有多个时间和空间的尺度。严格来说,是局域的液固相互作用引起的集体行为。这里,我们没有涉及液体和固体之间的局部流体动力学和非流体动力学相互作用,而是强调液滴整体降落的动力学。韦伯数 $We = \rho v^2 D_0/\gamma$（其中,ρ 为流体密度（kg/m³）,v 为特征流速（m/s）,D_0 为特征长度（m）,γ 为流体的表面张力系数（N/m））,它测量了流体惯性与其表面张力相比的相对重要性,以及雷诺数 $Re = \rho v D_0/\mu$（其中,μ 为黏性系数）,它测量了流体惯性与其黏度相比的相对重要性。

另一方面,聚集诱导的跳跃现象由于其许多实际应用,例如传热、防龋和能量收集,已引起越来越多的关注。在许多天然生物系统中也观察到了这种现象,例如球孢子放电过程、自清洁蝉翼。跌落跳跃是自下而上的过程,通常发生在相变过程中,如蒸汽冷凝。与通常尺寸为毫米量级的液滴从表面上方落在表面上的液滴撞击过程不同,冷凝液滴从基板的底部填隙生长,具有约 10 nm 的临界核。因此,在冷凝过程中可以形成 Wenzel 和 Cassie 状态的液滴,具有优异液滴迁移率的 SHS 不一定能保持良好的液滴跳跃。

3. 提高液滴流动性的方法

合理设计用于多功能应用的仿生表面的要点是使冲击液滴尽可能快地离开表面,换句话说,接触时间应尽可能短,从而使得液滴和下面的表面之间交换质量、动量和能量的程度最小化。合成非浸润表面开发中的经验通常局限于具有微小结构的表面,以防止气垫坍塌。然而,如上所述,传统的 SHS 假设存在最短的接触时间。在过去十年中,科学家和工程师们开始探索打破传统接触时间的新策略。在图 149.2(a)中,我们总结了在该领域取得的里程碑式进展。

影响固体或液体界面的液滴本质上是普遍存在的。尽管在 SHS 上广泛观察到液滴完全回弹,但液滴在液体上的弹跳通常是易受影响的,因为撞击液滴下方的气垫容易坍塌。这里,我们报告了薄液膜上的超疏水性弹跳状态,其特征取决于接触时间、扩散动力学和恢复系数,与底层液膜无关。通过实验探索和理论分析,我们证明了这种超疏水性弹跳的特性需要韦伯数、液膜厚度和黏度之间复杂的相互作用。这些结果使我们能够以良好的控制方式调整液滴行为。

4. 液滴快速弹跳的宏纹理结构

伯特等人最近报道,通过在 SHS 上添加宏观脊可以减少接触时间。如图 149.2(b)所示,当撞击脊部的尺寸远小于液滴尺寸时,由于液滴的非对称铺展

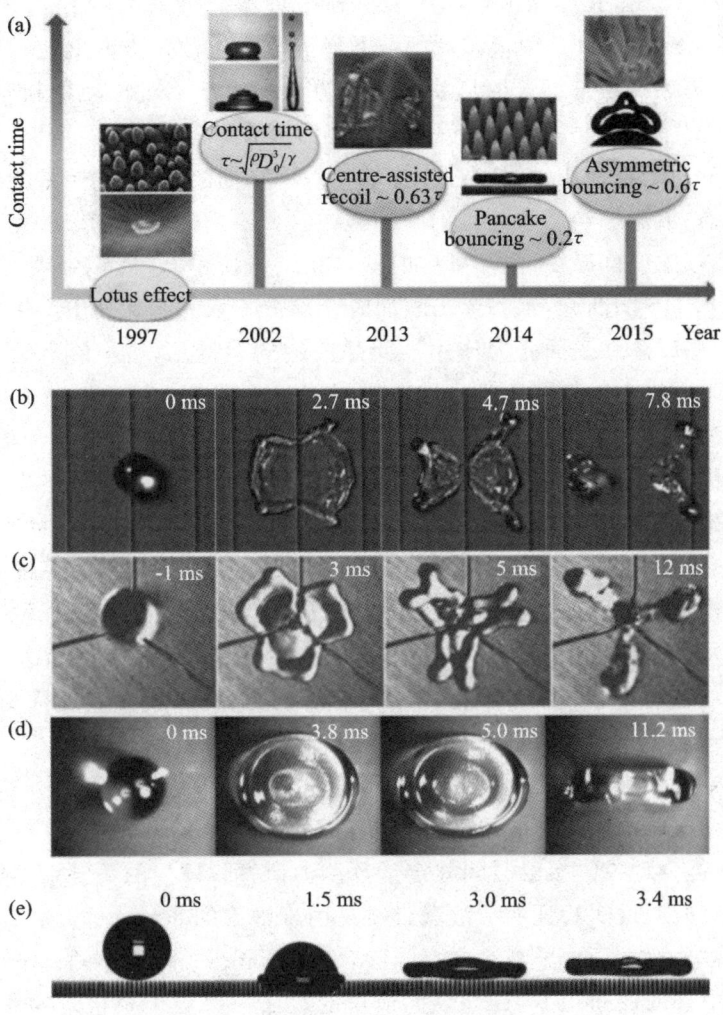

图 149.2 减少接触时间的策略

（a）SHS 的接触时间，通过设计新结构减少接触时间的突破；（b）时间流逝图像显示水滴
宏观纹理表面的接触时间减少；（c）在具有 Y 形图案的超疏水宏观纹理上弹跳的水滴的
俯视图像，撞击期间的跌落使得 6 个叶片迅速融合在 3 个对称的子单元中；（d）快照显示
具有表面曲率的石莲花叶片对液滴下落的影响；（e）快照显示在宽间隔的锥形表面上有
液滴撞击，液滴在 3.4 ms 处以薄饼形状从表面反弹

和收缩过程，导致液滴被分裂成两个子液滴各自弹起，接触时间缩短约 37％。
Gauthier 和 Chen 等人进一步证明，通过设计具有不同图案（如 Y 形或十字形）
的宏观纹理表面，可以将液滴分裂成不同的子单元，并使表面的接触时间缩短

(如图 149.2(c)所示)。最近,刘等人制作了曲率与液滴半径相当的弯曲(凸和/或凹面)表面,如图 149.2(d)所示,下降扩散在方位角方向上比在轴向上更大,并且沿着表面留下细长的形状方位角方向。由于不对称动量和质量分布,在下落边缘周围有液体流动,接触时间减少了约 40%。

我们展示了如何用纳米纹理修饰的亚毫米级柱图案化的 SHS 产生反直觉的弹跳状态:液滴撞击后表面呈扁平的薄饼状而不缩回。与传统的完全回弹相比,这使得接触时间减少了 80%(如图 149.2(e)所示)。我们证明了"薄饼弹跳"是由于 SHS 的凸起,水滴撞击表面时会部分陷入凸起陈列中产生毛细管状的凹陷,这些凹陷在表面张力作用下回弹产生的能量足以提升液滴。此外,液滴在表面上的横向扩散和垂直运动的时间尺度必须相当。特别地,通过设计具有作为谐波弹簧的锥形微/纳米纹理的表面,时间尺度变得独立于冲击速度,允许在宽范围的冲击速度下发生薄饼弹跳和快速下落分离。这项工作挑战了一个世纪前建立的跌落冲击过程的传统观点。此外,液滴撞击锥形柱时,凹陷的直径会不断增加,从而与垂直方向上的深度成线性关系,向上的毛细力随着穿透深度而增加,这时可将毛细力建模为谐波弹簧。锥形柱形态可以强烈地影响薄饼弹跳发生的稳定性,锥形柱阵列的顶角越大,薄饼弹跳就可以发生在越小的临界韦伯数和更宽的韦伯数范围内。有趣的是,在高度倾斜的撞击条件下,传统的 SHS 也会出现薄饼弹跳。

使用毫米级锥形柱阵列设计的表面可以显著减少接触时间,这种阵列允许撞击液滴在横向扩散结束时以薄饼形状离开(薄饼弹跳)。尽管取得了令人兴奋的进展,但合理控制接触时间并定量预测薄饼弹跳发生的关键韦伯数仍然是困难的。我们通过实验证明了液滴弹跳是由于液滴的非对称铺展和收缩过程,导致液滴被分裂成两个子液滴各自弹起,由表面形态进行复杂的调节。在相同的中心到中心的柱间距下,具有较大顶角的表面可以产生更稳定的薄饼弹跳,其特征在于显著减少的接触时间、更小的临界韦伯数和更宽的韦伯数范围。我们还开发了简谐谐波弹簧模型,从理论上揭示了薄饼弹跳与撞击下降相关的时间尺度的依赖性,以及对表面形态的关键韦伯数。这项工作中得到的结果将使我们能够合理地设计各种表面以用于许多实际应用。

5. 空气润滑对快速跌落弹跳的影响

除表面粗糙度外,保持稳定且坚固的空气层可以屏蔽液体与固体基质的接触,这对于液滴的完全弹跳是必不可少的。图 149.3 展示了在不同亲水性的表面上观察到的液滴弹跳。

　　我们考虑水滴对具有可调厚度和黏度的液膜的影响情况。这种情况与许多实际应用有关,特别是那些由于最近开发的光滑液体注入多孔表面而引起的新兴应用。由于薄液膜上有空气层,所以可以将薄液膜视为复合界面。这种界面与超疏水固体表面形成鲜明对比。首先,液体界面是光滑的,而超疏水固体表面是粗糙的,具有更充足的空气滞留区域;其次,不同于刚性的固体表面在垂直于基板的方向上抑制大的液滴变形,液体界面是柔软且可移动的。因此,液滴对液体界面的冲击动力学将与 SHS 上的冲击动力学完全不同。

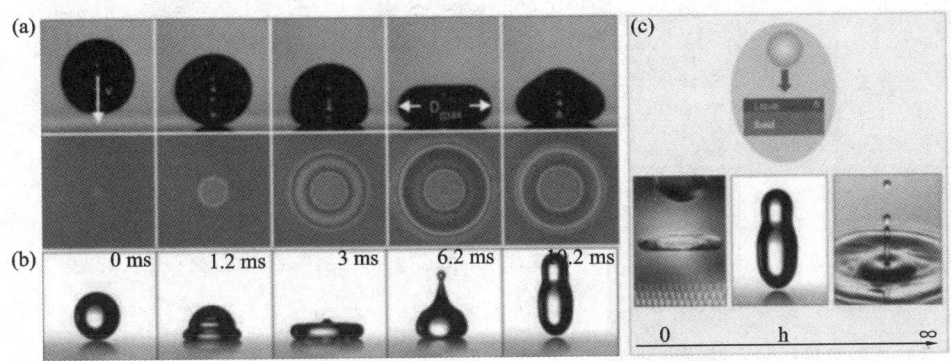

图 149.3　由气垫介导的跌落弹跳

(a)在亲水表面上观察到的液滴弹跳,在 $We \approx 0.7$(上排)处有薄气垫夹层,同步的 RICM 干涉信号清楚地显示在整个下落冲击过程中存在气垫(底行);(b)$We = 10$ 时液体薄膜上的超疏水性弹跳现象;(c)液体厚度范围从 0 到无穷大的不同表面上的液滴冲击和液滴弹跳动力学示意图

　　液滴的定向运动在各种水和热管理技术中具有重要意义。虽然已经开发了在低温下产生这种运动的各种方法,但是它们在高温下变得无效,其中液滴会转变为莱顿弗罗斯特状态。在这种状态下,控制和引导高度可移动的液滴朝表面上特定位置的运动变得具有挑战性,而不会损害有效的热传递。这里,我们提出通过在图案化表面上产生两个并发的热状态(莱顿弗罗斯特状态和接触沸腾状态),可以在高温下破坏液滴的浸润对称性,从而产生液滴朝向具有更高热量区域的优先运动,如图 149.4 所示。在高温下控制液滴动力学有希望应用于需要高热效率、操作安全性和高保真度的各种系统中。

6. 拓扑流体二极管

　　液体定向自输运在能源、微流体、油水分离和水收集等领域都有重要的应用。常规的液体单向输运都需要通过外界能量的输入来打破液体流动的对称

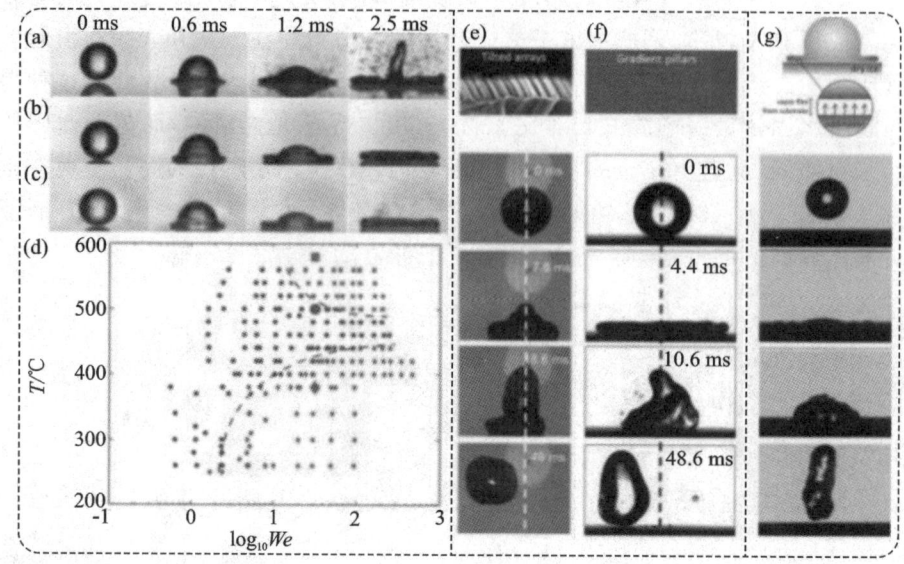

图149.4　由温度介导的下降弹跳

(a)接触沸腾状态下水滴撞击表面的代表性图像,$T=380℃$;(b)接触沸腾状态下水滴撞击表面的代表性图像,$T=500℃$;(c)接触沸腾状态下水滴撞击表面的代表性图像,$T=580℃$;(d)水滴对热板影响的相图,对于$We>1$,观察到三个相:低温下接触沸腾状态、一个较高温度的莱顿弗罗斯特状态,在更高的温度下喷涂薄膜沸腾状态;(e)快照(下图)显示265℃下在非对称表面(上图)上$We=19.3$时撞击液滴的优先运动;(f)图像(下图)显示在高温下结构梯度微柱上液滴的定向弹跳;(g)−79℃下撞击固体二氧化碳的水滴图像(下图),由于固体二氧化碳的升华,形成蒸汽膜并导致液滴完全弹跳(上图)

性和克服结构表面缺陷造成的钉扎效应。自然界中有许多动植物,如猪笼草、仙人掌、沙漠甲虫和蜥蜴等,它们可以巧妙地依靠自身表面的特殊微结构来控制液滴的定向运动,从而在恶劣的环境下生存。然而,实际工程应用情况复杂,涉及复杂界面和多相变过程。因此,如何开发能够超越大自然中存在的状况,并能在广谱温度场区间实现流体的定向、无源、自驱动、长距离输运的人工材料体系,是目前面临的主要挑战。

　　为实现流体的长距离、定向、自驱动传输,我们引入了拓扑流体二极管的概念,如图149.5所示。设计独特的微纳米结构,减少一个方向的流阻,同时增加反方向的流阻,两者之间完美结合而互不干扰,实现了长距离的液体自驱动传输。该流体二极管突破了以往浸润梯度驱动的传输限制和不对称结构驱动的铺展速度限制,极大地提高了液体定向传输的效率。该流体二极管具有广泛的

普遍性和稳定性,可以传输性质各异的液体(如低表面能液体和高黏性液体),可以沿着不同的路径传输,可以克服重力传输液体,甚至可以克服温度梯度传输。如此优越的性能使其在传热传质、多相流、水收集、液体传输、微流体、生物医药、电子冷却等领域有着巨大的应用前景。

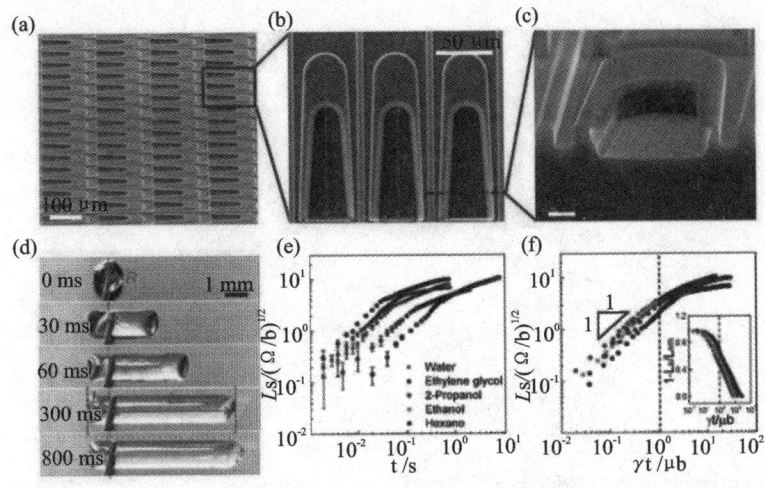

图 149.5　流体二极管的设计和表征

(a) 流体二极管的电子显微镜图片;(b) 微结构的电子显微镜图片;
(c)微结构上内沿的"蘑菇头"结构;(d) 单个液滴在流体二极管上的单向传输;(e) 不同性质液体在流体二极管上的传输机制;(f) 处理后的不同性质液体在流体二极管上的传输机制

7. 总结

在本文中,我们将两种有趣的液滴动力学(撞击引发的弹跳和聚结诱导的跳跃)与仿生界面材料联系起来,并讨论材料设计的原理、存在的挑战,以及由增强的液滴流动性带来的近期应用。考虑到仿生界面材料固有的许多引人注目的优势,随着我们对其基本物理和技术应用理解的深度和广度不断提升,以及材料工程和化学领域专家之间更密切的合作,仿生界面材料正在拥抱光明的未来。

　　任斌　分别于 1992 年和 1998 年在厦门大学化学系获得学士和博士学位。1998 年留校任教至今,历任助理研究员、副研究员和教授(2004)。以发展仪器方法为研究特色,主要从事针尖增强拉曼光谱(TERS)、表面增强拉曼光谱(SERS)以及纳米和光谱电化学新方法发展、仪器研制及其在表、界面过程及细胞生物体系的应用研究。获得包括国家基金重点项目、重大项目和科学仪器基础专项,以及科技部重大仪器设备开发专项和重大科学研究计划课题等基金项目的资助。迄今已发表 SCI 论文 200 多篇,包括 *Nature Nanotechnol.*、*Nature Commun.*、*JACS*、*Angew. Chem.*、*Chem. Rev.*、*Chem. Soc. Rev.* 等期刊,他引 14000 余次,h 因子 62。2002—2003 年受洪堡基金资助在德国 Fritz-Haber 研究所从事科研合作,2008 年获国家杰出青年科学基金,2016 年入选国家高层次人才特殊支持计划和教育部"长江学者"特聘教授。现任厦门大学化学化工学院副院长,固体表面物理化学国家重点实验室副主任,美国化学会 *Analytical Chemistry* 期刊副主编。

第150期

Applications of Surface Enhanced Raman Spectroscopy in Cell Biology and Electrochemistry

Keywords:surface enhanced Raman spectroscopy, cellular and biological systems, electrochemistry

表面增强拉曼光谱在细胞生物和电化学研究中的应用

任 斌

1. 显微成像技术的发展及趋势

为了全面了解生物过程和实现疾病的早期诊断,对生物分子分析的追求从未停止过。生命过程包括各种生物分子(如蛋白质、核酸和代谢物等)在时间和空间中的构象、分布和相互作用的动态变化。疾病的存在和演变通常涉及生物分子的过量、不足或功能失调。监测与这些生物分子有关的动态变化事件和生物系统内微环境的变化,对于更好地了解生命过程和各种疾病的进化机制,建立可靠和高度敏感的诊断方法至关重要。各种技术,包括核磁共振、质谱、电化学和低温电子显微镜,为生物医学和生物分析的研究提供了丰富的信息。然而,无论是在空间分辨率上,还是在单细胞的体内研究上,它们都有一些局限性。相比之下,光学技术,特别是荧光显微镜技术,是目前在单细胞水平研究生命过程的最重要的技术。荧光显微镜通过对荧光染料进行适当修饰,提供了高对比度的图像,其中包含丰富的生物结构和功能信息。共聚焦显微镜、光片荧光显微镜和最新的超分辨荧光显微镜的发展,使我们对生物系统的理解有了前所未有的明确细节。而与依赖于外部染料分子标记的荧光显微镜不同,拉曼光谱依赖于样品本身的非弹性光散射,如图 150.1 所示。

拉曼光谱已成功地应用于化学成分、分子结构、构象和分子间相互作用的测定。拉曼光谱可以利用紫外到近红外的光作为激发源,具有很高的空间分辨率。此外,水的拉曼信号很弱,因此该技术可以方便地在水溶液中工作。但拉曼散射的灵敏度低,这限制了其在生物医学领域的广泛应用。20 世纪 70 年代对粗糙银金属表面的表面增强拉曼散射(SERS)现象的观察和确认显著提高了拉曼光谱的检测灵敏度。百万倍的增强使我们可以观察到金属表面上单层物

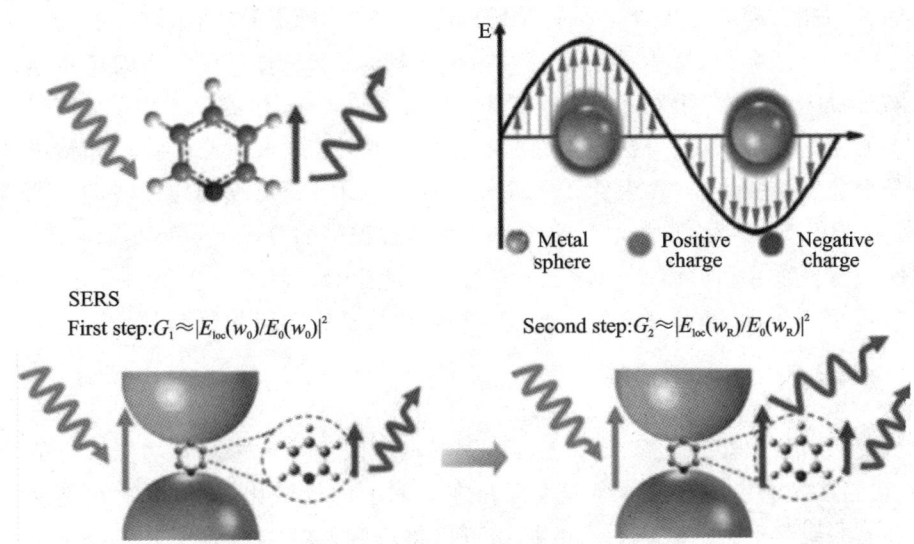

图 150.1　传统拉曼与表面增强拉曼原理

种的信号,最近 SERS 的检测灵敏度已经达到了单分子水平。

2. SERS 显微镜的优势

近 40 多年来,表面增强拉曼光谱(SERS)显微镜在化学、材料科学、分析科学、表面科学、生物医学等领域有着重要的应用,与传统的生物分析方法相比,SERS 在生物分析方面具有独特的优势:(1)SERS 具有超高的表面灵敏度,可以达到单分子水平;(2)SERS 信号能够反映生物系统中固有的分子指纹信息;(3)SERS 与荧光相比,具有抗光漂白和光降解的能力,适合长期监测;(4)SERS 峰的带宽通常非常窄,是荧光发射的带宽的 $\frac{1}{100} \sim \frac{1}{10}$;(5)SERS 能够方便地用单波长激发进行多路检测;(6)SERS 活性纳米结构可以设计成不同的尺寸、形状和涂层,用于不同的检测目的;(7)特别是 SERS 基片可以为近红外激光器进行优化,以避免生物样品的自然自发荧光,最大限度地减少了可见激光对活细胞的光损伤。因为这些优势,在 SERS 及其生物医学和生物分析应用方面有许多令人印象深刻的进展。例如,SERS 已经成功地应用于生物分子、病原体、癌细胞、体内肿瘤显像等的检测。

3. SERS 的检测可靠性

在 SERS 应用于实际临床诊断之前,仍需努力提高 SERS 在生物系统中检

测的可靠性。需要解决以下一些关键问题：(1)当与 SERS 纳米颗粒相互作用时,生物系统(细胞、组织甚至活体)有何反应？SERS 纳米颗粒会破坏正常的生物过程吗？(2)在生物系统中,哪些分子能被 SERS 检测到？SERS 信号来自本地生物分子或转化物种吗？(3)在生物环境中,纳米颗粒的特性和传感能力是否会发生变化？(4)为什么 SERS 信号在 SERS 检测期间继续波动？所观察到的 SERS 信号能真实地反映细胞或生命过程中的分子变化吗？如果不是,如何获得可重复和可靠的 SERS 来监测细胞或生命过程？

下面,我们将重点讨论基于 SERS 的生物分析中的可靠性问题。

4. SERS 的增强机制

表面增强拉曼强烈依赖于金、银、铜等拥有表面等离子基元功能效应的材料,它们在光电场的激发下会发生电荷在空间上的局域化,局域电荷在某一个位点上的聚集也意味着这一点的场强可以被增强,增强后,如果分子处于这个地方,它的拉曼信号就会被增强。图 150.2 所示为表面增强拉曼光谱的机理。

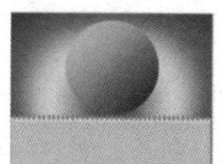

Gap-mode SERS   SHINERS-substrate   TERS

图 150.2   SERS 的机理——电磁场增强

局域化的表面等离子基元共振,导致拉曼增强的效应。这样的增强效应在常规条件下可以获得信号 10^6 的增强,极限条件下,可以获得 $10^{10} \sim 10^{16}$ 的增强,这样我们可以实现单个分子的检测。所以,表面增强拉曼光谱是一种比较好的振动光谱技术,可以获得单分子的检测。对于荧光来讲,很容易实现单分子荧光。这样的增强效应对于检测来讲,意味着单层分子就可以提供之前百万层分子提供的信号强度。

5. 增强效应对纳米结构的依赖

SERS 的劣势在于其增强后的检测灵敏度强烈地依赖于纳米结构的设计。如果纳米结构设计不当,或者分子与表面的相互作用效果不好,可能只能得到很弱的拉曼信号,不能发挥信号增强的优势。

局域化的表面等离子基元的共振,即使用单个纳米粒子,它的检测灵敏度只有 10^3。要获得真正的高灵敏度,我们需要如图 150.3 所示的一个耦合体系,

这种耦合体系可以是纳米离子与纳米粒子的耦合体系,也可以是纳米粒子与基底的耦合体系。耦合之后,粒子之间的间距可以让信号得到非常大的提升,就可以实现信号 $10^6 \sim 10^9$ 的提高。

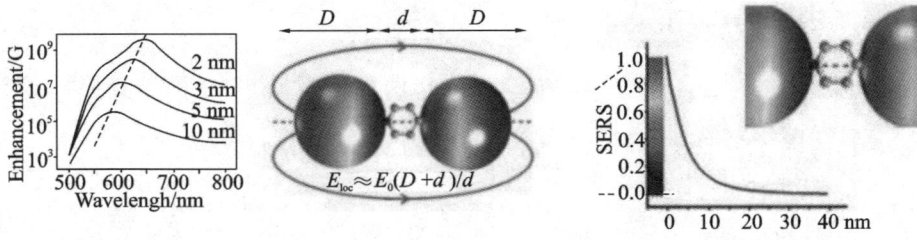

图 150.3　SERS 增强对距离的敏感性

表面增强拉曼光谱在应用中需要上述耦合体系存在。一方面,在这样的耦合体系里,两个粒子之间的距离会显著地影响耦合的效应,距离很近的时候,信号增强可以到 10^9 量级,但如果拉开一定的距离,增强效应就会降到 10^4 量级,所以引入恰当的耦合体系是非常重要的。另一方面,即使在耦合的情况下,随着与位点距离的增加,增强效应也会降低。因此在实际的检测过程中,我们需要制备拥有超窄间隙的体系,把分子捕获到体系中,并把分子放在这样一个表面上,才能够实现真正的高灵敏度的检测。

在 SERS 的检测中,如果激发的是纳米粒子对它的 LSPR 共振,共振会导致这个位点的电磁场非常强,这个分子所发出的拉曼信号就变得非常强。

基于这样的体系,所产生的拉曼信号通过拉曼粒子对之后,信号再往外发射,如图 150.4 所示。所以,表面增强拉曼光谱需要有高效的激发过程,还要有高效的发射效率,最终的 SERS 信号是由这两个过程乘积的结果所决定的,也就是对条件的选择有着严苛的要求,这样就对实际检测中波长的优化有非常高的要求。以上是在溶液中的情形。如果我们对这个体系进行干燥化处理,水挥发掉后,折射率会从 1.3 变为 1,这时对激发波长的要求是另外一种情形。同时,分子和表面相互作用之后,就会有更复杂的分子过程,这取决于分子和表面相互作用程度的不同。耦合程度不一样,电子层据分布也不一样,最终导致化

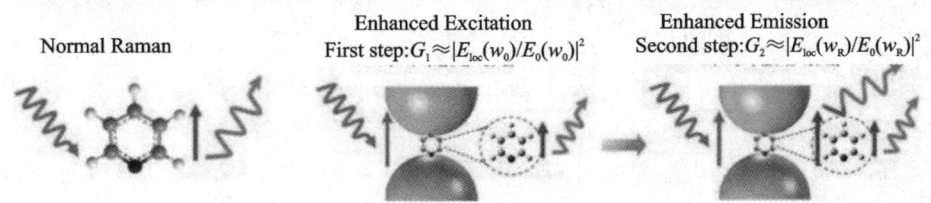

图 150.4　SERS 激发和发射过程

学相互作用程度不一样。重要的是,所有的 SERS 中,都是电磁场增强占主导作用,化学增强的存在,会影响相互作用程度改变,也会影响体系的可靠性分析。

6. SERS 的检测模式

在 SERS 的实际检测中,我们通常会有两种检测模式,一种是直接检测模式,一种是间接检测模式,如图 150.5 所示。

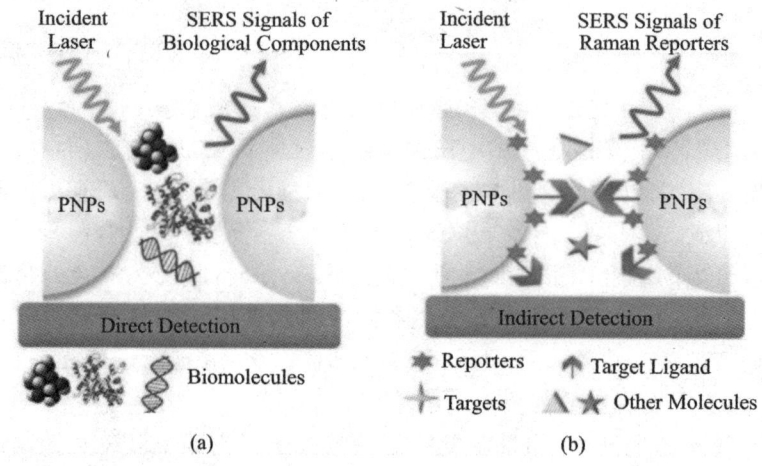

图 150.5　直接检测模式与间接检测模式

对比传统检测,直接检测模式是一种无标记的检测模式,间接检测模式是一种有标记的检测模式。无标记拉曼检测的信号来自于分子自身的拉曼信息,所以对于这种分析来讲,如果体系中没有某种分子,就一定检测不到这种分子的信号,不存在假阳性的问题。对于间接检测模式,我们测得的信号是标记在目标检测分子上的另一个分子的信号。这种检测模式存在的问题是,即便没有目标分子,该信号也存在于这个体系中,这样就存在假阳性的问题,到目前为止,消除这样的假阳性还是一个比较大的挑战。对于直接检测体系来讲,检测方法有两类,一类是溶胶检测方法,一类是基底检测方法,如图 150.6 所示。

溶胶检测方法即将待测物与溶胶进行混合,混合后纳米粒子聚合起来,就可以产生我们想要的信号。对于基底检测方法,我们需要制备高度有序的基底,才能检测到有用的信号。在实际应用中,真正有意义的是金和银的体系,包括石墨烯在内的一些半导体材料因为增强效应太弱,对于检测并没有实际的意义,通常这些研究是为了研究材料自身一些不可忽略的性质。

在实际的 SERS 中,我们会经常碰到下面几个体系:一种是分子与表面的

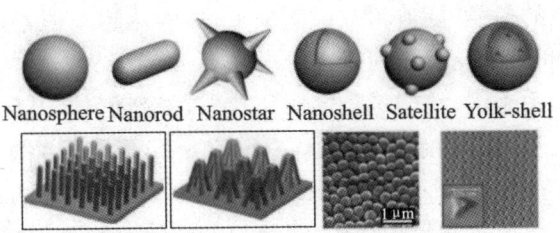

图 150.6　溶胶检测方法与基底检测方法

作用非常强的体系；分子始终在材料表面上，表面的覆盖率很高，这种体系中可以测到比较好的信号；另一种体系中，分子与表面的作用较弱，所以在低浓度时，测得的信号就会受到其他分子对信号的干扰，其他物质占据表面的位点，导致在一定的浓度下，很难检测到目标分子的信号；还有一种体系是分子与表面的作用非常弱，近乎是弹性碰撞，分子碰到表面就会弹出去，这种材料的有效覆盖率是非常低的，对这种体系的检测难度非常大，就像在水中进行 SERS 实验时，我们始终检测不到水的信号，在甲醛中进行 SERS 实验时，我们始终检测不到甲醛的信号，如图 150.7 所示。

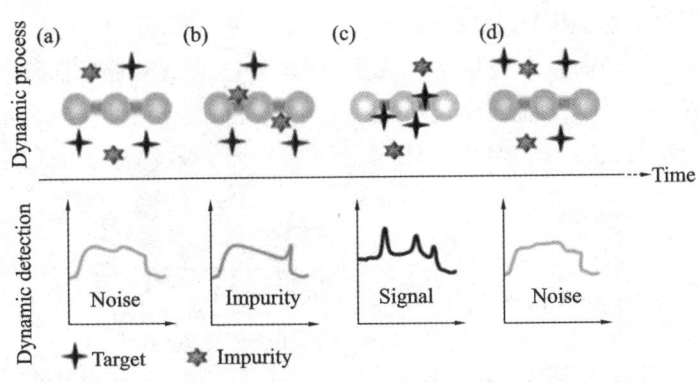

图 150.7　动态过程与动态检测

实际实验中存在各种各样的问题，比如 $10^{-8} \sim 10^{-7}$ 的瓶颈检测浓度，在这一浓度范围内，分子不足以占据表面的位点，杂质分子在表面停留。低浓度的另一个问题是很难诱导分子与分子之间的团聚来有效地检测到信号。在低浓度体系下，如果目标分子和杂质分子都没有到相应的位点上，我们只能检测到材料的背景信号；如果目标分子到了相应的位点上，就能检测到目标分子的信号；如果杂质分子上去，就能检测到杂质的信号。在分子与材料相互作用很弱的体系中，会有一种很有意思的现象，如果分子停到表面上，就能检测到信号，如果分子游离出表面，就不能检测到信号。这样，使用非常短的采集时间，我们

可以检测到很强的信号,随着积分时间增加,信噪比越来越差,以致检测不到信号,这就是信号和背景比值的问题。

对于检测体系来讲,我们希望能弱化背景,提高信号,得到比较高的检测灵敏度。解决方法是在这种系统中加入一点氯离子,氯离子能诱导提高分子和表面的相互作用。这时候,因为分子始终在材料表面,提高积分时间就一定能提高检测灵敏度。想要检测目标分子,还要想办法把目标分子抓到表面上来。可以通过生物间的相互作用,甚至利用大分子筛选出能够到表面上来的分子。最终的目的是让待测分子在表面上停留足够长的时间,能够让我们进行分子检测。

7. SERS 的定量检测

从受激拉曼成像上讲,浓度和信号强度始终成线性的关系。但是对于表面增强拉曼成像,位于纳米粒子间隙不同位置的分子,其信号增强是不一样的,也就是说,对于同一浓度的样本,得到的信号强度是不同的。如果用比例成像将峰的强度校准回来,这时候就有了成像对于浓度的意义。

关于定量分析,由于强度的波动,所以可以在纳米粒子体系引入一个内标,在这个内标分子外面盖上一层纳米粒子,构建封闭的纳米粒子探针,如图 150.8 所示。内置的分子可以捕捉信号,将内标分子与目标分子结合,就可以同时给出外部分子本身的拉曼信号以及内部分子的信号。外部分子的信号随着时间

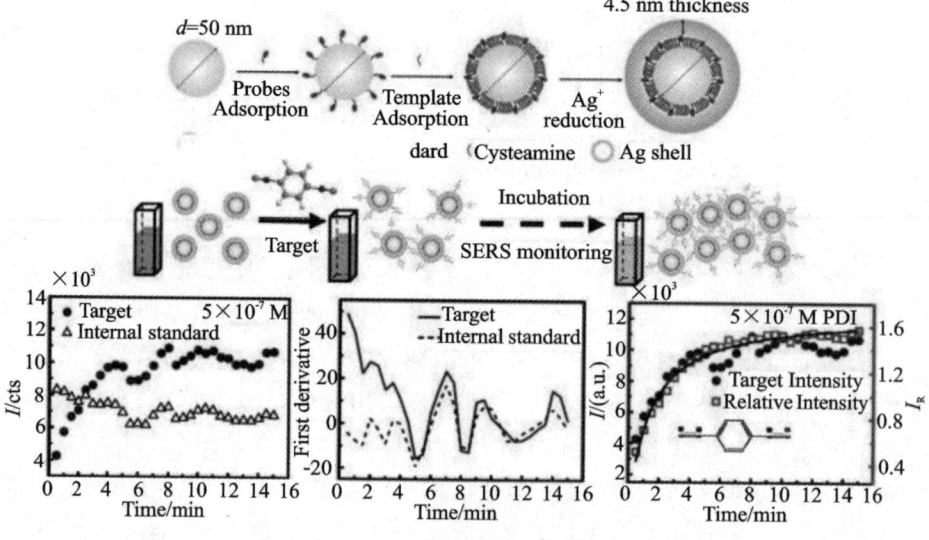

图 150.8　封闭的纳米粒子探针

的增加变得越来越强,然后逐渐稳定下来,而内标分子的信号变化比较小。对这个强度取积分,就可以看到,从这个时间点之后,信号就开始同步消长。这时候,可以用内部信号来校准外部信号。

8. 粒子与生物系统间的相互作用

表面增强拉曼用于生物体系中时,涉及表面与生物分子的相互作用。比如与表面相互作用的 DNA 或者蛋白质可能会导致自身构象的变化。将纳米粒子放到细胞的培养液中时,细胞中的蛋白可能在纳米粒子表面吸附,形成一个蛋白罐,最终导致待检测的分子无法到达纳米粒子表面,以及其他一系列的反应。由于纳米粒子在合成过程中需要用到表面活性剂,需要还原性的物质进行反应,反应完后会在表面留下大量的分子,而这些分子通常是具有一定反应性的物质,在光照中会发生进一步的反应。所以,如果直接拿纳米粒子做实验,每一次测得的实验结果都不同。但是用碘离子修饰的方法去除表面杂质,或者加负电位脱附表面粒子,就可以获得相对可信的拉曼信号,如图 150.9 所示。

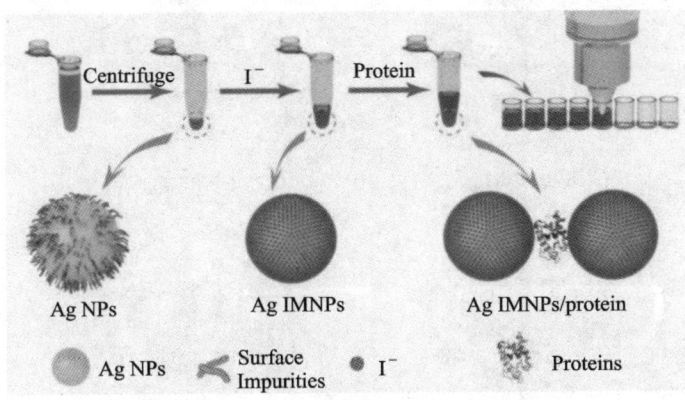

图 150.9　碘离子修饰的 SERS 检测方法

这时候检测到的信号可以认为是来自细胞生物体本身的拉曼信号。将同样的思路用于蛋白质以及核酸的检测,即通过碘离子去除表面的杂质,通过带负电的碘离子与蛋白质相互作用,使其脱附,就可以进行各种各样的蛋白质检测,简单地通过酪氨酸与苯丙氨酸峰的比值来确定待检测蛋白的种类。这是传统 SERS 方法无法做到的。

9. 细胞内直接 SERS 检测的挑战

SERS 直接应用于细胞的挑战之一是对细胞中不同区域的区分,纳米粒子

进入细胞时会向溶酶体聚集,最终只能检测到溶酶体的信号。在纳米粒子进入细胞的过程中,每一个阶段涉及的粒子都不一样,最终会获得非常复杂的光谱。另外,如何避免粒子对细胞的毒性也是一个重要的问题。为了能够靶向性地测得目标细胞器,可以利用特殊靶向的肽,比如 RGD 穿膜肽、NLS 核定位肽来摆脱溶酶体的限制。对于非常复杂的光谱,可以用化学计算或者最近兴起的机器学习的方法等,选择性地让目标分子被检测到。但是对于一些给不了信号的体系,或者对于信号非常弱的即使用 SERS 方法依然测不到的体系,这时候就可以借鉴标记的方法。标记分子可以有很多种选择,可以选择强拉曼信号的分子,也可以选择远离分子指纹区的分子,比如含三键的分子。这样可以拥有非常低的背景,从而可以检测到信号。比如 OPE 基团上面带有大量的三键,设计将三键完全区分开来,这样就可以对细胞进行多组分的标记。由于这些分子可以置换掉细胞中的一些基团,所以用完之后,需要对这些高聚物或者金属壳层进行进一步的保护,如图 150.10 所示。

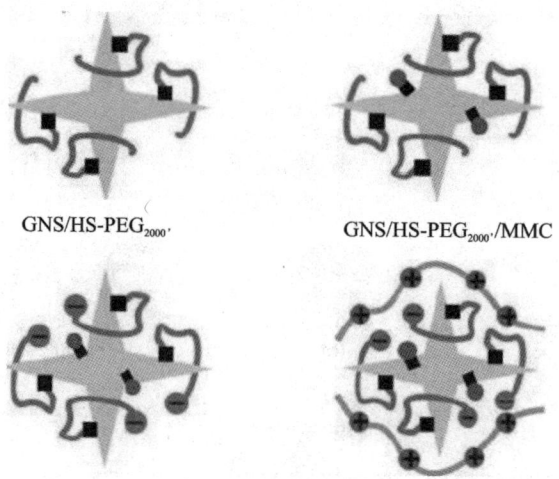

GNS/HS-PEG$_{2000}$·   GNS/HS-PEG$_{2000}$·/MMC

图 150.10　高聚物分子层保护

这样,我们就可以进行一系列的反应,比如硫化氢的传感、一氧化碳的传感以及 pH 传感。

研究细胞体系中的过程时,需要在拉曼显微镜下进行细胞培养。可以在显微镜下放置微培养箱,模拟常规培养箱中的环境,出现细胞分裂现象表明细胞状态良好。这样我们就可以在这个体系下进行细胞传感实验,包括细胞外的 pH 传感实验。

利用一个 SERS 的基底,基底上全部为带有修饰的金纳米粒子,每一个位

置都可以检测到信号,在有细胞存在的位置和没有细胞存在的位置,pH 值的差异不是很大,但是对于癌细胞来讲,有细胞的区域和没有细胞的区域有着肉眼可见的颜色区分(如图 150.11 所示)。

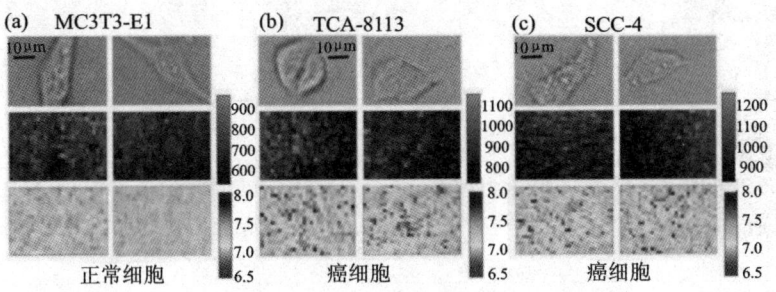

图 150.11 细胞外 pH 成像

通过加入 TGF-β 诱导细胞凋亡的过程,我们可以看到,在正常生长过程中,pH 值变化不明显,但是经蛋白诱导的细胞 pH 值有显著的变化,在诱导过程中,细胞内部的物质释放出来,导致环境的 pH 值变化,这就是细胞外的 pH 传感。我们同样可以利用纳米探针的方法把纳米探针引入细胞内部,从而实现细胞内 pH 成像。选择可以分裂的细胞体系,通过 SERS 成像得到的图像可以看到细胞分裂过程中 pH 值的转变。当我们对其进行 pH 值的统计时,发现分裂初期的 pH 值是比较低的,分裂中后期的 pH 值开始升高(该过程对应细胞生长微观的过程,需要有能量通道为其提供能量,这时微观的 pH 值开始升高),一旦细胞分裂结束,所有体系回到原来正常的状态。

10. CNN 去噪算法在 SERS 中的应用

SERS 成像系统需要一定的成像时间,成像所需时间很大程度上依赖于成像所得到的信号质量。为了进一步节省 SERS 成像所需时间,怎样在弱信号的条件下实现对样本的成像呢? CNN 去噪算法可以实现提高信噪比的目的,如图 150.12 所示。

相比原始光谱,CNN 处理过的图像信噪比非常高。CNN 去噪算法可以极大地减少成像所需时间,该方法下的细胞成像结果如图 150.13 所示。

CNN 方法已经越来越多地应用于拉曼光谱的领域。

11. 电化学体系

电化学体系与癌细胞体系类似,都有界面的存在。聚表层结构中有着非常复杂的环境,有离子、环境分子、产物分子,等等,所以需要指纹光谱的信息才能

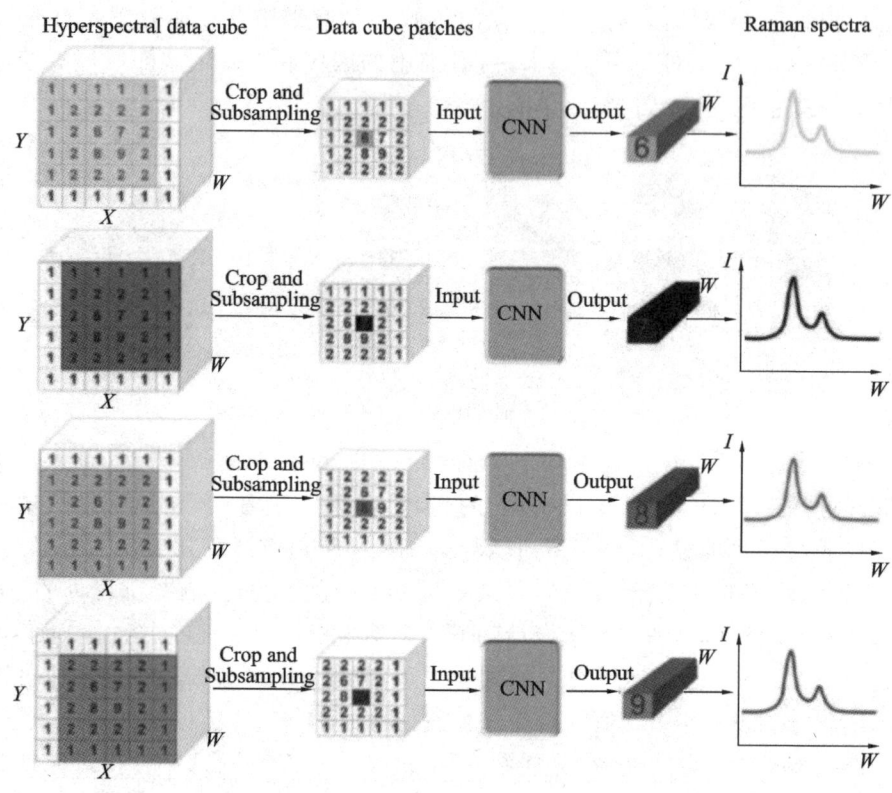

图 150.12 CNN 去噪模型

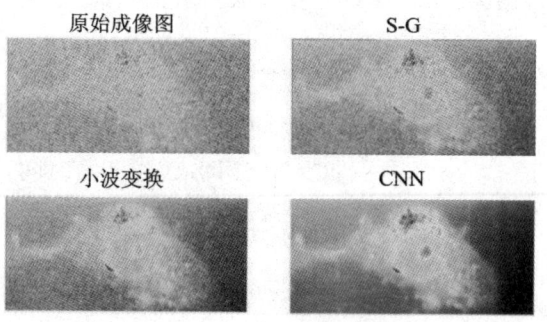

图 150.13 细胞成像结果

对这个体系进行研究。同样,这个体系不断地进行着动态变化,这与生物体系十分类似,每一个位点的结构都不一样,需要空间分辨,需要单分子层的检测灵敏度,所以我们也在发展原位拉曼的方法来实现时间与空间分辨率的突破。实际上,将 SERS 应用于电化学体系中时,大家通常会将电化学池放到拉曼显微

镜下，给定一个电位，测一个光谱。通常在电化学过程中，电位已经扫过了一定的时间，所以得到的光谱一定是一个时间段内平均的信息，这是稳态信息而不是动态信息。这是目前的 SERS 检测方法中存在的问题。如果追求高空间分辨率，则会用点扫描的方式进行空间成像，也就意味着不同像素点的拍摄时间一定不同，这种方法并不适用于对电位动态变化的研究与理解，所以需要一个同步的触发。但是同步触发时，时间加速后得到的信号非常差，这时需要加入数据处理的方法才能将获得的信号变为比较可靠的信号。这样就可以进行电化学反应过程的检测，记录扫描过程中光谱的变化。如果我们检测的分子位于表面，则信号强度会与我们测得的电信号强度直接关联；如果要得到电流信息，则需要将电量进行微分求导。用求导的数值对电位作图，可以将原来强度的信息和时间的关系变回到与电流信息的关系。

　　如图 150.14 所示，在改变电位的过程中，扫三角波，测电流的变化，用求导的信息对电位作图，图中虚线（电流得到的电化学信息）与实线（拉曼得到的光学信息）的峰是基本同步的。

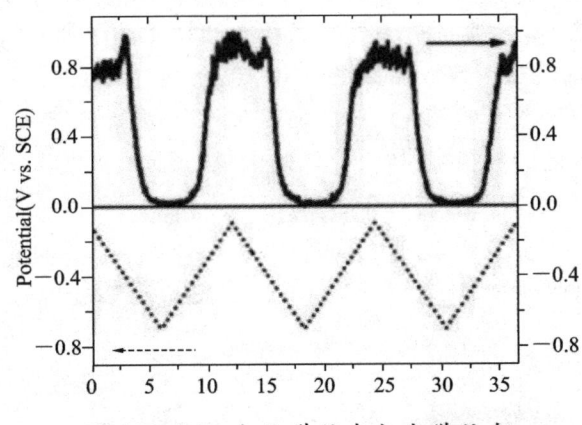

图 150.14　电化学信息与光学信息

　　从图 150.15 中峰的位移可以得出结论，质子耦合过程中引起的结构变化要比电子转移过程慢。电子转移过程完成之后，需要周围的质子扩散过来完成结构的转变，结构转变后才能被拉曼检测出变化，所以有一定的滞后现象。但是在氧化的过程中，质子已经位于分子上，直接移走，不需要扩散的过程，所以并没有峰的位移，这时光学信号就会和电化学信号出现互补的现象，光学信号可以给出电化学信号提供不了的结构转变滞后的电子转移信息。这样的方法带来的好处是，通过光学的方法，可以得到整个表面上每一个位点强度随着电位变化而变化的信息。如果每一个位点都得到一条这样的曲线，就可以得到每一个位点电化学相应的信息,而传统的电化学方法是没有空间分辨信息的,因此得不到每一个位点电化学的响应信息。

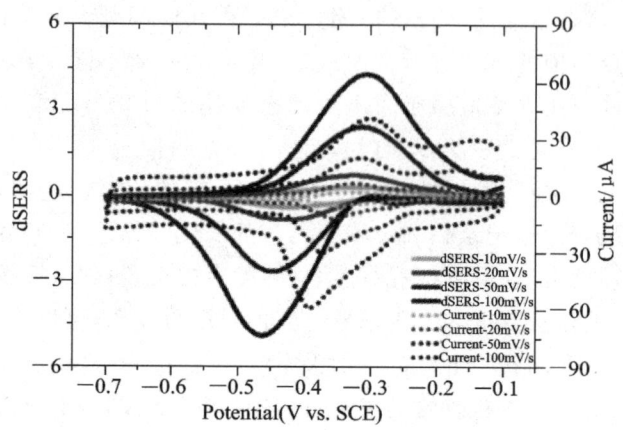

图 150.15　电压与 SERS 信号的关系

关于表面成像的问题,可将原来单点聚焦的体系扩束为大光斑照射,如图 150.16 所示。扩束后,要将每一个位点产生的拉曼信号通过透射光路成像到 EMCCD 上,这时通过调控液晶调控版 LCPF 的电压,选择特定波长的光过来就可以选出我们所关心的某一个峰的强度,并对其进行成像。此时每一个位点都可以得到全光谱的信息,比如氧化峰的电位、还原峰的电位、氧化峰的电流、还原峰的电流等,选取元素进行作图,就可以得到不同元素在空间上的分布。

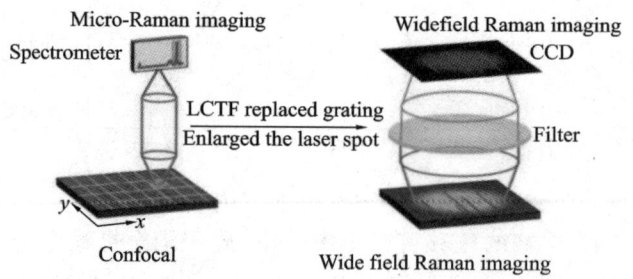

图 150.16　显微拉曼成像与宽场拉曼成像

最后,随着 SERS 在灵敏度、选择性、重现性、时间和空间分辨率等方面的进一步提高,它将在生物和医学领域找到更重要的应用,并将回答有趣的生物学问题,解决致命的临床问题。其中一个例子是利用 SERS 的超多重检测和多功能特性来监测小生物分子的代谢。

（记录人:毕亚丽　审核:王平）

王平安 香港中文大学计算机科学与工程系教授。自1999年以来,他一直担任香港中文大学虚拟现实、可视化与图像学研究中心主任,并曾担任计算机科学与工程系主任(2014—2017)和研究生部主任(2005—2008和2011—2016)。自2006年起担任中国科学院深圳先进技术研究院人机交互中心主任,并于2007年被教育部评为"长江学者"讲座教授。发表了超过550篇同行评审论文,包括250多篇国际期刊论文和300多篇国际会议论文。其团队近年来在医学影像分析方面获得四项最佳论文奖,包括MIA-MICCAI 2017年最佳论文奖。

第151期

Medical Image Analysis and Surgical Simulation:AI and VR Application for Medicine

Keywords:medical imaging, artificial intelligence, deep learning, virtual reality

第151期

医学影像分析与手术模拟：
人工智能和虚拟现实在医学中的应用

王平安

1. 人工智能：深度学习在医学图像分析中的应用

1）简介

医学图像涵盖多种模态，包括超声图像、CT 图像、核磁共振图像（MRI）、组织病理学图像、内窥镜图像及皮肤镜图像等，如图 151.1 所示。计算机辅助诊断主要是通过对上述医学图像进行处理，结合计算机的分析计算，辅助发现病灶，提高诊断的准确率。计算机辅助诊断能够减轻医务人员的工作负担，节约医学图像处理和诊断的时间，减少误诊发生的概率，以及能够使诊断结果有更好的可视化效果。

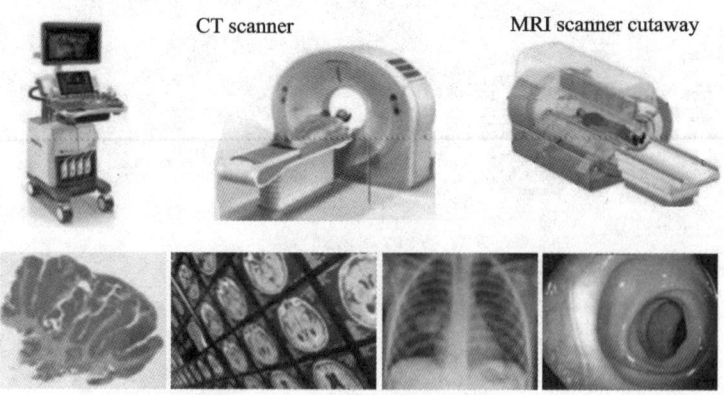

图 151.1　多种医学成像方法

近几年来，深度学习得到了很好的发展，其中以深度学习为基础构建的

AlphaGo 系统更是成为人工智能的典型代表。在图像辨识方面，深度学习也得到了很好的应用。深度学习方法由多个层组成，以学习具有多个抽象层次的数据特征，当具有很好的训练数据集时，深度学习能够很好地完成辨识推理的任务。医学图像是众多图像中的一种，因此也能通过深度学习进行相关处理和分析。只是医学图像与普通图像存在一些差别。首先，医学图像不像普通图像那样有着很好的训练数据集，医学图像一般没有对应的准确标注，因为医生没有太多时间对大量的医学图像一一进行标注；其次，医学图像很多都是三维甚至是四维的图像，与一般的二维图像的处理存在差异；此外，医学图像之间的差异性较大，对算法的泛化能力提出了更高的要求；最后，医学图像对于诊断结果的准确性有着比普通图像辨识更高的精度要求。

2）病理组织学图像分析

首先介绍的工作是病理组织学图像中腺体的分割。腺体的形态是病理学家用来评估腺癌恶化程度的常用指标，病理组织学图像中腺体的精确分割是实现这种量化评估的关键步骤。对病理组织学图像进行腺体的分割，就可以对相应的疾病进行诊断，例如是否患有癌症、癌症达到了怎样的程度。腺体分割存在的挑战是腺体的结构存在着多种变化，而且病理组织学图像的数据量很大，图像中往往存在着不同腺体间的重叠。为解决以上问题，我们提出了一种有效的 Deep Contour-Aware Network（DCAN）。在这个网络中，来自分层结构的多级上下文相关特征利用辅助监督来实现对腺体的精确分割。这个网络不仅可以精确地输出腺体的概率地图，而且可以同时描绘出清晰的轮廓，这也进一步提高了腺体分割的性能。这个 DCAN 的示意图如图 151.2 所示。

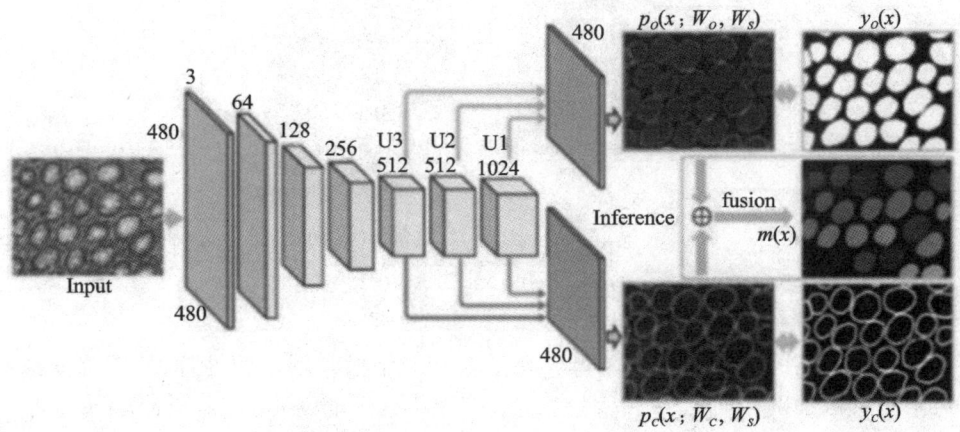

图 151.2　DCAN 示意图

利用上面提出的算法，我们参加了 MICCAI 2015 的腺体分割挑战，使用官方提供的数据进行相关分析,最终在腺体的分割和识别方面获得了第一名的好成绩。

在病理组织学图像分析方面,我们还做了乳腺癌有丝分裂的自动检测。乳腺癌是一种致死率很高的癌症,在女性中的发病率很高。在乳腺癌的检测中,有丝分裂细胞的数目可以作为衡量发病与否以及病情程度的一个量化指标。目前乳腺癌病理检测中的有丝分裂细胞数目主要是通过人工去识别和计数的,非常费时费力,而对于有丝分裂细胞的自动识别还存在很大的挑战。首先,有丝分裂细胞图像之间在形态上存在着很大的差异,而且在图像中是属于稀疏分布的;其次,有些细胞的形态与有丝分裂细胞的形态类似,很容易造成混淆;最后,对于整个有丝分裂细胞的识别计数过程需要很快速地完成。为了解决上述问题,我们提出了一种快速而精确地检测有丝分裂的方法,即 Deep Cascaded Convolutional Neural Network,如图 151.3 所示。该网络由两部分组成,第一部分是构建粗略的检索模型来筛选候选对象,第二部分是利用很好的分辨模型实现对有丝分裂细胞的辨识。我们使用上述模型对 ICPR 2012 及 ICPR 2014 的 MITOSIS 数据集进行测试,证实我们的方法取得了综合最好的效果。

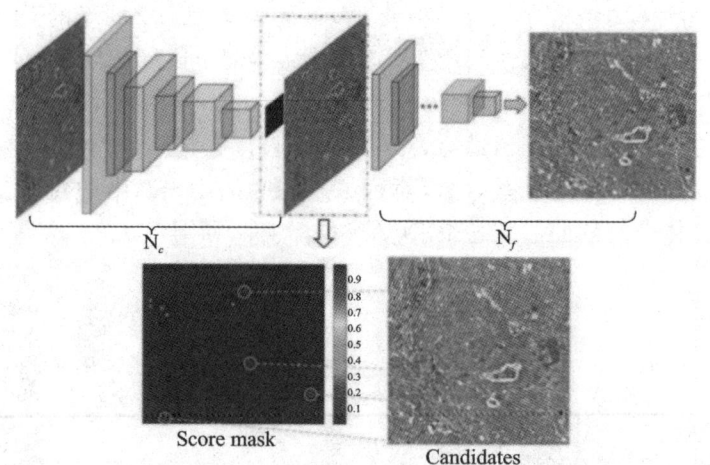

图 151.3　用于快速精确检测有丝分裂细胞的 Deep Cascaded
Convolutional Neural Network 方法

3)三维核磁共振图像分析

上面介绍的病理组织学图像分析是对于二维医学图像的处理,接下来介绍对于三维医学图像的处理。大脑微出血(cerebral microbleeds,CMB)可能是很多脑部疾病的一种早期症状,CMB 的检测是对很多脑血管疾病以及神经退化性疾病的早期诊断。对于 CMB 的检测,怎么从三维 MR 图像中把微出血的

位点找出来呢？我们首次将三维的卷积神经网络（3D CNN）引入医学图像的处理中，针对 3D CNN，我们构建了一个级联框架，以此在提高检测精度的同时降低计算负担，如图 151.4 所示。首先我们开发了一种 3D Fully Convolutional Network （3D FCN）策略来检索最可能的 CMB 的候选集，然后利用一个训练好的 3D CNN 分辨模型来区分 CMB。相比传统的滑动窗口策略，我们提出的 3D FCN 策略可以去掉大量的冗余计算，极大地加速了整个检测处理的进程。我们构建一个有着 320 张 MR 图像的大数据集，进行大量的实验来验证上述算法。我们获得了 93.16% 的高检测灵敏度，相比之前的相关算法或者 2D CNN 方法，取得了显著的效果。

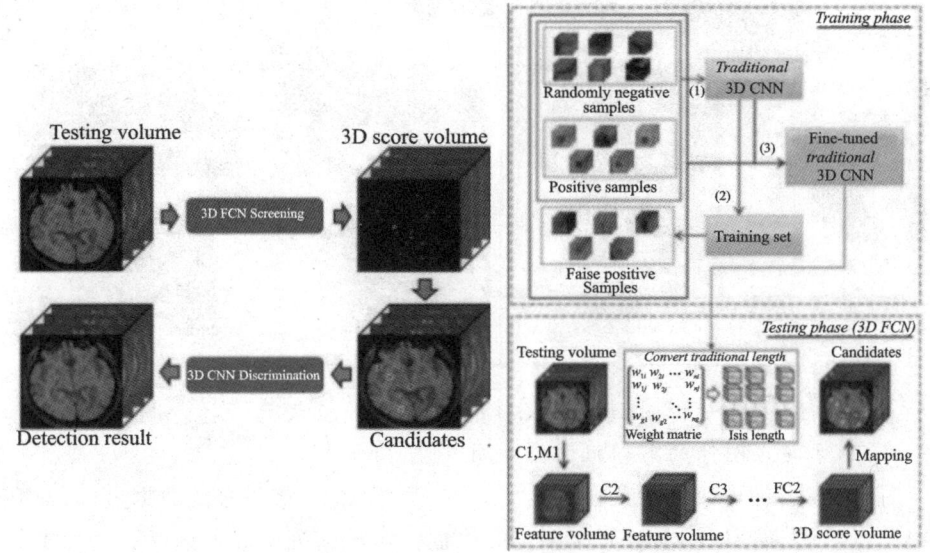

图 151.4　用于大脑微出血点检测的 3D CNN 级联框架及相关算法

4）三维 CT 图像分析

延续大脑微出血检测的研究，我们又进行了基于 CT 图像的肝脏自动分割研究。CT 图像中肝脏的自动分割，在计算机辅助的肺癌诊断与治疗中有着很重要的作用，同时也是一个很大的挑战。为解决肝脏分割的问题，我们改进了大脑微出血检测中的算法，并提出了 3D Deeply Supervised Network （3D DSN），用于对比增强 CT 得到的医学图像进行肝脏的图像分割。3D DSN 的系统框架如图 151.5 所示。3D DSN 系统框架利用完全卷积架构的优势来实现有效的端对端的学习和推断。更重要的是，我们在学习过程中引入了一种深度监督机制，以此来攻克潜在的最优化难题，从而这个模型可以获得更快的收

敛速度和更好的辨识能力。我们使用公开数据集 MICCAI-SLiver07 测试后发现,我们的方法相比其他方法,能够在取得好的辨识结果的同时有着更快的处理速度。

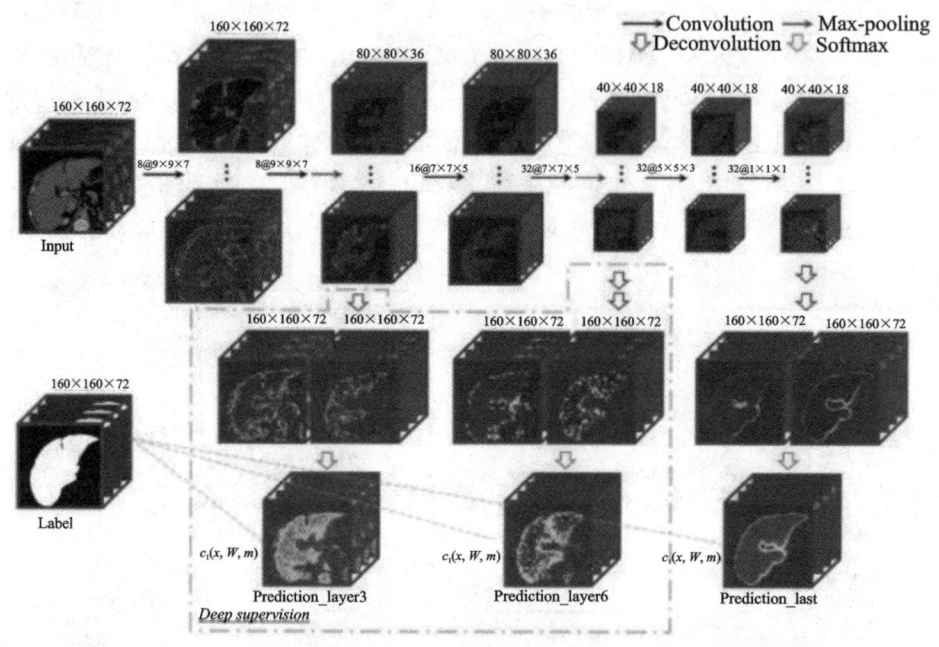

图 151.5   3D DSN 的系统框架

5)基于超声图像的前列腺图像分割

前列腺癌是导致男性死亡的重要癌症,美国 2010 年公布的数据显示,前列腺癌是美国发病率最高、致死率第二的癌症。对于前列腺癌的诊断和治疗中的一大重点就是,需要对前列腺的医学图像进行很好的分割,而人工分割是非常费时费力的。在前列腺的诊断中,超声扫描是最常规的一种诊断手段,但是对于获取超声图像进行前列腺分割则充满了挑战,因为超声图像中边界不完整的问题很明显,而且超声图像充满了噪声。在估计缺失的边界时,先验知识起着很大的导引作用,但是传统的形状模型经常受制于手工描述符,在配准过程中会丢失局部信息。

对此,我们提出了一种新的框架,这个新框架可以无缝地整合特征提取和形状先验探测,从而用连续的方式估计出完整的边界。这种框架主要分为三个模块。第一,我们将静态的二维前列腺超声图像转化为动态序列,然后通过连续的探测形状先验预测前列腺形状,根据经验,我们提出了用 Recurrent Neural Network(RNN)来学习形状先验,这个模块能够有效地处理边界不完整

性;第二,为了减小不同序列化方法导致的误差,我们提出了一个多角度融合策略来整合不同角度得到的预测形状;第三,我们进一步将 RNN 核植入一个多量程的自动上下文方案中,以成功改善形状预测的细节。

经过大量的数据测试,我们发现在前列腺超声图像中对于前列腺边界的描绘,我们的方法取得了比其他几种先进方法更好的效果,而且我们的方法普适性更好,能够很方便的用于其他医学图像中边界描绘的问题。具体分割的结果如图 151.6 所示,其中红色的标识是真实的边界,绿色的标识是我们算法自动识别的边界,两者能够达到很高的重合度。

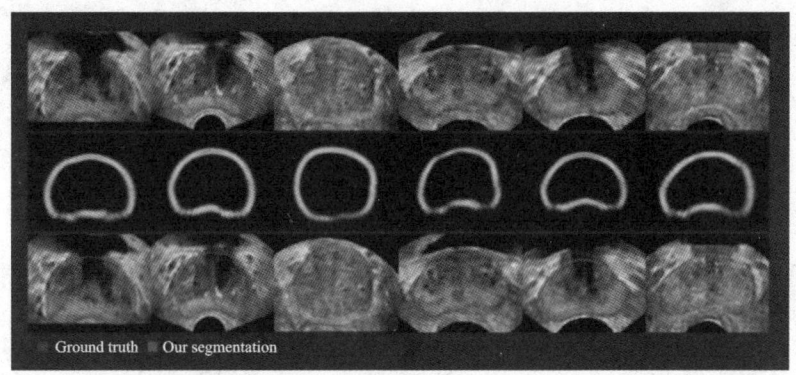

图 151.6　RNN 方法实现的前列腺超声图像中前列腺边界的描绘效果

6)皮肤镜医学图像分析

皮肤镜又称皮表透光显微镜,其本质是一种可以放大数十倍的皮肤显微镜,其功能和眼科用的眼底镜、耳鼻喉科用的耳镜一样,是用来观察皮肤色素性疾患的利器。近年来,世界各地的皮肤科医师投入相当多的精力在皮肤镜的研究上。有研究表明,皮肤镜对恶性黑色素瘤诊断的准确率可以达到 98%,甚至比临床诊断的还要高。皮肤镜是一个相当方便、非侵入性、诊断率高、值得信赖的工具。通过皮肤镜获取医学图像,再结合计算机辅助诊断,可以更高效地协助医生实现对恶性黑色素瘤的有效诊断。通过皮肤镜获取的黑色素瘤相关图像如图 151.7 所示。

皮肤病灶的低对比度、黑色素瘤之间大的形态差异、黑色素瘤和非黑色素瘤之间高度的相似性,以及皮肤镜获取的图像中大量的噪声,这些因素使得皮肤镜下黑色素瘤的自动识别非常具有挑战性。为了应对这些挑战,我们提出了一种新的、用非常深度的 Convolutional Neural Network(CNN)来实现辨识黑色素瘤的新方法。相比于传统的方法,我们的深度网络超过了五十层,能够获取更丰富的信息从而实现更准确的识别。我们应用了残差学习来应对网络深

度过深带来的退化和过拟合问题,并且构建了一个 Fully Convolutional Residual Network(FCRN)来实现皮肤病灶的精确分割,然后我们很好地将用于分割的 FCRN 和用于分类的残差网络整合成一个二阶段的架构。这种架构使得用于分类的特征是基于分割后的结果而不是基于最原始的数据,使得分类能够达到更准确的效果。我们用此方法参加 ISBI 2016 皮肤病灶识别挑战赛,在 25 只参赛队伍中获得了第一名。

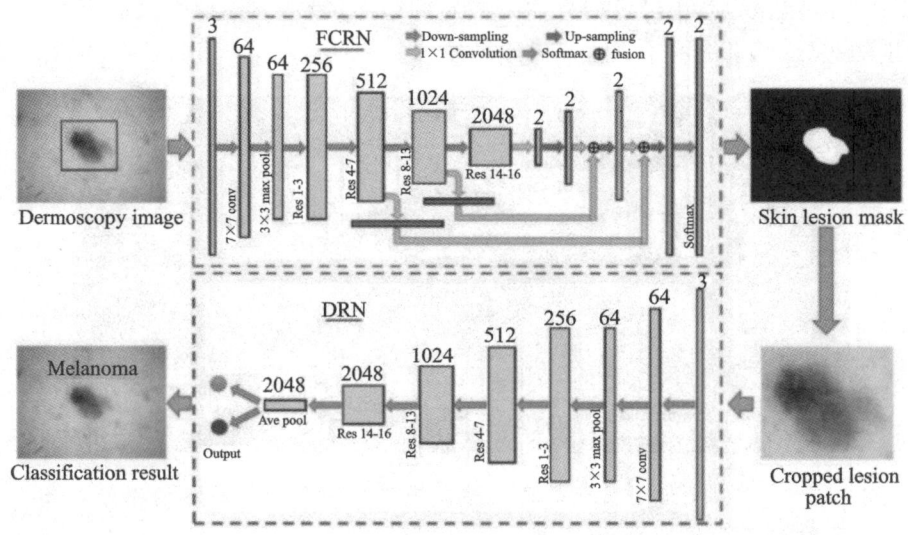

图 151.7　使用 FCRN 来实现皮肤病灶的精确分割

2.虚拟现实:现代医学中的手术模拟

1)简介

随着现代医学的进步,微创手术技术得到了快速的发展。微创手术因为患者创伤小,并发症危险小而且恢复快速,广受患者和医生的欢迎。但是相比于普通手术,微创手术对医生提出了更高的操作要求,这也使得微创手术的事故发生率居高不下。微创手术事故率较高的原因主要是目前医生的微创手术训练手段存在很大的局限性。如果医生在尸体上进行微创手术的训练,则会存在尸体数量有限、无动态特征等弊端;如果在动物上进行微创手术的训练,则存在解剖结构有差异,不能理解并发症等问题;如果在病人身上进行微创手术的训练,那对病人的伤害是很大的,而且无法重复进行训练。

虚拟手术的出现很好地弥补了上述存在的问题。利用虚拟现实技术营造逼真的手术环境,可以降低训练成本,同样的手术环境可以进行各种不同的手

术训练,而且可以让用户反复进行训练。由于是在虚拟环境中进行的训练,所以此种训练方式也是安全可靠的,不存在对患者造成伤害等问题。不过虚拟手术的实现需要集合多种关键技术,包括医学图像处理技术、软组织建模及形变仿真技术、复杂医学数据实时可视化技术、实时逼真力反馈技术以及系统的集成、评价和验证。接下来介绍我们在上述关键技术中取得的若干具体技术进展。

2)虚拟现实中的若干关键技术

基于非局部低秩超声图像去噪技术。图像的噪声将在很大程度上影响三维建模的准确度,为此我们利用引导图像提高相似区域查找的准确度,提出Truncated Weighted Nuclear Norm 和 Structured Sparsity 来更有效地实现低秩化。在去噪的同时还能保留图像的细节,比现有方法更能提高图像分割和后续三维建模的准确性,如图 151.8 所示。

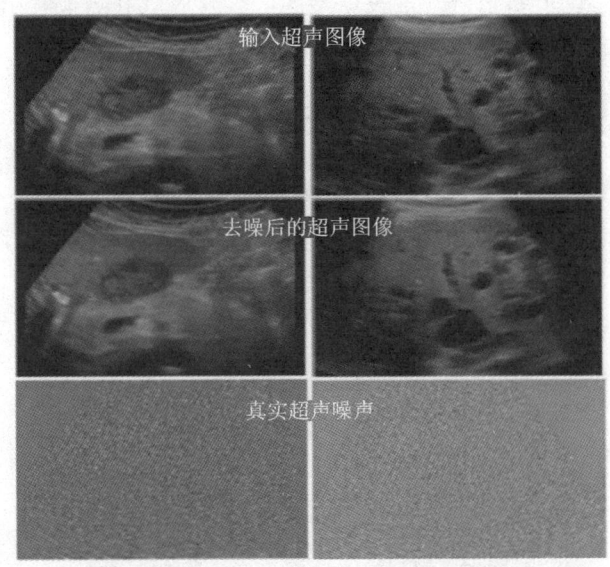

图 151.8 基于非局部低秩的超声图像去噪技术

腰椎间盘 MR 图像自动定位与分割技术。我们构建了多尺度图像分割网络基于多模态的随机像素点去除技术。设计了多尺度多通道的三维卷积神经网络,极大提升了定位和分割准确率。采用基于多模态的随机像素点去除技术,抑制了过拟合问题并提高了准确率。我们的技术达到的定位误差为0.36 mm,分割结果能够达到91.34%的准确率,如图 151.9 所示。

血管血流建模与仿真技术。手术中通常会见到很多血管,因此血管和血流

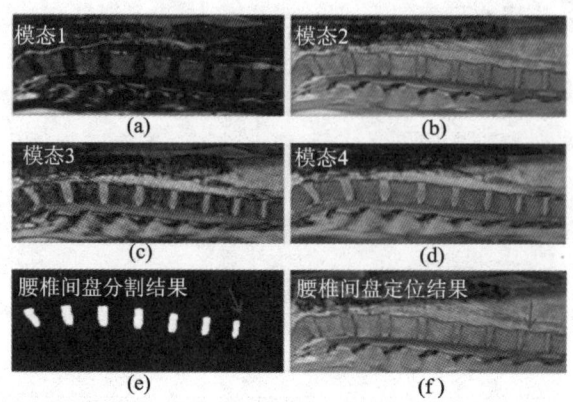

图 151.9　腰椎间盘 MR 图像自动定位与分割技术

的建模就极其重要。我们构建了基于平滑粒子流的血流仿真,能够达到很好的
效果。我们还构建了基于血管生长模型的肝脏及肝脏肿瘤血管生长仿真,还实
现了血管网络的三维几何建模,如图 151.10 所示。

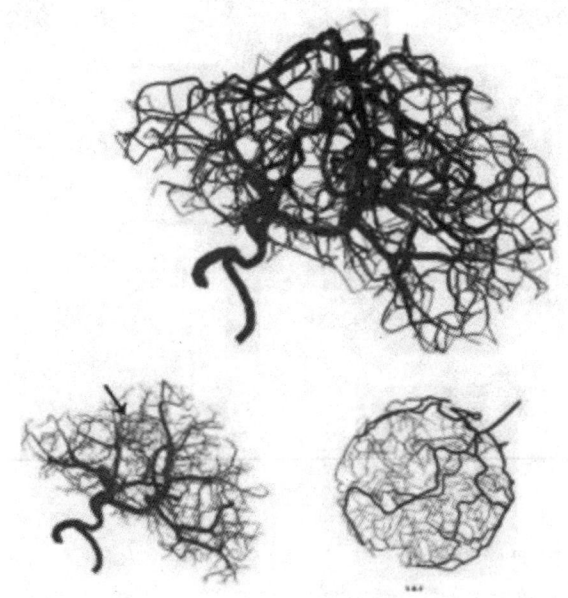

图 151.10　血管血流建模与仿真技术

　　基于生物力学原理的大尺度软组织形变建模技术(见图 151.11)。在手术
场景仿真中,要实现对人体器官组织在复杂的交互环境下产生形变过程中的交
互和力学反应进行逼真的模拟。在交互作用方面,要进行手术器械与软组织的
交互,以及进行软组织与软组织的交互。在力学反应方面,通过嵌入网格来进

行形变建模,自动生成针对多组织(肿瘤、血管、器官组织等)数据的嵌套六面体网格。在真实性方面,基于 Patch Green Coordinates 的插值通过 patch 分块处理,获得更加平滑的插值效果,并使之体积守恒。

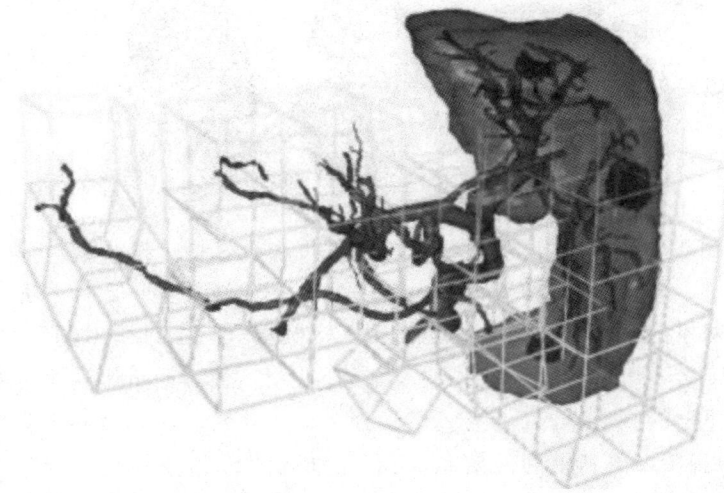

图 151.11　基于生物力学原理的大尺度软组织形变建模技术

软组织与手术器械的触觉交互建模技术(见图 151.12)。在软组织形变方面,我们主要使用了混合几何模型,其中力学形变的模型与用作渲染的表面网格相对独立。使用基于点的形变模型,尤其在拓扑结构发生变化(大尺度形变)的情况下,可以高效地对可形变模型进行仿真。在接触建模方面,实现了软组织—软组织的交互、手术器械—软组织的交互,以及多频率视触觉仿真方法的交互。

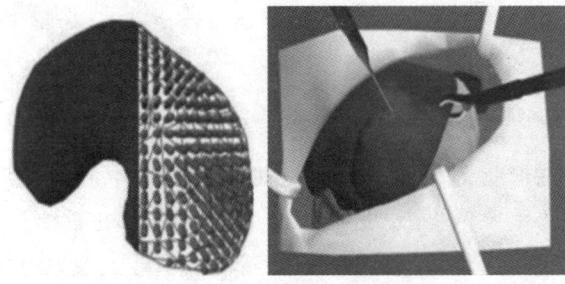

图 151.12　软组织与手术器械的触觉交互建模技术

复杂边界条件下交互式剪切视触觉仿真技术。我们在表面进行几何建模时,要保持切痕与切割路径的一致性以及体积守恒;在里面进行物理建模时,表面几何建模应独立,以避免计算的不稳定性。此外,我们还提出了适用于混合

几何模型的表面网格重建方法,以及拓扑结构发生变化时混合几何模型的更新方法,如图 151.13 所示。

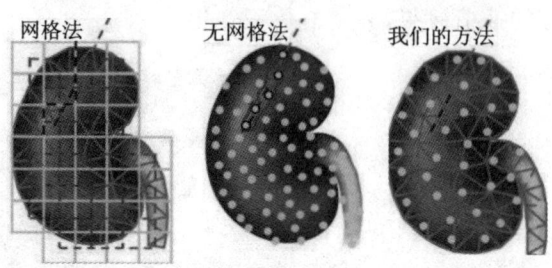

图 151.13　适用于混合几何模型的表面网格重建方法以及
拓扑结构发生变化时混合几何模型的更新方法

三角网格的平滑优化技术。当使用医学数据进行三维手术场景的重建时,数据的噪声会不可避免地生成一些规则的网格和瑕疵,严重影响手术场景渲染的效果和模型的真实感。为此,我们联合信息互补的点法相域和面法相域进行滤波,以检测模型的特征边缘信息;还利用加入边缘和质心约束的拉普拉斯变换进行网格的平滑优化。从而使得在平滑过程中不丢失模型的重要几何特征,很好地保持了体积的不变性,如图 151.14 所示。

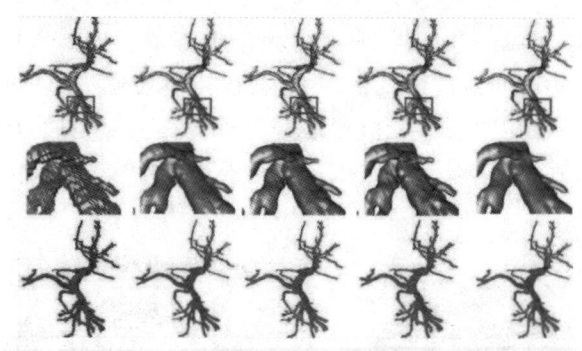

图151.14　多分支血管三维模型的平滑和优化

基于逐段圆柱形状假设的血管网格曲面高质量中心线提取技术。血管中心线是血管建模的重要依据,也是血管介入手术交互的重要信息,但高质量的提取难度很大。血管的拓扑结构复杂,且存在细小分支及血管病变(如血管瘤)等,目前的方法大多基于体数据,效果并不好。我们提出了基于类圆柱假设的串联离散几何处理算法,首先进行网格分割,然后旋转对称轴,再进行主元分析,从而可以有效提取具有复杂拓扑结构和几何结构(血管瘤)的血管中心线,如图 151.15 所示。

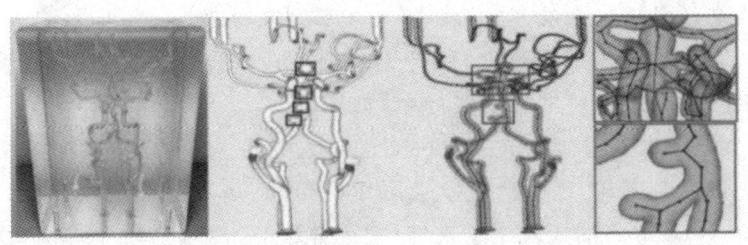

图 151.15　基于逐段圆柱形状假设的血管网格曲面高质量中心线提取技术

流体模拟中细节增强技术。在烟雾模拟中存在数值耗散问题，忽略网格分辨率以下的涡流计算，从而导致小尺度特征信息丢失；在液体模拟中存在拉伸不稳定性问题，边界粒子支持域不完整造成粒子分布不均，影响数值稳定。为此，我们通过对局部流体粒子进行光滑粒子流体力学（SPH）湍流建模，可有效恢复流体在网格分辨率以下的湍流细节，保证仿真场景内的涡量守恒。通过对流体粒子邻域的分析处理，使所有粒子满足数值计算紧支撑的条件，同时引入粒子分布调整机制，可有效防止细流破裂，实现具有丰富细节的液体模拟，如图151.16 所示。

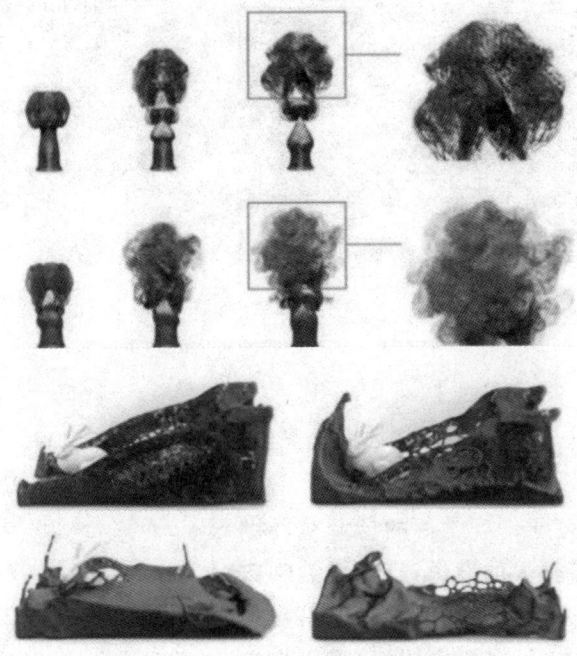

图 151.16　流体模拟中细节增强技术

3)全息增强现实导航——肝脏穿刺增强现实导航

在综合上述技术的基础上,结合人机交互接口设计,我们实现了全息增强现实导航——肝脏穿刺增强现实导航,如图151.17所示。当肿瘤位于肝脏内部时,医生是无法通过肉眼直接对肿瘤进行观测的。如果通过传统的超声/CT的二维影像导航方式,这将严重依赖医生的经验,手术往往耗时较长。目前我们结合HoloLens首次实现了柔性体(腹部体模)穿刺增强现实导航,以往HoloLens仅应用于骨科医疗手术导航,尚不能应用于柔性体手术的导航。我们首先构建异构腹部体模解剖模型,然后实现体模穿刺过程中的形变预测,进而实现术中场景动态跟踪配准。传统CT引导下肝脏体模穿刺的平均精度是8.52 mm,我们实现的增强现实引导肝脏体模穿刺的平均精度为3.23 mm,使得手术精度大大提高。

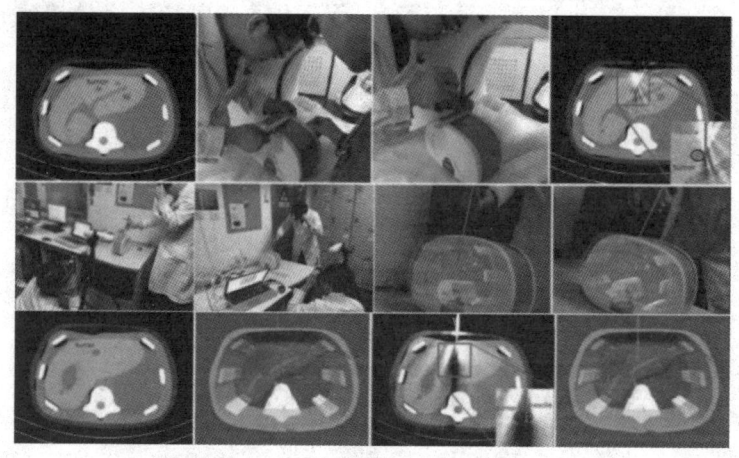

图151.17　肝脏穿刺增强现实导航

3. 总结

在医学图像分析的计算机辅助诊断中,深度学习起了非常大的作用,不论是对于病变部位的识别和检测,还是对于肿瘤和解剖结构的分割都能达到很好的效果。同时,基于深度学习的计算机辅助诊断,对于提高临床医生的工作效率和准确率有着很大的潜力,有望成为临床医生的好帮手,既可减轻医生的工作负担,又可提高诊断的准确率。但是目前医学图像分析依然存在很多挑战,还有很多未知的领域需要去探索,需要来自计算机科学、工程学以及临床医学相结合的多学科交叉人才的合作与努力。

虚拟手术作为虚拟现实技术在临床医学中的应用,未来将为手术培训模式

的转变提供坚实的技术支持,更将为手术计划、术中引导等临床应用提供新手段、新方法。与计算机辅助诊断技术一样,虚拟手术技术的发展也需要医生、生物工程学者、计算机学者等多领域专家的密切交流与合作。在未来的发展中,人工智能与虚拟现实技术将结合起来,增强现实与机器人技术也将融合起来,这些技术的融合与实现将很好地提升目前临床医学中的诊断、治疗、手术规划以及手术的执行。

（记录人：张鹏　审核：王珍）

傅永庆 就职于英国诺森比亚大学,在微纳米材料技术、压电 MEMS 器件、智能材料研究,特别是在薄膜表面声波微流体及芯片及薄膜形状记忆合金和聚合物研究等领域有很高的国际声望。目前已发表著作 2 部,SCI 期刊论文 308 篇(h 因子 38,SCI 总引用次数超过 5800 次)。部分文章发表在相关领域的顶级期刊上,如 *Progress in Materials Science*、*Nature Communications*、*Nano Letters*、*Advanced Drug Delivery Review* 等,并受邀请作重要国际学术会议主题报告超过 20 次。是国际薄膜协会欧洲区主席、英国物理学会会员、美国机械工程学会会员、国际电子电气工程协会会员,担任 *Scientific Reports*(Nature Group)编委,*Nanoscience and Nanotechnology Letter* 副主编等职务。

第152期

Nanostructured Smart Thin Films and Its Sensing and Actuation Applications

Keywords:structural intelligence, shape memory alloy film, piezoelectric film, nanostructure oxide

第(152)期

纳米结构智能薄膜及其传感和驱动应用

傅永庆

1. 智能薄膜材料的发展背景

1989 年,日本科学家高木俊宜提出了智能材料(intelligent materials)的概念。智能材料就是指那些对环境具有可感知、可响应,且具有功能发展能力的新材料。类似地,美国科学家 Newhham 提出了机敏材料(smart materials)的概念,这种材料具有传感和执行功能。我们将智能材料和机敏材料统称为智能材料。

20 世纪 90 年代,世界发达国家开始智能材料的研究与开发工作。科学家把仿生功能引进材料中,使材料成为具有自检测、自判断、自结论、自指令等特殊功能的新材料。智能材料结构常常把高技术传感器或敏感元件与传统结构材料和功能材料结合在一起,使无生命的材料变得有了"感觉"和"知觉",如同有了人的智慧一样,不仅能发现问题,而且能自行解决问题。如图 152.1 所示,智能材料包括智能金属及其合金、智能金属陶瓷材料、智能高分子材料和智能生物材料等。下面就智能合金——形状记忆合金薄膜、微流体、压电材料表面传播的表面声波(SAW)进行重点介绍。

2. 形状记忆材料

所有材料都能通过相应地改变其化学或物理性质来对特定的刺激作出反应,有时相应的反应以形状变化的方式出现。图 152.2 列举了形状记忆材料的应用。应力作用下的弹性变形是一个典型的例子,其中反应是自发的和瞬时的,在一些黏性材料中,预计会出现时间延迟,因此,这种现象可称为形状改变效应;另一方面,在某些情况下,变形的形状(或临时形状)可以几乎永远保持,并且仅在施加正确的刺激时才(完全或部分)恢复原始形状,这可以称为形状记

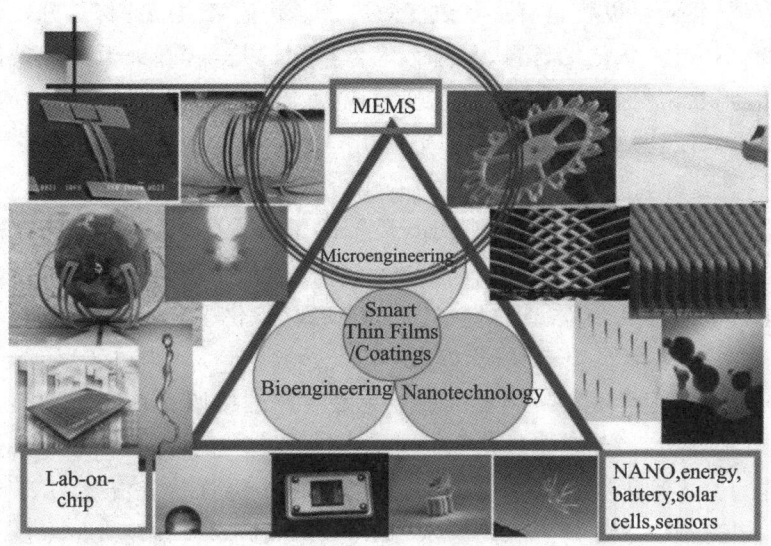

图 152.1　智能材料的类型和应用领域

忆效应。从能量的角度来看,这两种效应之间的差异是由于原始形状和临时形状之间能量屏障的差异,而形状改变效应已广泛应用于许多方面,包括生物医学应用中的药物输送。形状记忆技术利用迷人而强大的形状记忆效应,可以为许多实际问题提供方便的解决方案,包括整形组织,包括重新配置和形状/位置维护等。

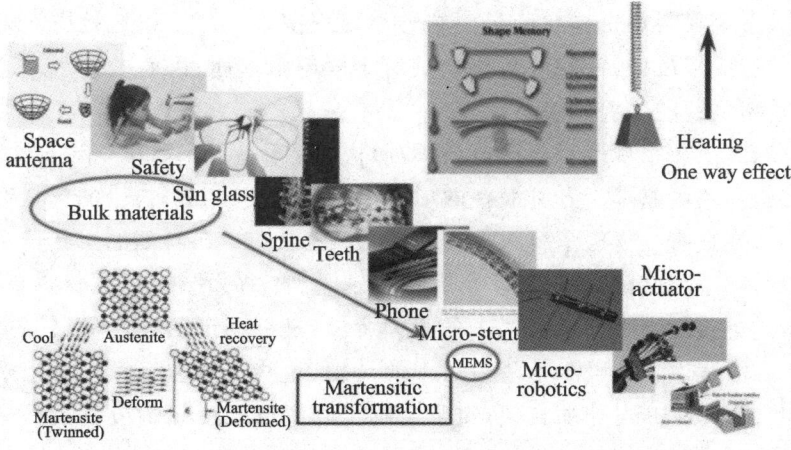

图 152.2　形状记忆材料的应用

相应地，我们可以将具有形状改变效应或形状记忆效应的材料分别命名为形状改变材料或形状记忆材料。然而，应该指出的是，这取决于环境条件和确切的应用，形状记忆合金具有形状记忆效应，而在高温下，它是超弹性的，基本上呈现出形状改变效应。

20年前引入了形状记忆和超弹性技术（SMST）这一术语（自1994年至今，SMST会议系列证明了这一点），然而，最初的术语主要是针对NiTi在医疗器械中的应用。形状记忆技术的当前扩展，无论是本质上还是外在上都涵盖了具有形状记忆效应的所有类型的材料。NiTi形状记忆合金的驱动应力可高达500 MPa，这就是20世纪70年代以来NiTi线材用于口腔正畸的原因。

微创手术是现代医学最重要的成就之一。腹腔镜胆囊切除术是第一个开发并被广泛接受的微创手术。从那时起，这些技术在各种外科专业中获得了广泛的应用。许多手术现已成为常规做法，包括用于胃食管反流病的Nissen胃底折叠术、阑尾切除术、肾上腺切除术、脾切除术和许多其他高级手术。

与传统的开放手术相比，微创手术有巨大的优势。其主要益处包括减少手术创伤，减少伤口并发症，缩短住院时间并加速康复。然而，与传统手术相比，微创手术在技术上的要求更高，因为手术干预在受限空间内并且通过手术区域的二维成像进行远程控制，失去了触觉反馈，限制了可操作性，对大出血的控制效率较低。在当前机器人手术的发展中，重要的挑战之一是如何在非常有限的空间内有效地塑造组织。

形状记忆材料中显著的形状记忆效应特征为许多应用提供了替代解决方案，其中，传统材料和机构在满足要求方面出现困难。形状记忆效应在生物医学工程的组织形成中特别有用，特别是对于微创手术而言，而微创手术已经成为当前手术实践的主要趋势之一。

例如，除了在常规形状记忆材料（即形状记忆合金和形状记忆聚合物）中进行选择之外，还可以基于各种潜在的形状记忆效应设计我们自己的形状记忆混合物和/或在现有生物医学材料中实现形状记忆效应。各种新的形状记忆技术（包括冷却响应形状记忆效应、多形状记忆效应等）进一步带来了"材料是机器"的概念，这更接近于工程实践。正如我们所说，最近在形状记忆材料塑造方面的发展，很大程度上依赖于这些新出现的技术，这些技术为组织成形带来了许多新的想法。其中，可伸缩支架、自紧生物可降解钉和冷却响应支架是一些典型的例子。

至于前景，除了对现有形状记忆材料的进一步研究外，另一个当务之急可能是在现有的生物医学装置中开发新的功能。例如，现有支架/钉书针中的即

时缩回/自紧功能。由于它们只是现有设备中开发的附加功能,已被批准用于生物医学应用,因此,在较短时间内成功的机会远远高于从新材料开发的机会。正如我们所希望的那样,在这些情况下的成功可以进一步推动形状记忆技术的概念,以得到更广泛的应用,包括整形组织。蛋白质/DNA 中的形状记忆效应刚开始引起了我们的注意,其潜在应用可能很多。那些通过我们自己的蛋白质/DNA 制成的装置具有更少的免疫力问题。形状记忆技术的进步为我们提供了大量开发简化的且不太痛苦的外科手术的机会,外科医生和患者将继续受益于它们的进一步发展。

3. 微流体

压电材料表面传播的表面声波(SAW)由于其大量的潜在应用,特别是在生物传感和微流体(包括微滴传输、混合和喷射)中受到了广泛关注,这是实验室芯片系统的两个主要组成部分。与其他技术相比,基于 SAW 的泵和搅拌机具有一些显著的优势,例如设备结构简单(无移动部件)、制造成本低、频率响应可调,以及具有在平面上以高精度操作液体的能力。ZnO 是组装 SAW 的常用压电材料之一,它可以生长于包括硅在内的各种基板上,使这些材料有望与电子电路和许多其他微流体及生物传感技术集成,特别是用于一次性使用、低成本、全自动及大批量生产的装置。提高 ZnO 薄膜的质量和防止声波能量显著耗散到基板中,是成功制造用于微流体和实验室芯片应用的 ZnO 基表面声波的两大挑战。

表面声波的传播速度在很大程度上取决于压电薄膜内的声速,但也取决于支撑压电材料的基底。通过选择具有高声速的基板,可以提高表面声波的速度,从而产生更高频率的操作装置。金刚石由于弹性模量高,在所有材料中具有最高的声速,而且它具有优良的机械性能,可以提高压电层的声速,因此它是制造 ZnO 薄膜 SAW 的一种有吸引力的替代品。工作经验和理论分析均表明,具有优良力学性能的金刚石层有助于抑制表面声波向基体的耗散,从而部分限制了波在压电层中的传播,提高了波速。金刚石化学气相沉积(CVD)技术的最新进展使人们有可能开发出超光滑的纳米晶直径(UNCD)薄膜,这种薄膜可以直接在光滑的 UNCD 薄膜上生长压电薄膜,而不会牺牲活性薄膜的压电性能。这将显著改善声表面波器件的高频特性,并增大其机电耦合系数。近年来,由于传统的多晶金刚石薄膜表面光滑度差,在光滑纳米晶金刚石薄膜上沉积 ZnO 制备表面声波器件的研究工作越来越多。这些研究工作大多集中于 ZnO/金刚石表面声波的特性描述或高达吉赫兹频率范围的传感改进。然而,对于微流体,例如液体混合或泵送应用,不需要具有高达吉赫兹水平的极高频率的 SAW,这可能会导致液体内部产生显著的加热效应。到目前为止,使用 ZnO 或 ZnO/金刚石 SAW 装置来探索稳定的和高效的液滴喷射或喷射的报告还很少,而且还没有证实具有几微米薄膜的 ZnO 基 SAW 装置是否能够达到散装材料对应物(如 LiNbO$_3$)的性能。本研究表明,ZnO/UNCD-SAW 器件可以成功地用于高效的微流体应用,特别是液体喷射,频率在几十兆赫兹范围内。

ZnO 薄膜的雾化如图 152.3 所示,使用热丝化学气相沉积(HF-CVD)系统 (SP3 Diamond Technologies Inc.,型号为 650)在 Si(100)晶圆上沉积 1.2 μm 厚的 UNCD 涂层。将水平排列的钨丝(直径为 0.12 mm)固定在基板固定器区域上,并在真空室中通过焦耳加热至 2000℃。以甲烷(CH$_4$)为碳源,氢气驱动 CVD 反应。基板表面和钨丝之间的距离保持在 20 mm。基板被钨丝直接加热到 600℃。

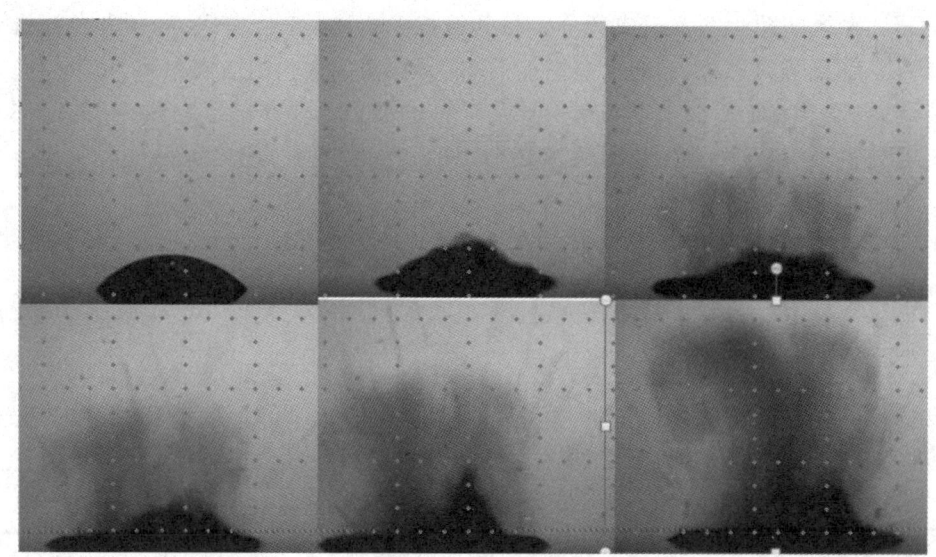

图 152.3　ZnO 薄膜的雾化图

采用一种被称为高目标利用率溅射(HiTUS)的新工艺,在室温下以 50 nm/min 的速率在金刚石薄膜表面溅射沉积 6 μm 厚的 ZnO 薄膜。HiTUS 溅射基于一种远程产生的高密度等离子体($10^{12} \sim 10^{13}$ ions/cm^3,与传统磁控管等离子体 10^{10} ions/cm^3 相比),这种等离子体是在一个由臂连接到主真空沉积室的侧腔中产生的。氩等离子体由射频电场(13.56 MHz,最大功率 2.5 kW)产生,然后通过射频电场与电磁铁的相互作用发射到主沉积室(金属溅射靶和衬底支架位于其中)。然后通过第二电磁铁将等离子体引导到目标上。利用这种

磁网布局,衬底不与氩等离子体直接接触,因此通过增加溅射离子的通量和能量,有效地提高了沉积速率,而不会在样品上引起不希望的离子轰击。因此,材料以高速率沉积,且具有非常低的应力、缺陷密度,并获得了光滑表面和优异的结晶取向。用扫描电子显微镜(SEM)对沉积的 ZnO/金刚石薄膜的横截面形貌进行了表征。用 X 射线衍射(XRD)研究了薄膜的结晶度和取向。拉曼光谱用于表征未烧结层。

使用标准光刻工艺在 ZnO/金刚石层上制造厚度为 7/50nm 的 Cr/Au 插指换能器(IDT)。双向 IDT 由 30 对指状物组成,孔径为 5 mm,空间周期为 64 μm。然后在 SAW 器件上涂覆 CYTOP(Asahi Glass Co.)疏水层。HP8752A 射频(RF)网络分析仪用于测量 SAW 器件的谐振频率和幅度。来自信号发生器的 RF 信号在被馈送到 IDT 之前由功率放大器放大,并且使用 RF 功率表测量施加到 IDT 的 RF 功率。用微量移液管获得不同尺寸的水滴。使用标准摄像机从顶部和水平视图测量液滴运动。

在 ZnO/UNCD 双层上制造 64 μm 波长的表面声波器件。使用热丝 CVD 沉积的 UNCD 膜的相对光滑的表面允许生长具有优异的 c 轴取向和低表面粗糙度的 ZnO 膜,适用于 SAW 制造。使用网络分析仪表征制造的装置的频率响应,并在 65 MHz 观察到瑞利模式。该模式用于证明 ZnO/UNCD SAW 装置可以成功地用于微流体应用。在应用于 IDT 的不同功率下实现不同尺寸的微滴的流动、泵送和喷射。

4. 立面声波的应用

声表面波(SAW)被用来精确地操纵微通道内或压电基板室流体中的微小物体。由于声表面波的声功率强度和频率与超声成像中使用的声表面波相似,因此声表面波的操作与活细胞和其他生物体兼容,这已被证明是安全的。基于声表面波的设备可以对不同形状、不同类型具有机械、电学、磁性和光学等特性的粒子进行操作。声表面波法是一种非接触式方法,利用产生的声压/压力来操纵微粒,从而避免了样品的污染并使其在原始环境中能保持其生物特性。由于其尺寸较小,声表面波操作涉及的功耗和成本相对较低。此外,为基于 SAW 设备的 IDT 供电的射频信号可以与其他可编程微流体和传感技术轻松集成,从而为芯片的实验室应用开辟控制策略。因为它们的工作频率很高,所以基于 SAW 的设备能够快速有效地操纵微粒。我们使用两对正交的 IDT 形成了二维的细胞与微粒的图案。

然而,迄今为止,利用 SSAW 在三维空间中操纵微粒的应用还相当有限。

有一份关于使用"3D 声学镊子"将微粒捕获到节点的报告，这是通过垂直于每个节点定位两对 IDT 而产生的。可以通过改变相对 IDT 对的相对相位来水平平移这些捕获节点。因此，在节点处捕获的微粒也相应地被传输。通过增加施加到 IDT 的输入功率，可以使被捕获的微粒悬浮。然而，这种技术的垂直操作范围非常有限（约为 $100~\mu m$）。对于较高的腔室，来自顶壁的声波的反射会改变其中的声场。因此，腔室中微粒的垂直分布不同于基于上述"3D 声学镊子"模型预测的微粒的分布。

迄今为止，还没有研究探索使用 SSAW 在毫米级尺度的腔室中操纵和分布微粒。本文通过选择合适的微室几何形状和声学频率，研究了聚苯乙烯微粒子在 1 mm 高的腔内的三维运动以及 RF 功率的影响。我们还使用了一个简化的数值模型来研究声表面波声场以及微粒在声辐射力下的运动。我们提出的操作方法可以广泛应用于构建与生物对象和神经元细胞的人工神经元网络相关的大规模结构，而不损害它们。它还可以在声流体学和芯片技术中得到广泛的应用。

在实验工作中，由于 PDMS 室是透明的，因此光源发出的光可以通过该室到达棱镜，在那里它被弯曲 90°，朝向显微镜透镜（见图 152.4(a)）。图 152.4(b)～152.4(d)显示了在打开射频信号后，腔体中 $10~\mu m$ 微粒沿 x、y 和 z 方向的不同视图。结合这 3 个视图，结果清晰地表明，微粒聚集成三维线，从上到下均匀分布，在 x 方向也是均匀分布的。在垂直方向上，在两条相邻线之间有 14 条距离为 $60~\mu m$ 的微粒子平行线，这个距离可以用 $\lambda = v/f$ 近似计算，其中 λ 是垂直方向的波长，v 是水中的声速（1502 m/s），f 是工作频率（13.32 MHz）。在水平平面上，相邻两条线之间的距离为 $150~\mu m$，是波长的一半。因此，在 $1500~\mu m$ 的腔长上有 10 条线。当输入功率为 3500 mW 时，4.5 s 后微粒与节点完全对齐。显然，实验和数值结果在层数和相邻线之间的距离上是一致的。对于微粒轨道，将微粒移动到垂直线上，然后分层，这与图 152.4(c)中的观察结果吻合。此外，我们还沿 y 轴在不同焦距下连续拍摄图像，获得了这些三维线的三维图像。根据实验观察，声辐射力是继重力和浮力作用后，作用于微粒的最重要的力。

当两个正交的 IDT 对同时提供信号时，微粒子在节点处聚集形成二维水平图形。由于两条正交压力线的交点形成一个压力节点，在双向声辐射力作用下，微粒子形成二维矩阵图形。此项工作中使用的棱镜使我们能够从侧面观察到室中微粒的分布情况，图 152.4(f)和(g)分别显示了当两对 IDT 提供 RF 电源时，腔室的侧面视图和垂直视图。因此，微粒不仅聚集到二维图形的节点上，

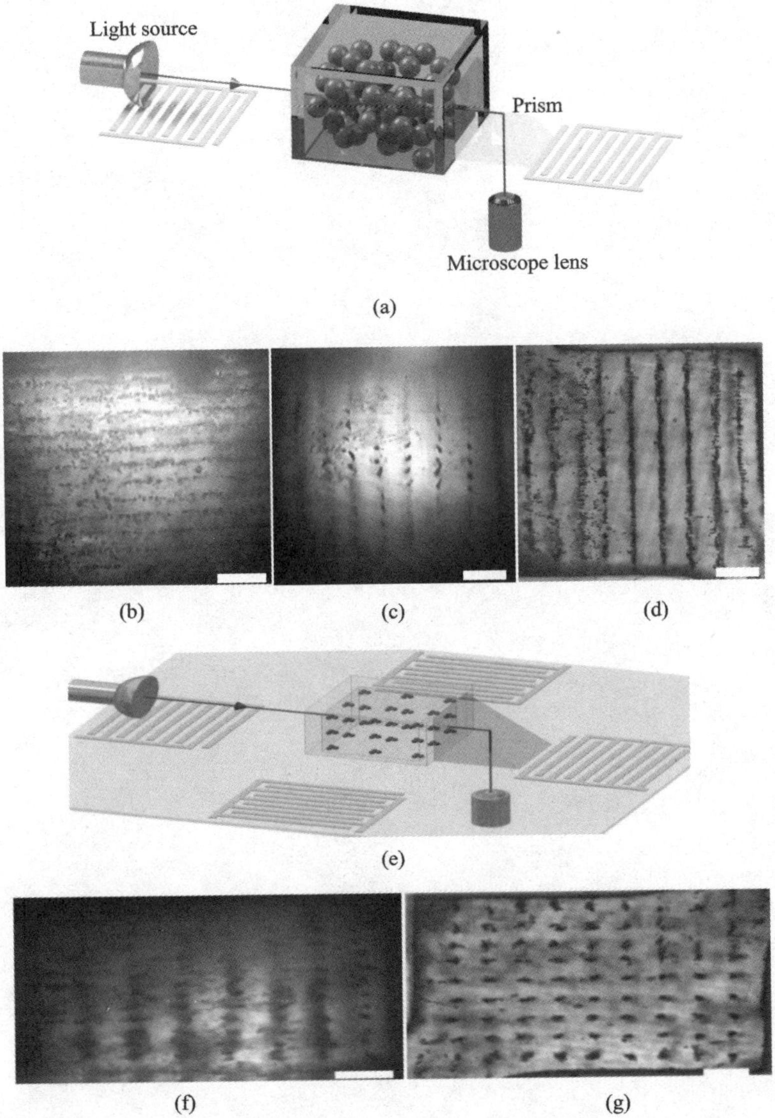

Light source

Prism

Microscope lens

(a)

(b)　　　　　(c)　　　　　(d)

(e)

(f)　　　　　　　　　(g)

图 152.4　（a）基于声表面波叉指换能器设备操控微粒工作原理图；
　　（b）~（d）获得的信号示例；（e）~（g）二维水平图获取原理和示例

还形成类似于晶格的三维结构，如图 152.4（e）所示。这种三维结构的均匀性
受到以下三方面的影响：

　　（1）节点处微粒聚集的影响（这可能导致重量增加，并落到聚集的底部）；

　　（2）RF 信号中的任何不稳定性影响；

（3）腔室形状的任何畸变的影响。

使用较小的微粒（1 μm 尺寸）显著降低了声辐射力，于是三维图案完全消失。相反，观察到显著的声流，其导致腔室内的闭环流动。

（记录人：吴勉　审核：王鸣魁）

曹祥东　美国罗切斯特大学光学博士,密歇根大学博士后,武汉虹拓新技术有限责任公司董事长,武汉光电国家研究中心兼职教授,湖北欧美同学会(湖北留学人员联合会)常务理事,"重点华侨华人创业团队"领军人。曾任多家知名企业首席科学家,创立多家高科技公司。发明的 100G 全光信号处理技术曾荣获 CLEO 的"Post-Deadline",曾研发设计出世界第一个超长距离波分复用传输系统,超高精度色散管理技术入选 2012 年度 OFC"光通信全球六大科技创新"。创立了中国首家光纤飞秒激光器公司,曾担任国家 973 计划、国家 863 计划、自然科学基金重大仪器专项课题负责人,科技部重大支撑项目首席研究员。

第155期

Next Generation Femtosecond Fiber Lasers and Applications

Keywords:femtosecond fiber laser, coherent beam combing, femtosecond fiber imaging, femtosecond processing, ultrafast laser information

第⑮⑤期

下一代飞秒光纤激光器及其应用

曹祥东

1. 引言

飞秒激光器有 3 种类型,包括飞秒固体激光器、飞秒光纤激光器与飞秒半导体激光器。由于近年来对光纤研究的成熟和光纤制造技术的进步,飞秒光纤激光器逐渐成为人们研究的热点,并得到了迅速发展。这 3 种激光器的平均功率及峰值功率如图 155.1 所示。显然,在峰值功率上,飞秒光纤激光器已经非常接近飞秒固体激光器,但是在平均功率上仍有一个数量级的差距。

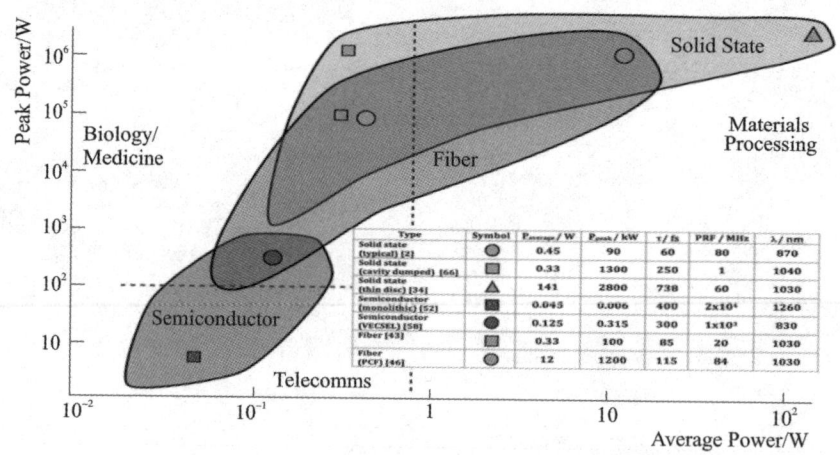

图 155.1 3 种飞秒激光器的平均功率及峰值功率

以掺 Yb 飞秒光纤激光器为例,如图 155.2 所示,掺 Yb 光纤能级结构简单,只有两个多重态展开的能级,即基能级 $^2F_{7/2}$ 与上能级 $^2F_{5/2}$,当使用石英玻璃作为基底材料,则可以得到 Yb 离子宽吸收谱线,在 915 nm 和 975 nm 附近有两个吸收峰,在 975 nm 和 1040 nm 附近有两个发射峰,种子光进入掺 Yb 增益光纤后可得到高增益放大。

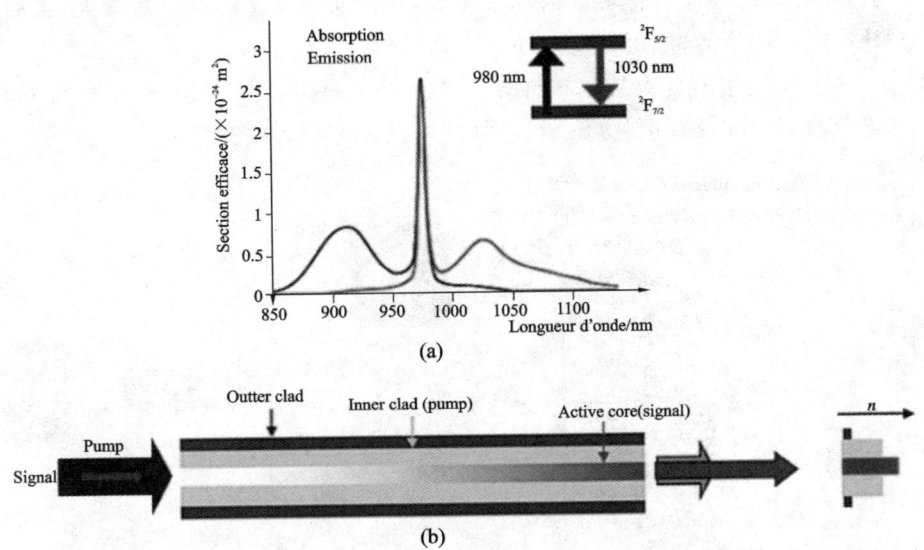

图 155.2 掺 Yb 飞秒光纤激光器吸收谱及激发谱

与飞秒钛宝石激光器相比,掺 Yb 飞秒光纤激光器的重复频率可达到 10^8 Hz,总效率大于 30%,远高于飞秒钛宝石激光器,但在脉冲能量与脉冲宽度上的性能仍无法达到飞秒钛宝石激光器的水平。因此,未来飞秒光纤激光器的发展,除了向着小型化方向延伸,还需要关注输出脉冲能量的提高以及脉冲宽度的压缩,其中相干合束技术是提高飞秒光纤激光器输出脉冲能量的有效方法,具备广阔的应用前景。

2. 飞秒光纤激光器相干合束

相干合束可分为近场相干合束与远场相干合束两类,实现的方式也多种多样,包括多光纤相干合束技术、时域分割放大技术、光谱分割放大技术、衍射光学合成技术以及相干脉冲堆积技术等。光纤相干合束(FCBC)的基本原理是通过将 N 束窄线宽光源进行相干叠加,从而获得高激光输出功率,其峰值总功率随着合束光路数 N 的增加而增加。图 155.3 所示的是一种近场相干合束原理示意图,从主振荡级输出的激光脉冲经过光脉冲展宽后,由分束器分成两路光,一路作为参考光进入 CCD,另一路进入 $1 \times N$ 耦合器后耦合到 N 根光纤中作为单独的光路,并且每一路分别经过相位调制、脉冲同步和光纤放大器放大后,再通过特殊衍射器件(此处为微透镜阵列)叠加在一起,而后经过分束镜,将少量光(约为 1%)导入 CCD 中,与参考光相干,根据相干图案调节各路相位调制器,使各路脉冲序列能够在时间上重叠,从而实现输出脉冲能量放大,最后再将脉冲压缩回窄脉冲。

大规模相干合束技术在许多领域有着很好的应用前景,包括极紫外光刻、化学药剂中和、核废料分解、粒子加速以及太空垃圾清除等。

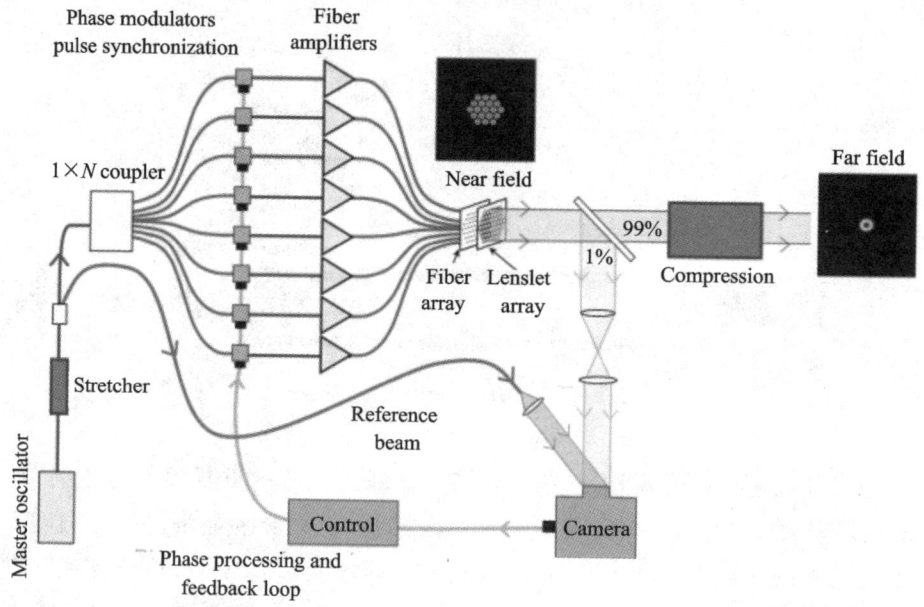

图 155.3　近场相干合束示意图

3.光纤飞秒成像

飞秒激光在成像上往往具备超快成像、超高带宽和超高分辨率等优点,因此已经广泛应用于超快动力学研究、TFS 超高速飞秒相机、生物成像与检测、高光谱分辨率成像和小载荷卫星成像等多个方向,比如高通量细胞检测和分析、超快激光扫描成像、单原子精度三维原子成分成像、基于纳米超材料的 10 GHz 超高速飞秒激光扫描以及泵浦探测全光纤超快连续成像技术(DFT)等。

以 Cheng Lei 等人发表在 *Nature Protocols* 的"High-throughput imaging flow cytometry by optofluidic time-stretch microscopy"为例,使用光纤飞秒脉冲激光器作为光源,进行空间-时间-波长信息编码转换,实现高速(10 m/s 以上)、高分辨(780 nm 以上)、大通量(10^6 cells/s 以上)的实时细胞检测和分析。

图 155.4 为超快连续成像技术的系统示意图及实物图,来自飞秒脉冲激光

的每一个脉冲都被色散光纤在时间上拉伸。拉伸后的脉冲由第一衍射光栅在空间上分散,形成一维彩虹状光场,通过第一物镜入射到微流体装置中流动的细胞上。透射的一维彩虹光场由第二物镜采集,由第二衍射光栅重新组合形成图像编码脉冲,由光电探测器检测。光电探测器的输出是数字化的,并通过数字示波器显示。脉冲以激光器的脉冲重复率重复工作着,每次作用结果的图像由数字图像处理器构建得到。

　　通过该方法,还可以得到近乎衍射极限的分辨能力。

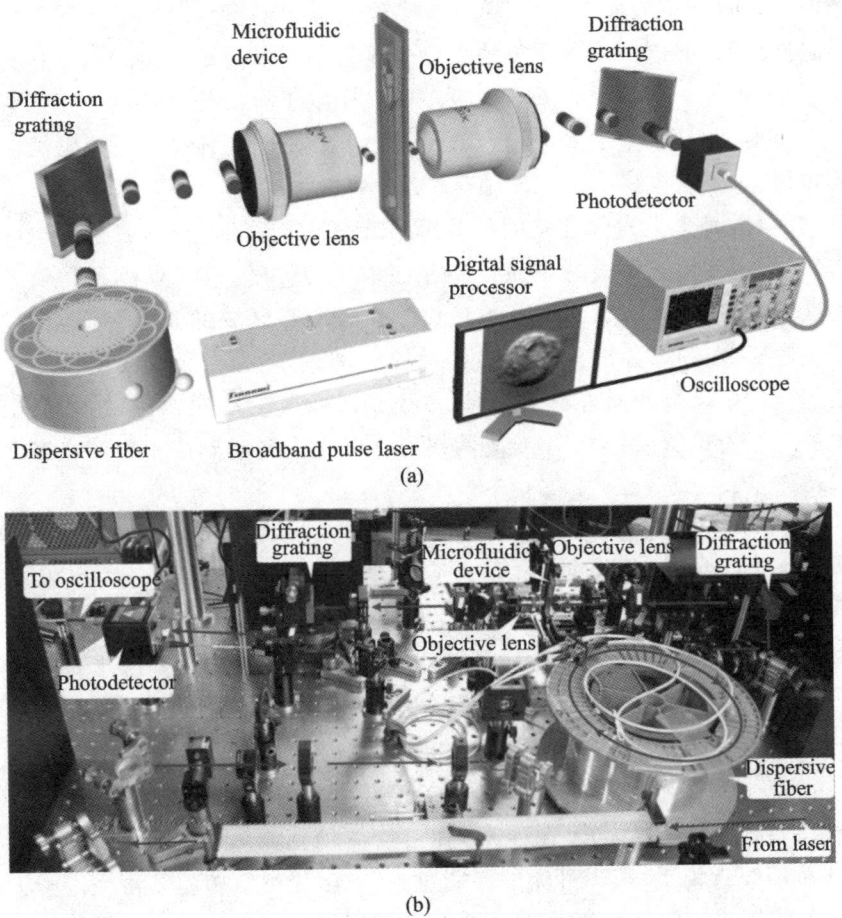

图 155.4　超快连续成像技术的系统示意图及实物图

4. 光纤飞秒加工

以脉冲形式工作的飞秒激光,具有脉冲持续时间极短、脉冲瞬时功率极高和聚焦电磁场场强极强等特点。

飞秒激光作用到被加工物质上后,会产生多光子吸收效应。多光子吸收与照射的激光强度 I_p 及电磁场强度密切相关,强的激光强度同时又激励了强的电磁场,这样极大地刺激了多光子吸收。当激光强度 I_p 达到 $10^{12} \sim 10^{14}$ W/cm^2 时,材料中的电子将同时吸收多个光子,在高强度激光电磁场中可以容易地从原子和分子中剥离电子而产生电离。当激光强度 I_p 增强到 $10^{14} \sim 10^{16}$ W/cm^2 时,激光强光场产生的电势将使得原子固有势垒在一定程度上得到抑制,从而导致电子通过隧道效应获得电离。当激光强度继续增大,I_p 大于 10^{16} W/cm^2 时,强场势能使得电子从原子束缚中彻底逃逸。这些电离产生的电子作为种子电子,又可以进一步吸收光子产生更多的自由电子。这些种子电子密度不依赖于外在介质,并且不呈现大的统计波动,光对物质的作用就从统计属性变成一种确定行为,具有准确的加工阈值。

其次,激光光束光强在空间呈高斯分布或者类高斯分布,聚焦光斑的能量分布不均匀,使得光斑内的光强分布存在很大的梯度,这样聚焦到物质上的激光强度 I_p 就是位置 x 和时间 t 的函数。光斑中心区域的光强极高,超过了多光子吸收阈值,而其他部分的光强相对较低,低于多光子吸收阈值。对于能量有限的飞秒激光脉冲而言,只有超过多光子吸收阈值的照射区域,才会出现明确的加工行为。所以,这就不难理解飞秒激光加工时得到小于聚焦光斑尺寸的加工精度了。

由于飞秒光纤激光器相对于飞秒固体激光器,具备更高的系统稳定性、更低的价格、更小的体积以及更高的重复频率,因此在飞秒加工上越来越多地使用飞秒光纤激光器。科技部重大支撑项目中的高速数控多光束精密激光打孔加工就是使用飞秒光纤激光技术实现的,如图155.5所示,孔最小直径小于等于 1 μm,精度达到 100 nm,加工通孔速度达到 3000 个/s,加工盲孔速度达到 12000 个/s,并且具备数字平行波束整形能力。

除此之外,飞秒脉冲激光加工还广泛应用在柔性薄膜太阳能电池加工、锂电池材料微纳结构化加工、飞秒激光美容、飞秒激光热电材料加工、飞秒光刻机、飞秒激光近视手术、飞秒无油墨彩色打印、生物组织工程及再生医学上的激光辅助生物制造等多个前沿方向,图155.6展示了其中的一部分应用。

5. 光纤飞秒激光通信、存储及运算

光纤飞秒激光在 Pb/s 量级高速大容量通信技术、大容量数据存储技术、光遗传、量子芯片、量子计算、光量子、人工智能技术,以及超长距离、超大容量、超

高速光纤通信 系统等多个方向有着广泛的应用。

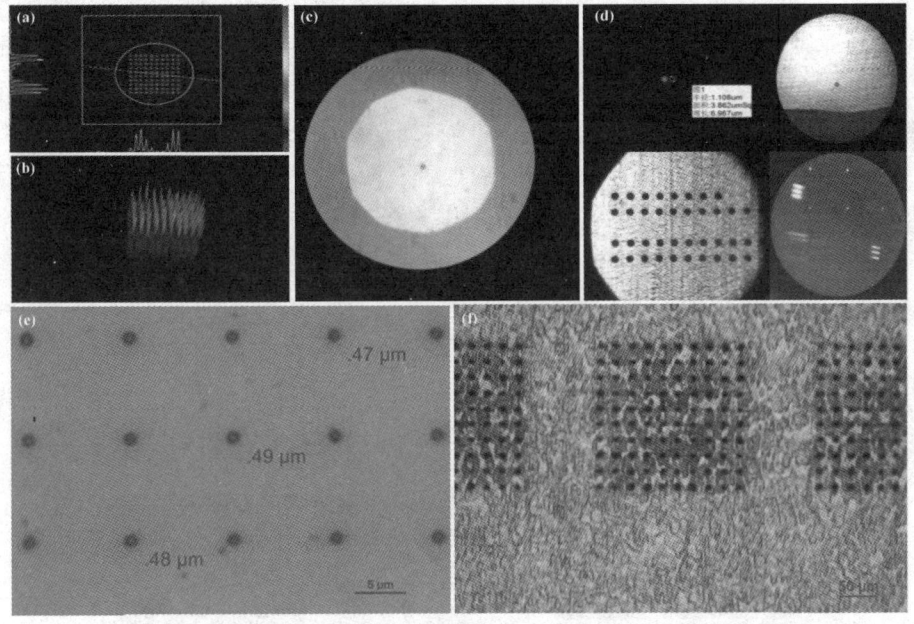

图 155.5 高速微孔阵列加工

(a)激光加工图案;(b)激光加工功率的空间分布;(c)～(f)实际加工效果图

图 155.6 光纤飞秒脉冲激光器在加工上的应用

(a)柔性薄膜太阳能电池加工;(b)飞秒激光近视手术;(c)锂电池材料微纳结构化加工;(d)飞秒无油墨彩色打印;(e)生物组织工程及再生医学上的激光辅助生物制造

　　以光纤飞秒激光五维度光存储为例。由于材料受光不同参数的响应限制，五维度光存储仅在少数材料中得以实现。其中顾敏团队在 2009 年利用金纳米棒的表面等离子共振(SPR)特性，实现了基于偏振方向、波长以及三维空间的五维度光存储技术；而另一种技术是在熔融石英材料中，通过飞秒激光引入纳米光栅双折射结构，实现了基于偏振方向、光强以及三维空间的五维度光存储。

　　在熔融石英内部产生纳米光栅结构发现于 1999 年，P. Kazansky 等人将飞秒激光聚焦到参锗熔融石英内部，利用多光子吸收效应对其进行加工，观察到激光的散射变得有一定方向性，会沿着垂直于偏振的方向增强(见图 155.7(a))。

　　到 2003 年，Y. Shimotsuma 等人将经过研磨后的熔融石英样品置于扫描电子显微镜下进行观察，发现经过飞秒激光加工后的区域形成了一种垂直于偏振方向的周期性结构，该结构的最小尺寸仅为 20 nm(见图 155.7(b))。经超快

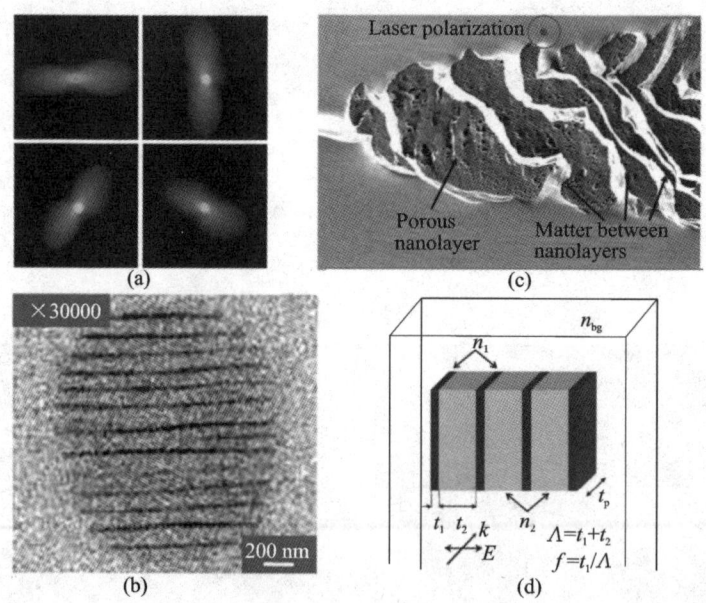

图 155.7　(a)不同偏振态的飞秒激光聚焦到参锗熔融石英内部时产生的各向异性散射；(b)纳米光栅结构的扫描电子显微镜图；(c)纳米光栅的场发射扫描电子显微镜(FEG-SEM)图，可以看到形成的纳米多孔层状结构；(d)纳米光栅表现出双折射特性的示意图，纳米光栅可以简化为周期排布的折射率不同(n_1，n_2)，厚度不同(t_1，t_2)的层状结构

激光加工后,熔融石英中原有的硅氧键断裂,生成的氧气分子保留在了层状结构中而形成一个纳米多孔的缺氧二氧化硅结构(见图 155.7(c)),而周期间隔排布的纳米多孔层状结构和熔融石英夹层表现出了形状双折射的特性,该形状双折射类似于负单轴晶体,同正单轴晶体石英的双折射数值在同一量级(见图155.7(d))。

由纳米光栅形成的双折射,其慢轴角度及相位延迟值可以分别由飞秒激光的偏振和光强来独立控制,因为这样的特性,纳米光栅结构可以用于基于偏振、光强、三维空间的五维度光存储。该存储技术还展现了可擦除重写、耐高温、耐磨、耐化学腐蚀的特性,非常适合数据的长寿命存储。

6. 光纤飞秒激光器改进

色散制约着光纤飞秒激光器的输出质量,因此很有必要研究有效的色散补偿技术。

以下介绍一种降低光纤偏振模色散的方法。在光纤中传输的光信号有两个偏振模式,对于在几何形状、内应力、外应力等诸多方面都具有极佳的圆对称性的光纤,在被认为是"单模"的波长下或者波长范围内的操作实际上支持两个正交偏振模,其中两个偏振模是简并的,以相同的群速度传输,在光纤中传输相同的距离后无时间延迟。

然而,实际中的光纤并不是完全的圆对称,例如几何形状变形的缺陷以及应力非对称性破坏了两个模式的简并度,结果两个偏振模式以不同的传输常数传输,两个偏振模式之间的微分时间延迟称为偏振模色散(PMD),两个偏振模式的传输常数之间的差异称为双折射。对于没有外部微扰的均匀线性双折射光纤,光纤的 PMD 随光纤长度的增加而线性增加。但是在更长的光纤中,由于外部扰动的存在,随机模式的耦合不可避免地被引入光纤中,并且在统计上 PMD 随着光纤的增加正比于光纤长度的平方根。

理论结果表明,如果使光信号在两个正交偏振模式之间持续模式耦合,则可以抑制两个偏振模式之间相位延迟的积累,并最终使光纤的 PMD 下降。模式耦合的频率越高,最终的光纤 PMD 越小。光纤中的 PMD 现象引起光纤中传输信号失真,使带宽受到限制,降低了光纤的传输速率。在光纤通信系统中,特别是长距离的传输系统中,这种现象是不期望出现的。

现有技术中,降低 PMD 的一种方法是在光纤拉制过程中使预制棒旋转,但是旋转导致 PMD 的减少量正比于旋转速度,这使得该方法仅适合于低速小棒拉制工艺,对于拉丝速率超过 800 m/min 的工艺而言,旋转预制棒对光纤

PMD 的降低已无明显效果。

另一种方法在光纤拉制过程中使光纤旋转,形成水平方向旋转的机械波,利用光纤作为介质把这种机械波传递到预制棒在拉丝炉中的软化区,形成塑性形变并固化到拉制的光纤中。这种方法难以去除旋转施加点下游沿光纤传递的弹性扭曲,该扭曲由此积累到缠绕于线轴的光纤上。解决此问题的方法是采用双向旋转,通过改变旋转方向而防止光纤中残余弹性扭曲的积累。目前的光纤生产商普遍采用此种双向旋转光纤的方法降低光纤的 PMD,所不同的是使用的旋转函数不同,或者在此基础上的优化使之更适用于各自的生产。

但是,这种双向旋转光纤降低 PMD 的方法会受到多个问题的影响。

(1)旋转方向的变化对 PMD 具有有害的影响,在旋转反向区转速较低,造成局部 PMD 的升高。

(2)这种方法在旋转过程中有加速与减速过程,降低了机械效率,对机械装置有害,并且限制了转速的提高,使 PMD 不能做到足够小。

(3)采用这种方法生产的光纤,其圆对称性降低。最主要的,目前使用双向旋转的方法制造光纤,其 PMD 系数为 $0.04\ \mathrm{ps/km^{1/2}}$,无法满足高速、长距离传输网络的需求。

基于上述问题,我们提出一种降低光纤 PMD 的方法与相应控制器,通过控制光信号与光纤相互作用在光纤横截面上引入非对称性,无须转动光纤即可在光纤内部引入双折射,能突破现有技术中光纤旋转速度的限制,使光纤 PMD 能在现有技术水平上降低两个数量级以上,满足高速、长距离传输的需求。

实现方法步骤如下。

(1)控制超快光信号聚焦到光纤内部,形成光斑。

(2)控制光斑和/或光纤,使得光斑在光纤横截面上以一定的速度相对运动,同时控制光纤沿长度方向的运动。

控制器结构包含以下模块。

(1)聚焦控制模块:用于控制超快光信号聚焦到光纤内部,形成光斑。

(2)运动控制模块:用于控制光斑和/或光纤,使得光斑在光纤横截面上以一定的速度相对运动,同时控制光纤沿长度方向的运动。

将超快光信号聚焦到光纤内部,光信号与光纤相互作用在光纤横截面上引入非对称性,在两个正交偏振方向(即 n_1 方向与 n_2 方向)上产生折射率差(双折射);通过控制聚焦光斑在光纤横截面上的运动轨迹与速度,结合光纤自身沿长度方向的运动,这种双折射沿着光纤长度方向按照特定的轨迹分布,使光纤中所传输的两个正交偏振模式互相耦合,从而达到降低光纤 PMD 的目的。

　　除此之外,超高精度高阶色散补偿技术也是一种新型兼有效的色散补偿技术。

　　飞秒光纤激光器的另一个重要参数是峰值功率,以往通过啁啾脉冲放大(CPA)技术实现了高峰值功率的飞秒激光器,目前新兴的非线性容限放大技术(nonlinearity resilient amplification,NRA)理论上可以实现的功率比 CPA 技术高两个数量级(见图 155.8(a)),而目前的实验结果可达到 CPA 技术的 5 倍提升(见图 155.8(b))。

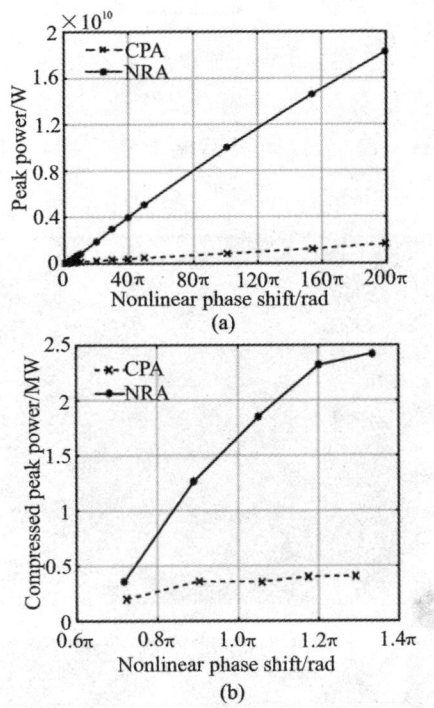

图 155.8　(a)理论上 NRA 技术的输出特性;(b)实验上
NRA 技术的输出特性

　　飞秒脉冲光纤激光器还有一个重要的参数——脉宽。如何产生脉宽更短的脉冲是飞秒脉冲光纤激光器的重要研究内容。图 155.9 是实验测得的极短脉冲分布,目前已经报道的数据表明,使用非线性脉冲整形的光纤激光器可调谐脉冲宽度可达到 8 fs。

　　随着飞秒光纤激光器各方面性能参数的提升,系统参数的优化也变得越来越复杂,因此系统参数的优化空间要求新的设计方法和工具,目前引入人工智能(AI)进行系统的自我设计、自动进化和自适应智能激光器,已经具备一些传

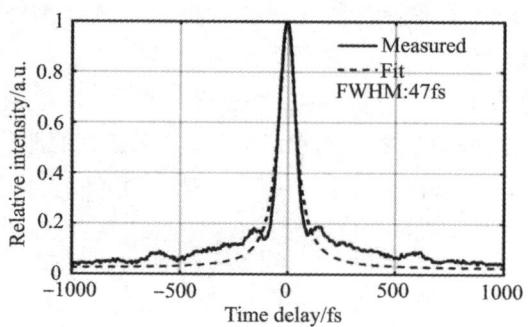

图 155.9　一种极短飞秒脉冲

统设计方法所不能及的优势,比如光谱自动优化(见图 155.10)、超低输出噪声
(见图 155.11)、5 MHz~10 GHz 可灵活调节重复率(见图 155.12),以及宽工
作温度范围(见图 155.13)等。

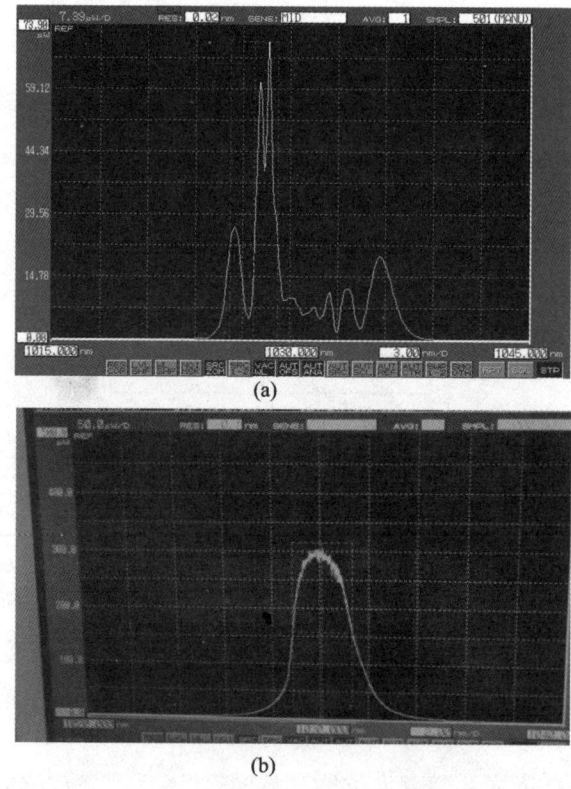

图 155.10　(a)传统设计方法得到的光纤飞秒激光器输出光谱;(b)以(a)
中的光谱作为原始数据,经过 AI 优化得到的光谱

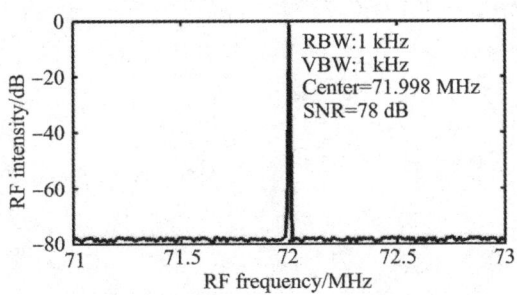

图 155.11　AI 优化得到的超低输出噪声

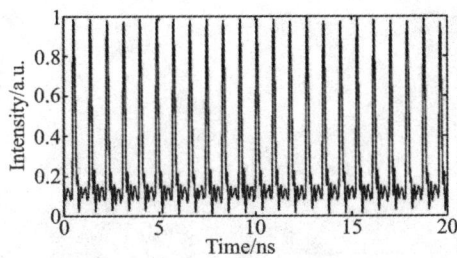

图 155.12　AI 优化实现 5 MHz～10 GHz 可灵活调节重复率

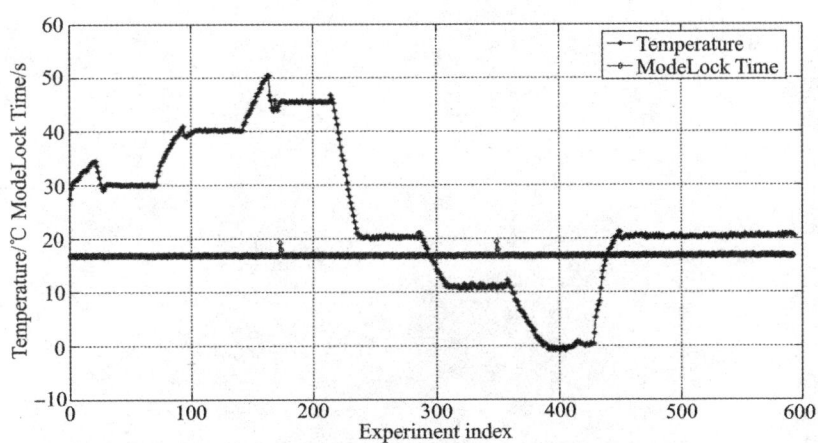

图 155.13　AI 优化实现宽工作温度范围

7. 总结

本文从光纤飞秒相干合束技术，光纤飞秒成像技术，光纤飞秒加工技术，光纤飞秒激光通信、存储及运算，以及光纤飞秒激光器改进等多个方面展示了下

一代光纤飞秒激光器及其应用,示例涵盖信息、制造、生物医学、能源以及材料等多个领域,阐述了光纤飞秒激光器作为根技术,是如何支撑着多个行业的发展的,也为各研究领域的交叉融合作出范例。

（记录人:曾志豪　审核:谢长生）

Bernard Kippelen 美国佐治亚理工学院电子与计算机工程学院 Joseph M. Pettit 讲席教授。研究兴趣从研究有机纳米薄膜中的基础物理过程（非线性光学行为、电荷传输、光捕获与发射等）到可印刷轻质、柔性光电子器件的设计、制备与性能分析。佐治亚理工学院欧洲校区创新平台 Institut Lafayette（位于法国梅斯）的共同创始人和主席，并且担任了佐治亚理工学院有机光电中心主任。同时，也是国际光学工程学会会士和美国光学学会会士。

第156期

Organic Semiconductors in the Fourth Industrial Revolution

Keywords: interface design, film doping, organic solar cell, organic thin-film transistor

第(156)期

第四次工业革命中的有机半导体技术

Bernard Kippelen

1. 第四次工业革命的浪潮

第四次工业革命,是以人工智能、机器人技术、虚拟现实、量子信息技术、可控核聚变、清洁能源,以及生物技术为技术突破口的工业革命。世界经济论坛创始人 Klaus Schwab 认为,这场革命正以前所未有的态势向我们席卷而来,其发展速度之快、范围之广、程度之深丝毫不逊于前三次工业革命。第四次工业革命将数字技术、物理技术、生物技术融合在一起,对我们的经济和社会产生巨大的影响。网络物理系统的出现促进了第四次工业革命。网络物理系统结合了通信的数字技术与软件、传感器和纳米技术。其中,有机分子和聚合物材料在第四次工业革命中扮演着重要的角色。碳基的有机材料(见图156.1)可以通过结构设计实现光学、电学及机械性能的调控,从而为实现多样的有机光电器件提供了可能。

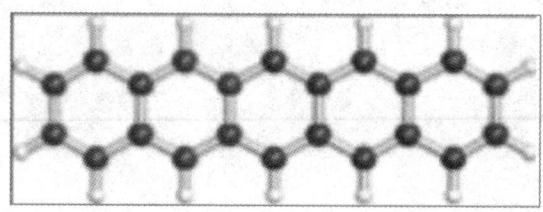

图 156.1　有机材料的代表性化学结构

有机半导体材料由于本身可溶液加工的性质,使其在大规模生产中具有较大优势。采用印刷方法制备有机光电器件的技术已经成熟。预计到 2023 年,印刷电子器件市场将达到 800 亿美元(见图 156.2)。而有机半导体材料将在这一过程中起到重要的推动作用。

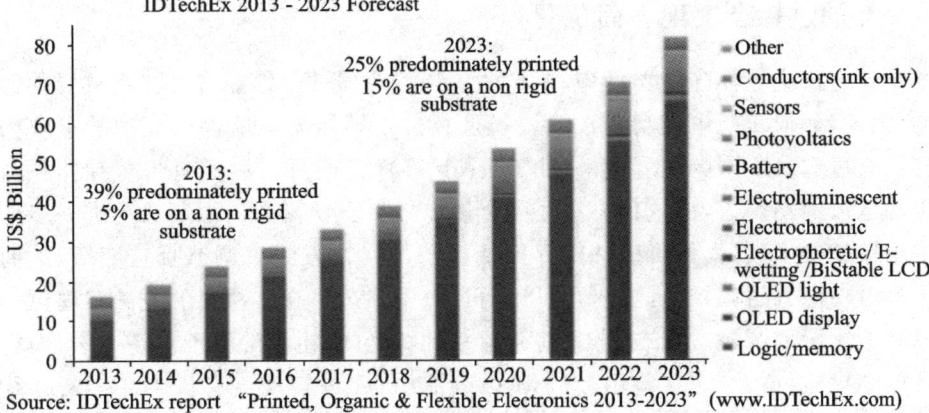

IDTechEx 2013 - 2023 Forecast

Source: IDTechEx report "Printed, Organic & Flexible Electronics 2013-2023" (www.IDTechEx.com)

图 156.2　印刷电子器件市场预测

2. 有机半导体材料与器件

　　有机半导体材料是一类主要由碳和氢原子组成的包含 π 共轭结构的有机小分子或聚合物。在有机半导体中,分子与分子之间只有微弱的范德瓦耳斯力,载流子的离域范围有限,有机半导体的能带往往体现出一定的离散性,且能带狭窄。根据分子前线轨道理论,有机半导体材料在吸收光子后,处于最高占据分子轨道(HOMO)的价电子会跃迁到最低未占据分子轨道(LUMO),产生电子空穴对。其中,LUMO 能级类似于无机半导体材料中的导带,HOMO 能级类似于无机半导体材料中的价带,两者之间的差为有机半导体的带隙。有机半导体光电器件结构主要以有机半导体材料为基础,并分别用高功函和低功函的电极作为器件的阳极和阴极(见图 156.3)。通常,有机半导体材料的厚度为 $100 \sim 500$ nm。

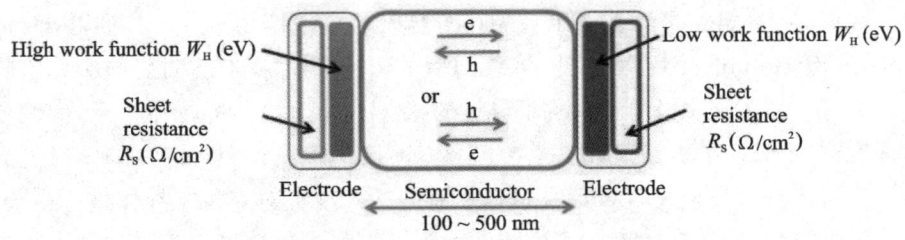

图 156.3　有机半导体光电器件结构

3.通过掺杂实现界面优化

在有机半导体光电器件中,电极的功函数对器件的性能有着非常重要的影响,因此,如何实现电极功函数的调控是有机半导体光电器件研究中的重要内容。通过选取不同的金属电极(如 Ca、Mg 等),我们可以调控有机半导体材料接触电极的功函数,但这种方法受到金属电极自身功函数的限制。为进一步调控电极的功函数,我们可以选用界面偶极子的修饰方法来调节真空能级,从而实现对功函数的调控。此外,还可以通过电子掺杂半导体材料的方法实现更大范围的功函数调控。在这里,我将介绍一种新型的、简单的电子掺杂方法,即将有机半导体材料浸泡在磷钼酸(PMA)溶液中,即可实现对有机半导体的掺杂(见图 156.4),提高有机半导体材料的功函数。

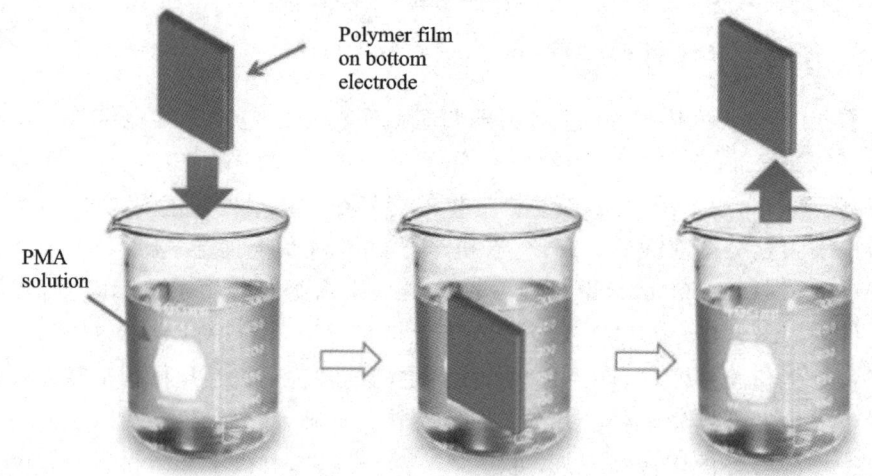

图 156.4　利用 PMA 溶液对有机半导体掺杂

我们将 210 nm 厚的 P3HT 有机半导体材料浸泡至 0.5 mol/L 的 PMA 溶液中,浸泡 10 min,使用 XPS 测试,浸泡后的 P3HT 薄膜出现明显的钼元素峰位。为进一步表征 PMA 对有机半导体的掺杂是表面掺杂还是体掺杂,我们使用深度刻蚀 XPS 来表征 PMA 掺杂 P3HT 薄膜的深度(见图 156.5)。通过分析钼元素的分布我们发现,PMA 可以在有限的深度上对有机半导体进行掺杂。

随后,对不同掺杂浓度和不同掺杂时间的有机半导体薄膜进行方块电阻和功函数测试。测试结果显示,利用 0.5 mol/L 的 PMA 溶液掺杂 210 nm 厚的 P3HT 有机半导体薄膜,掺杂 10 min 后,P3HT 薄膜的方块电阻可以从 10000 MΩ 每 sq 下降至 1 MΩ 每 sq 以下,下降超过 4 个数量级。同样,原始的 P3HT

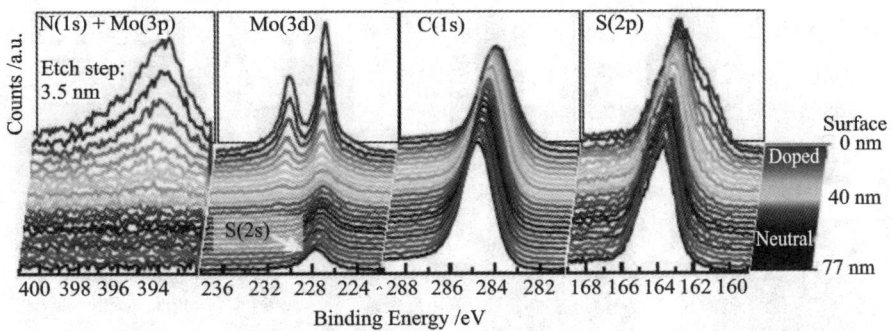

图 156.5　PMA 掺杂后的有机半导体深度 XPS 测试

薄膜功函数大约是 4.45 eV,使用 50 μmol/L 的 PMA 溶液掺杂,掺杂 10 min 后,P3HT 薄膜功函数可以提高至 4.9 eV 以上。结果表明,使用 PMA 溶液对 P3HT 有机半导体薄膜掺杂,可以调节半导体材料的电学性能。

根据上述结果,我们将 PMA 浸泡工艺直接应用到有机太阳能电池器件中。我们采用传统的反式有机太阳能电池,底电极是 ITO,使用 PEIE 作为阴极界面修饰层,降低电极功函数,活性层采用 P3HT：ICBA,活性层厚度为 500 nm,然后将器件浸泡至 0.5 mol/L 的 PMA 溶液中,浸泡时间为 60 s,顶电极为金属 Ag。其中标准参比器件采用的是热蒸发 MoO₃ 作为空穴传输层,Ag 作为顶电极,如图 156.6 所示。

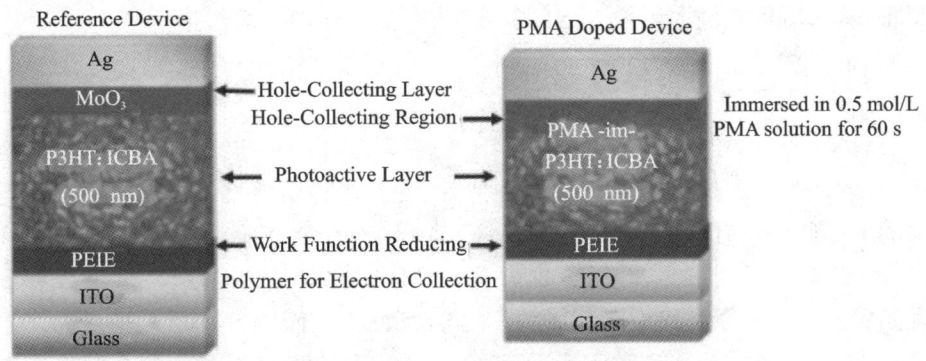

图 156.6　有机太阳能电池器件结构

随后我们对器件性能进行表征,使用 PMA 浸泡的有机光电太阳能电池的光电转换效率为 4.8%,高于使用热蒸发 MoO₃ 作为空穴传输层的有机太阳能电池的(4.1%)。如图 156.6 所示,使用 PMA 浸泡的有机太阳能电池可以简化有机太阳能电池的制备工艺。2015 年,Kwanghee Lee 教授将 PEIE 的二甲氧基乙醇溶液加入活性层溶液中，简化了电子传输层的制备。结合上述研究成果，我们提出进一步简化有机太阳能电池的器件结构。利用 PEIE 在活性层中的垂直相位分离和 PMA 对有机活性层的掺杂，实现了单层的有机太阳能电池器件，器件结构如图 156.7 所示。

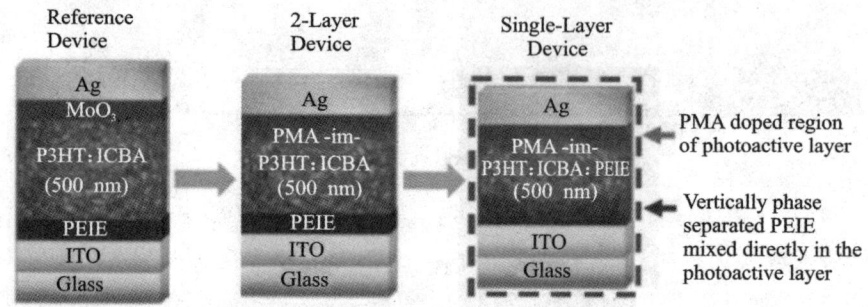

图 156.7　单层有机太阳能电池器件结构及优化步骤

利用这种制备工艺，我们采用不同的有机半导体活性层材料制备了单层有机太阳能电池器件，其中单层 P3HT：ICBA 体系的有机太阳能器件的光电转换效率为 4.4%。我们与加利福尼亚大学圣塔芭芭拉分校的 Bazan 教授和 Nguyen 教授合作，实现了单层 PIPCP：PCBM 的有机太阳能电池的制备，该电池的光电转换效率达到 5.9%。结果表明，利用 PEIE 在活性层中的垂直相位分离以及 PMA 对活性层的掺杂效果，可以有效实现单层有机太阳能电池的制备，从而简化有机太阳能电池的制备工艺，更好地面向大规模生产。

4.有机发光二极管

有机发光二极管（OLED）被认为是未来重要的显示光源，其光源是漫反射光，无紫外光，并且可实现大面积、超薄、柔性及半透明器件。与有机太阳能电池的工作原理略有不同，有机发光二极管在电场的作用下，阳极产生的空穴和阴极产生的电子会发生移动，分别向空穴传输层和电子传输层注入，并迁移到发光层。当二者在发光层相遇时，产生能量激子，从而激发发光分子最终产生可见光。近年来，具有热激活延迟荧光（TADF）特性的纯有机材料在研究中获得了广泛的关注。这类材料由于具有足够小的单、三线态能级差（ΔE_{ST}），使得三重态激子可以在室温下通过反系间窜越过程转变为单重态激子并通过延迟荧光过程发光，从而使器件的理论内量子效率上限达到 100%，如图 156.8 所示。为了获得具有高效 TADF 特性的发光材料，最广泛采用的分子设计策略是利用电子给体（D）与电子受体（A）之间微弱的耦联，以实现分子的最高占据

轨道和最低未占据轨道的分离,从而降低 ΔE_{ST}。

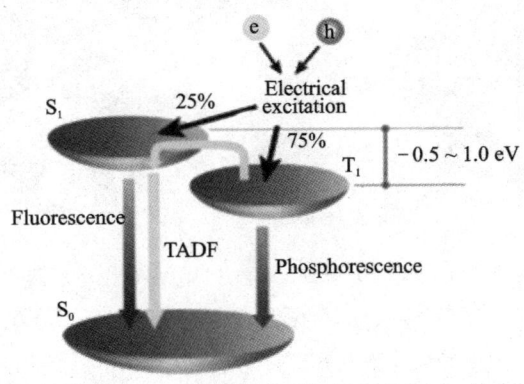

图 156.8　TADF 原理示意图

我们利用砜-咔唑 mCPSOB 主体材料实现了绿光 TADF 二极管。该主体材料具有较高的玻璃转变温度(达到 110℃),三线态能量达 3.02 eV。当掺杂 4CzIPN 时,器件的最高外量子效率(EQE)超过 26.5%,发光效率为 81 cd/A。该器件展示了较低的开启电压,开启电压为 3.2 V,亮度为 10 cd/m² ,并减小了器件在高电压下的性能衰减。

近年来,越来越多的证据表明,平衡的双极传输以及小的聚集诱导的荧光淬灭会允许 TADF 发射材料单独应用于没有主体材料的 OLED 中。因此,我们报道了一种没有主体材料只有黄-绿发射的 TADF 组分的发射层。该器件的最大 EQE 为 21%,发光效率为 73 cd/A。这种具有单种组分的发射层的衰减是基本可以忽略的。

5.有机场效应晶体管

有机场效应晶体管(OFET)是一种由有机半导体组成信道的场效应晶体管。当前,有机场效应晶体管面临的问题是器件的稳定性较差,在场效应晶体管中,电荷的捕获会导致阈值电压的变化。针对这一问题,我们提出使用器件结构设计来优化器件的稳定性。传统的晶体管氧化层是使用原子层沉积的方法沉积一层 Al_2O_3 ,沉积的 Al_2O_3 氧化层在高温和潮湿环境中容易被腐蚀,导致器件的性能下降。因此我们提出使用交替沉积不同厚度的 HfO_2/Al_2O_3 纳米薄片来提高场效应晶体管的器件稳定性。单层沉积 Al_2O_3 与交替沉积 HfO_2/Al_2O_3 纳米薄片器件的结构示意图如图 156.9 所示。

随后,我们在不同的环境下对器件进行了稳定性测试。器件在测试前,在

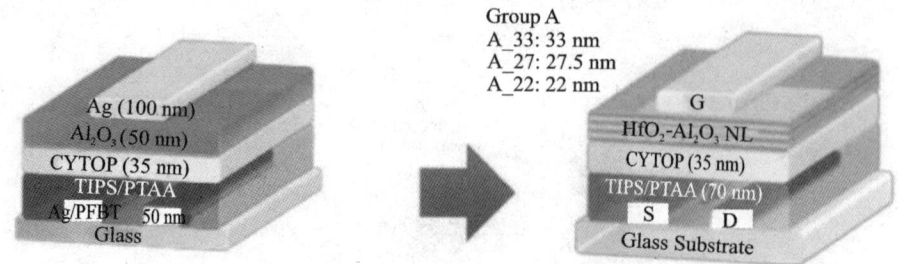

图 156.9　单层沉积 Al_2O_3 与交替沉积 HfO_2/Al_2O_3 纳米薄片器件结构示意图

氮气手套箱内保存了 18 个月,然后器件在真空环境下 100 ℃加热 16 个小时,然后在湿度为 80%～90%环境下 85 ℃加热 24 个小时,最后在真空环境下 100 ℃加热 16 个小时。测试结果表明,使用双层栅极介电层 CYTOP/NL 晶体管在高湿度环境下具有更高的器件稳定性。随后,我们将 HfO_2/Al_2O_3 纳米薄片厚度对器件稳定性的影响进一步研究。结果表明,使用 TIPS-pentacene/PTAA 混合物作为半导体材料层,CYTOP(35 nm)/HfO_2/Al_2O_3(33 nm)作为双层介电层的场效应晶体管(器件 A_33)展现出良好的稳定性,在 12 个小时的直流偏压下,该场效应晶体管的变化最小。同时,器件 A_33 展现出优异的工作稳定性。双拉伸指数(DSE)函数模型曲线如图 156.10 所示。

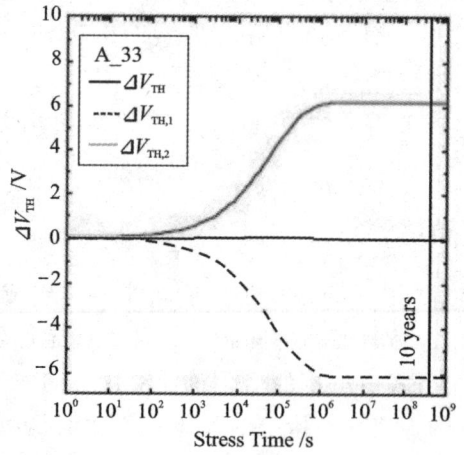

图 156.10　双拉伸指数函数模型曲线

经过测试,室温条件下,在高达 5.9×10^5 s 时间范围内阈值电压偏移不单调变化。

对这些变化使用双拉伸指数函数作为时间函数的建模,结果表明两种补偿老化机制的作用导致稳定性提高。在 75 ℃温度下,测量的阈值电压变化显示

出器件的工作稳定性比以前文献报道的至少提高了一个数量级。综上,我们相信使用类似的方法可以进一步提高这类场效应晶体管的稳定性。

6.经验总结

下面分享科学研究中的几点心得体会:

(1)科学是你的朋友,需要不断探索;

(2)当你进入实验室时,须时刻准面对你意想不到的事;

(3)不要忽视你实验数据中的异常值;

(4)挑战传统观念,推动创新前沿。

(记录人:熊思醒　审核:周印华)

杨代文 1991年从中国科学院武汉物理与数学研究所毕业获得博士学位,在日本和加拿大接受博士后培训后,于1997—2000年在加拿大多伦多大学担任高级研究助理,2001年加入新加坡国立大学担任助理教授,2011年晋升为终身正教授。与其课题组专注于核磁共振方法学、蛋白质结构和动力学研究,重组蛋白质蜘蛛丝纤维的生产,基于结构的药物设计,以及针对传染病的蛋白质疫苗的开发。

第157期

From Protein Structure and Dynamics to Silk Fibers and Drug Development

Keywords:spider-silk-like proteins, protein structure, protein function, protein-based vaccine

第157期

从蛋白质结构和动力学到丝纤维与药物开发

杨代文

1.蜘蛛丝蛋白的结构、动力学和人工仿制研究

相信大家都看过电影《蜘蛛侠》,电影中的蜘蛛侠发射出的蜘蛛丝强度高、弹性大,功能非常强大。现实中的蜘蛛丝真的有这么神奇吗?其实远没有电影中的那么神奇,但从材料学来讲,蜘蛛丝的一些性能比现有的各种材料都强很多。

1)蜘蛛网的组成和性能

蜘蛛的肚子上总吊着一根径向的丝,也叫生命线。织网的时候,蜘蛛利用周围的环境先搭出一个框架,再在框架上分泌不同的物质。蜘蛛网由径向和环状两部分组成,径向和环状的蜘蛛丝由不同的腺体分泌,材料性质也不一样,两者之间有连接点,类似于胶水,将径向和环状的丝粘连起来。蜘蛛丝是有黏性的,将蜘蛛丝放大能看到丝上有一个个圆球,蜘蛛知道在哪里吐并且不把自己黏住,分泌黏性圆球的目的是:①黏住猎物,再分泌一种特殊的物质包裹猎物,避免猎物逃跑;②雌性蜘蛛产卵,避免被吃掉,会分泌类似蚕茧的东西包裹。

蜘蛛丝是由蛋白质,也就是 20 种氨基酸组成的。雌性蜘蛛有 7 个腺体,雄性蜘蛛有 6 个腺体,每个腺体分泌一种特定的蜘蛛丝蛋白,不同丝蛋白的氨基酸组成是完全不一样的,因此性能也不一样。

对于做应用的人来说,更关心的是蜘蛛丝的机械性能或者力学性能。我们比较了三种蜘蛛丝蛋白、蚕丝蛋白、高强度钢、碳纤维和高分子材料等的性质。可以看出,在相同的直径下,蜘蛛牵引丝的强度和高强度钢的强度是一样的,但钢材的密度是蜘蛛牵引丝的 6 倍,而且钢材的延伸度只有 0.8%,而鞭毛样蜘蛛丝的延伸度可达 270%。蜘蛛分泌的不同蜘蛛丝有不同的强度、硬度、延伸

度等,最惊奇的是通常认为有机分子是不导热的,而蜘蛛牵引丝的导热性能跟铜差不多,比钢材的导热性还好。

正因为蜘蛛丝的这些很特别的性质,它被认为是非常有应用前景的、可再生的、没有环境污染的材料。潜在的应用有军事上的防弹背心,航空母舰的燃阻材料、大型降落伞、高空飞机、人造韧带、电子元器件,等等。

既然蜘蛛丝有如此强大的功能,为什么不能像蚕丝一样大量生产呢? 蚕丝在几千年前已经靠养殖实现了大量生产,而蜘蛛的行为与蚕不一样,蜘蛛有争夺领土、吃同类的特性,无法采用自然的办法大量饲养蜘蛛。

2)蜘蛛丝的生物结构

蜘蛛丝是如何形成的呢? 我们观察到雌性蜘蛛有 7 个腺体,其中 1 个腺体生命线,在体内产生能流动的液体,离开蜘蛛体的时候变成固体丝状。液体环境的 pH 值是 7.2,50%蛋白质,NaCl 浓度高;经过纺丝器后,变成丝状,体外环境的 pH 值是 5.5,近 100%丝蛋白,NaCl 浓度非常低。

人工仿制蜘蛛丝,首先需要获得丝蛋白的基因信息,再通过克隆产生大量蜘蛛丝蛋白,经过纺丝器产出蜘蛛丝。其中纺丝器部分最难仿制,涉及机械、材料等学科领域。天然丝蛋白基因不容易完全复制,人工设计丝蛋白要求产量高、水溶性高、稳定性强、丝蛋白质量高,即消耗小、产能高。

在大量生产前,有几个问题需要回答:①丝蛋白的基因序列是什么? ②蛋白质的水溶性非常低,丝蛋白如何以 50%的高浓度液体状态存在,而性质不变? ③丝蛋白水溶液在什么条件下形成固体材料,且保持了较好的强度和导热性能? ④丝蛋白的结构与功能之间的关系是怎样的?

(1)金圆网蛛丝蛋白基因序列的鉴定。

经过抓蜘蛛、解剖蜘蛛、拿出腺体、提取 RNA、建 cDNA 库、比对蜘蛛丝的基因序列等一系列步骤,我们确定了 TuSp1、TuSp2、AcSp1、MiSp1、MaSp1 这 5 个蜘蛛丝基因。有了基因序列,可以确定蛋白的基本结构。丝蛋白是由信号肽、N 端、C 端和中间多个重复单元组成的,相对分子质量约为 300000。信号肽指导丝蛋白分泌到细胞外,在胞外信号肽就被剪切掉了。氨基酸序列也称一级结构,一级结构无法对功能做出解析。因此,在 2006 年和 2007 年,我们发展了一套自己的利用核磁共振解析蛋白结构的方法,利用这个方法解出了丝蛋白单个结构域的二级结构,即氨基酸在空间的排列。

(2)丝蛋白的二级、三级结构解析,分析丝蛋白的高水溶性。

我们通过核磁共振方法解析几个单结构域的二级结构,N 端、C 端和中间重复单元的二级结构都是 α 螺旋,连接单元是无序结构。

二级结构中的红色代表负电荷基团,黄色代表疏水性基团,白色代表亲水基团,蓝色代表正电荷基团。如何判断一个蛋白质是疏水还是亲水,就看有多少黄色的基团在蛋白质外面,黄色的基团越多,疏水基团暴露得越多,水溶性就越差;如果表面都是红色的带负电荷的基团,也是互相排斥、不太聚集,水溶性就较好。

MiSp-C 端:两个单体聚合成一个双体,水溶性非常好,溶解度约为 300 mg/mL;AcSp-C 端:表面正负电荷都分布,会互相聚集,水溶性差,溶解度约为 30 mg/mL。

AcSp-N 端:表面电荷分布有正有负,容易聚集,水溶性低,溶解度约为 15 mg/mL;MaSp-N 端:表面主要为负电荷,水溶性高。

中间的重复单元 MiSp-RP:表面黄色疏水性基团多,溶解度约为 5 mg/mL。

连接单元 MiSp1-LK:无序结构,水溶性差,溶解度约为 1 mg/mL。

我们将单个结构域拼在一起,合成了两个人工蜘蛛丝蛋白,NTD-(LK-RP-LK)₃-CTD 和 RP-LK-CTD。NTD-(LK-RP-LK)₃-CTD 连接了 3 个重复单元,而天然的蜘蛛丝蛋白的重复单元有 10～20 个。我们发现,NTD-(LK-RP-LK)₃-CTD 的水溶性大于 200 mg/mL,RP-LK-CTD 的水溶性约为 150 mg/mL,比单个结构域水溶性的简单相加和平均要高得多。

我们研究 RP-LK-CTD 的结构模型,发现在低浓度下,RP-LK-CTD 的 C 端连接形成双体;高浓度下,更多的聚集形成胶束结构,疏水基团在里面,亲水基团在外面,形成一个球体,类似于洗衣粉的结构,有很强的水溶性。

(3)哪个结构域对成丝有贡献,是不是单个结构域就能成丝?

我们通过组合不同的单结构域,发现单个结构域不能成丝,没有重复单元的结构域组合不能成丝,有重复单元的两个或三个单结构域组合都能成丝。

通过电镜显微成像发现,丝蛋白在成丝初期形成几百纳米的小圆球,小圆球再聚集形成微米量级的圆球,再聚集成丝,单根丝再聚集形成多根丝,如同多根小绳子拧在一起形成一根结实的绳子。

目前我们对蜘蛛丝的原子排布、聚集过程、强度为什么这么好等还不是很了解。但通过这次研究我们知道,N 端、C 端、重复单元、连接单元对蛛丝的形成都是必需的,其中水溶性差的连接单元对自动聚集成丝可能有非常重要的作用。

3）人工仿制蜘蛛丝蛋白

经过以上的研究，我们就想人工设计产量高的丝蛋白基因，将基因克隆到大肠杆菌，形成量产。我们设计了两种丝蛋白。

（1）$10RP_1RP_2CTD^{Mi}$ 丝蛋白。

我们将两种不同的丝蛋白基因混合，$10RP_1RP_2CTD^{Mi}$，连接 10 个重复单元，相对分子质量是 185000，而天然丝蛋白的相对分子质量为 300000～400000，为了更接近自然状态，在 C 端引入化学键巯基，在一定条件下巯基之间形成二硫键，可以减少丝的断头数目，增加强度，形成 13.72 μm 的人造丝。而天然蛛丝是用非化学键连接的，是以如范德瓦耳斯力、正负电荷等弱相互作用连接起来的。与天然蛛丝相比，11RPC 在 300 MPa 的压力下，延伸到 10%时断掉，天然蛛丝在 100 MPa 的压力下，延伸到 60%时断掉，说明人工丝蛋白的强度比天然蛛丝好，但延伸性和韧性差。造成功能差异最主要的原因可能是纺丝器的差别，人工丝蛋白是用注射器推出来的，而天然蛛丝的纺丝器原理尚不明确。

（2）NTD-LK-RP-LK-CTD 丝蛋白。

我们人工组装了一个包括 C 端、N 端、重复单元和连接部分的丝蛋白基因，并引入一个剪切力，用泵推注射器，注射器的针头连接一个直径为 128 μm 的细管道，且管道出口上的环境 pH 值是 7，管道出口外的环境 pH 值是 5。通过这个装置，可以推出连续不断、长达几米的丝，但性质还是没法跟天然蛛丝的相比。

我们进一步的工作方向是改进人造丝的生产工艺，让单根丝蛋白更粗一些，少产生断头，并改进纺丝器，使其更接近自然生物体的状态。另一方面，我们想知道成丝后的结构是什么样的，它的结构与性质又有什么关系。我们已经研究了丝蛋白成丝之前的二级结构主要是 α 螺旋，成丝之后的二级结构就由 α 螺旋变成 β 折叠和随机结构等，具体的原子分布还是未知的。再者，成丝的机制是什么？已知引起结构变化的因素有环境 pH 值、剪切力、蛋白质结构以及 1%无序结构。推测成丝时，pH 值的变化和剪切力使 α 螺旋变成无序结构，再形成 β 折叠。那如何在实验过程中引入剪切力呢？这就需要很多不同的技术来共同攻克这些难题。

2. 病毒的药物开发

1）登革热病毒

登革热病毒是一种在热带地区如我国广东、海南，以及新加坡、南美等地，通过蚊子叮咬传播的流行性疾病。每年有 3 亿~5 亿人感染,死亡率为 1%。我们知道,病毒感染没有特效药,主要靠自身免疫或者疫苗抵御。登革热病毒有四种病毒亚型,到目前为止,只开发出了一种用于感染过登革热病毒的病人的药物,因为其药物副作用很大,不能广泛应用于预防。

我们研究的目的是发展抗登革热病毒的药物。首先要了解这个病毒,登革热病毒的 RNA 约为 11 kb,RNA 进入人体细胞后,翻译成相对分子质量约370000 的蛋白,处理成 3 个结构蛋白、7 个非结构蛋白,最后组装成具有感染性的病毒。其中病毒会合成一种剪接酶,剪接酶的功能是将翻译的蛋白在特定的位点切成片段,如果剪接酶在 NS3 蛋白酶位点不能切断,病毒就不能繁殖,也就不会对人造成影响。我们在想,能不能有一种化学分子让剪接酶不工作。目前已有的研究大部分是攻击剪接酶的活性位点,占领底物的位点,让底物不能结合到位点上。但人体内也有结构和功能与病毒剪接酶相近的剪接酶,这种方法在阻击了病毒剪接酶的同时也阻击了人体自身剪接酶的功能,这种化学分子的毒性就很大。

我们研究发现,登革热病毒的 NS3 丝氨酸蛋白酶胰蛋白酶与人的胰蛋白酶的区别是多一个 NS2B 结构,对病毒胰蛋白酶的活性来说 NS2B 结构是必需的。通过核磁共振做结构和动力学分析,我们发现这种蛋白的结构与蜘蛛丝蛋白类似,存在关闭和开启两种状态,那这两种结构和它的生物功能之间有什么关系呢?我们将 NS2B 结构的 M84 和 I86 号氨基酸进行了点突变实验,发现点突变 M84 号氨基酸后,病毒的功能彻底消失,点突变 I86 号氨基酸后,病毒的功能明显降低。核磁共振解析变异体的结构,发现变异体的末端不再是 β 折叠,而是变成无序结构。因此,我们考虑能否引入化学小分子占领 NS2B 结构的 M84 号氨基酸,改变剪接酶的结构,使其失去功能。下一步,筛选出能占领NS2B 结构 M84 号氨基酸的药物,通过数据库比对 40000 个化学分子,根据结构研究等一步步筛选出了 57 个,我们选取了 11 个化合物做实验,其中 4 个化合物有生物活性。再进行第二轮筛选,筛选出 9 个化合物,最好的化合物的亲和力是 6 μmol/L。下一步的研究计划是用化学方法合成特异性的小分子,使药物亲和力达到纳摩尔级的效果。

2)NNV 神经坏死病毒

我们研究的第二种病毒药物是针对神经坏死病毒的,这种病毒只影响水生生物,对海水鱼、淡水鱼影响很大,会造成鱼类的大面积死亡。目前有成熟的针剂疫苗,但在实际生产中操作麻烦,可行性不高。我们的目标是研究出口服或

浸泡的神经坏死病毒疫苗。首先要了解病毒的结构,神经坏死病毒与登革热病毒的结构有类似性,表面蛋白组装成球状的类病毒蛋白。我们已经合成了口服的类病毒蛋白的疫苗,已经投入鱼类实验中。现在正在研究可浸泡的疫苗,使其能穿过鱼的皮肤或者腮。我们的思路是设计一些穿膜的多肽,再连接到类病毒蛋白表面,引起鱼的体内免疫反应。

Partha P. Banerjee 美国戴顿大学光电系系主任、教授。2000—2005 年曾任戴顿大学电子与计算机工程系系主任。在戴顿大学任职之前,1991—2000 年任职于美国阿拉巴马大学汉茨维尔分校,1984—1991 年任职于美国雪城大学。研究领域主要包括:数字与动态全息成像、光致折射材料、光学超材料、非线性光学以及光学捕捉。当选为美国光学学会会士、国际光学工程学会会士、英国物理学会会士(FInstP)、电气与电子工程师协会(IEEE)高级会员;曾于 1987 年获得美国国家科学基金会青年学者奖。在戴顿大学,建立了全息成像与超材料实验室(HAM)。分别于 2010 年、2016 年、2019 年组织了关于数字全息成像的 OPTICA 国际会议,于 2012—2016 年担任 *Applied Optics* 专题编辑,2014—2016 年曾任 OPTICA 环境监测委员会主席。迄今为止,已出版 5 本教材,发表超过 135 篇期刊论文、超过 150 篇/场会议论文/报告,以及获得 1 项专利。已指导 24 名博士与 16 名硕士毕业。建立了与华中科技大学、墨西哥光学研究中心的新的研究生培养项目,并于光电系内建立了全新的晶体生长设备。

第158期

Taking Correlation from 2D to 3D: Optical Methods and Performance Evaluation

Keywords: digital holography, photorefractives, computer generated holograms, cross-correlation, figures of merit

第 158 期

从二维至三维互相关:光学方法与性能评估

Partha P. Banerjee

1. 背景介绍

互相关作为一种模式识别的方法,可用于量化信号之间或图像之间的相似性。尽管数字互相关在应用中最为常见,但是基于光学材料,例如光致折射(photore fractive,PR)材料的二维图像光学互相关也被广泛应用。基于 PR 的二维光学互相关器利用材料的内在非线性响应来改进有关的品质参数。PR 材料也可以记录物体的三维信息,从而应用于动态全息成像。数字全息成像(digital holography,DH)则是利用另一种方式,通过光学系统记录物体的二维数字全息图,然后对全息图进行数字互相关或者光学互相关。无论是光学记录的数字全息图,还是计算机生成的全息图(computer generated holograms,CGH),其全息图互相关都可等价于三维物体的互相关。此处,我们介绍了基于 PR 材料双束光耦合(two-beam coupling,TBC)的二维图像的联合变换相关(joint transform correlation,JTC),以及最近的关于光学记录的数字全息图互相关的工作。并且,介绍的一系列常用的品质参数将应用于全息图相关结果的评估。从理论上来说,全息图的相关也可以利用与二维图像相关相同的方法进行光学处理。

2. 二维联合变换光致折射相关器

两幅图像 $r(x,y)$、$s(x,y)$ 之间传统的 JTC(conventional JTC,CJTC)定义为

$$A_{cJTC}(x,y) \propto \Im^{-1}\{\,|\,R(f_x,f_y)+S(f_x,f_y)\,|^2 \tag{1}$$

其中:$R(f_x,f_y)=\Im\{r(x,y)\}$,$S(f_x,f_y)=\Im\{s(x,y)\}$,$\Im$ 表示傅里叶变换算符,(x,y) 为空间坐标,(f_x,f_y) 为与之对应的空间频率。

光学上实现 JTC 的一种方法是在某种 PR 材料中利用 TBC。当两束相干光束在一种 PR 介质中干涉时，会发生幅度/相位耦合，然后能量可以在两束光之间转移，通常称这两束光为泵浦光与探针光。如图 158.1 所示，在一个 TB-CJTC(或称为光学 JTC(optical JTC，OJTC))中，泵浦光由参考 $r(x,y)$ 和信号 $s(x,y)$ 的空间傅里叶变换构成。信号图像通常由参考图像、其他图像、噪声及杂乱的信息构成。一束弱探针光束在 4f 光学系统的傅里叶平面中与在 PR 材料中的泵浦光相互作用，然后经过空间傅里叶变换，并含有图像的 JTC 结果。当一束幅度 $A_2(z=0)=A(z=0)$ 的光束与包含 $r(x,y)$、$s(x,y)$ 联合频谱的光束相互作用时，它们在 PR 平面(同时也是傅里叶平面)的输出结果可以表示为

$$A(f_x,f_y)=A(0)F_2(f_x,f_y)=A(0)\left[\frac{1+m\,|\,R(f_x,f_y)+S(f_x,f_y)\,|^2/(\lambda f)^2}{1+bm\,|\,R(f_x,f_y)+S(f_x,f_y)\,|^2/(\lambda f)^2}\right]^{1/2} \quad (2)$$

其中：$(f_x,f_y)=\mathfrak{F}\{r(x,y)\}$，$S(f_x,f_y)=\mathfrak{F}\{s(x,y)\}$，$(x,y)$ 为空间坐标，(f_x,f_y) 为与之对应的空间频率。λ 为波长，f 为透镜的焦距，γ 为 PR 的耦合系数，$b=e^{-\Gamma L}$，$\Gamma=2\gamma$，$m=\dfrac{|\,A_1(0)\,|^2}{|\,A_2(0)\,|^2}$，$F_2(f_x,f_y)$ 表示在空间平面中 PR 材料 TBC 输入-输出非线性传输函数，L 为 PR 材料的厚度。OJTC 在原场的输出可表示为

$$A_{OJTC}(x,y)=\mathfrak{F}^{-1}\left\{A(0)\left[\frac{1+m\,|\,R(f_x,f_y)+S(f_x,f_y)\,|^2/(\lambda f)^2}{1+bm\,|\,R(f_x,f_y)+S(f_x,f_y)\,|^2/(\lambda f)^2}\right]^{1/2}\right\} \quad (3)$$

其中：$\mathfrak{F}^{-1}$ 为傅里叶逆变换算符。为对 OJTC 与 CJTC 进行比较，CJTC 结果可以相应地表示为

$$A_{CJTC}(x,y)=A(0)\frac{m}{(\lambda f)^2}\mathfrak{F}^{-1}\{\,|\,R(f_x,f_y)+S(f_x,f_y)\,|^2\,\} \quad (4)$$

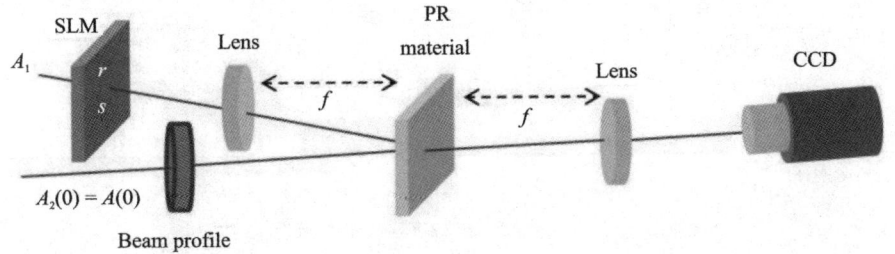

图 158.1　基于 PR 材料 TBC 的 OJTC 示意图

相较于 CJTC，OJTC 有如下优势：

(1) 具有内在的高通滤波；

(2) 可通过动态范围的压缩提高信噪比；

(3) 可通过选取合适的 PR 增益系数和泵浦-探针光强比来调节饱和非线

性项，从而实现互相关峰的锐化。

接下来，我们将归总典型参考图像与信号图像的仿真结果，有关品质参数的计算方法，以及它们对 PR 增益系数 ΓL 和泵浦-探针光强比 m 的依赖性。用于比较 CJTC 和 OJTC 的品质参数与改进的品质参数定义，分别如表 158.1、表 158.2 所示。其中 N 为图像大小。

表 158.1 应用于 CJTC 和 OJTC 的品质参数总结

Figures of Merit	OJTC	CJTC
Discrimination ratio (DR)	$\mathrm{DR_{OJTC}} = \dfrac{P_{\mathrm{Auto(OJTC)}}}{P_{\mathrm{Cross(OJTC)}}}$	$\mathrm{DR_{CJTC}} = \dfrac{P_{\mathrm{Auto(CJTC)}}}{P_{\mathrm{Cross(CJTC)}}}$
Peak-to-correlation plane energy (PCE1)	$\mathrm{PCE1_{OJTC}} = \dfrac{P_{\mathrm{Auto(OJTC)}}}{E_{\mathrm{OJTC}} - P_{\mathrm{Auto(OJTC)}}}$	$\mathrm{PCE1_{CJTC}} = \dfrac{P_{\mathrm{Auto(CJTC)}}}{E_{\mathrm{CJTC}} - P_{\mathrm{Auto(CJTC)}}}$
Modified peak-to-correlation plane energy (PCE2)	$\mathrm{PCE2_{OJTC}} = \dfrac{P_{\mathrm{Auto(OJTC)}}}{E_{\mathrm{OJTC}}}$	$\mathrm{PCE2_{CJTC}} = \dfrac{P_{\mathrm{Auto(CJTC)}}}{E_{\mathrm{CJTC}}}$
Peak to noise ratio (PNR1)	$\mathrm{PNR1_{OJTC}} = \dfrac{P_{\mathrm{Auto(OJTC)}}}{(E_{\mathrm{OJTC}} - P_{\mathrm{Auto(OJTC)}})/(N^2/4)}$	$\mathrm{PNR1_{CJTC}} = \dfrac{P_{\mathrm{Auto(CJTC)}}}{(E_{\mathrm{CJTC}} - P_{\mathrm{Auto(CJTC)}})/(N^2/4)}$
Modified peak to noise ratio (PNR2)	$\mathrm{PNR2_{OJTC}} = \dfrac{P_{\mathrm{Auto(OJTC)}}}{E_{\mathrm{OJTC}}}$	$\mathrm{PNR2_{CJTC}} = \dfrac{P_{\mathrm{Auto(CJTC)}}}{E_{\mathrm{CJTC}}}$
Modified version of the peak to noise ratio (PNR3)	$\mathrm{PNR3_{OJTC}} = \dfrac{P_{\mathrm{Auto(OJTC)}}}{Var_{\mathrm{OJTC}}}$	$\mathrm{PNR3_{CJTC}} = \dfrac{P_{\mathrm{Auto(CJTC)}}}{Var_{\mathrm{CJTC}}}$

表 158.2 应用于 CJTC 和 OJTC 改进的品质参数总结

Figures of Merit	Improvement Parameters
Discrimination ratio improvement	$\mathrm{DRI} = \dfrac{\mathrm{DR_{OJTC}}}{\mathrm{DR_{CJTC}}}$
Autocorrelation peak to correlation plane energy improvement	$\mathrm{PCE1I} = \dfrac{\mathrm{PCE1_{OJTC}}}{\mathrm{PCE1_{CJTC}}}$

续表

Figures of Merit	Improvement Parameters
Modified autocorrelation peak to correlation plane energy improvement	$PCE2I = \dfrac{PCE2_{OJTC}}{PCE2_{CJTC}}$
Autocorrelation peak to noise ratio improvement	$PNR1I = \dfrac{PNR1_{OJTC}}{PNR1_{CJTC}}$
First modified autocorrelation peak to noise ratio improvement	$PNR2I = \dfrac{PNR2_{OJTC}}{PNR2_{CJTC}}$
Second modified autocorrelation peak to noise ratio improvement	$PNR3I = \dfrac{PNR3_{OJTC}}{PNR3_{CJTC}}$

以飞行器图像为例，我们对比了 CJTC 与 OJTC 的性能，即在不同增益参数与光强比的情况下品质参数的区别。图 158.2 展示了飞行器的参考图像（下方）和信号图像（上方），并利用 OJTC 和 CJTC 对它们进行互相关。对于 m～10^4 和 $\Gamma L = 1$，改进的差别比 DRI>10000。对于更高的 ΓL 值，例如 m～10^5 和 $\Gamma L = 5$，DRI>5000。对于其他的品质参数，例如 PCE1I、PCE2I、PNR1I 和 PNR2I，当 $\Gamma L = 1$～5 时，m～(10^4～10^5)在其范围内随着 ΓL 的增加而增加，这些品质参数的值可改进 250 多倍。具体细节详见 Nehmetallah G., et al. *Appl. Opt.* 55, 4011-4023 (2016)。对于所有的品质参数，我们的结果清晰地展现了 OJTC 的性能明显优于 CJTC 的性能。

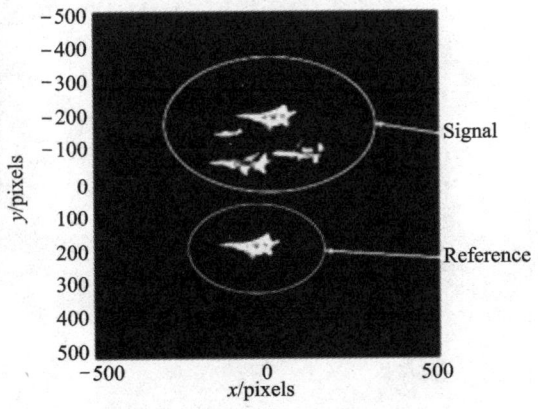

图 158.2　信号图像（上方）与参考图像（下方）用于
OJTC 与 CJTC 的比较

3.数字全息图的互相关

DH 广泛应用于对数字全息图进行三维物体的数值重建。多波长数字全息技术（MWDH）应用于物体表面重建，其分辨率可在 1 μm 至几十厘米间进行调节。但是，对于漫反射物体表面，由于存在散斑现象，其表面难以准确地重建。二维全息图互相关作为一种可替代的方法，可通过互相关峰值来探究物体表面深度形貌与互相关峰值的关联。数字相关全息图曾由 Abookasis 等人提出。他们利用计算机生成两幅子全息图，然后通过两个复函数的互相关得出目标图像。互相关也被用于菲涅耳非相干相关全息技术。菲涅耳全息图可通过物体函数与一个二次相位函数的互相关生成。但是，在上述方法中，没有一种方法直接对不同物体的全息图作二维数字互相关，并从中提取物体的三维信息。

有着相同二维强度图样的三维实物通过光学实验数字记录，并数值地作互相关运算，提取峰值以研究峰值与物体深度的联系。

图 158.3 为实验的光学系统。氩离子激光器出射的波长为 514.5 nm 的光束经过由显微镜物镜、针孔、焦距 500 mm 的凸透镜构成的空间滤波器进行准直与扩束。光学系统借助改进的迈克尔逊干涉仪来获得物体光与参考光的干

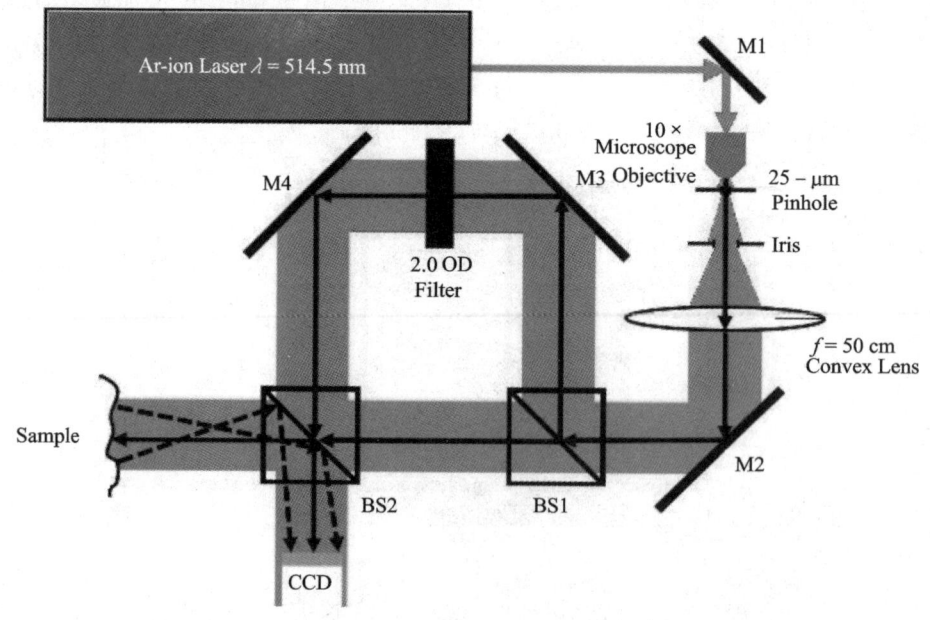

图 158.3　光学系统示意图

涉图样。在光学系统中，样品置于与激光束照射方向垂直的平面内，并在物体光与参考光之间引入一个小角度（通常在 2°以内），以此来实现离轴数字全息技术。最终，全息图由大小为 1024×1024（$6.7 \mu m \times 6.7 \mu m$）的 CCD 相机进行记录。物体与 CCD 相机之间的距离为 46.5 cm。

　　将一组 10 个金属垫片作为实验研究对象，以探究物体表面深度与互相关峰值之间的关联。图 158.4 为一组 10 个金属垫片由双面透明胶带粘连，每个金属垫片的厚度（包含双面胶带的厚度）近似于 1.50 mm。金属垫片的外直径为 2.00 cm，内直径为 0.90 cm，图 158.4 中的圆圈区域为激光束照射的区域。

图 158.4　一组 10 个金属垫片示意图

　　然后分别记录 1～10 个金属垫片的全息图。以一个金属垫片作为参考物体，其全息图作为参考全息图，与其他个数的金属垫片的全息图进行归一化互相关计算，并提取峰值。当目标物体的深度与参考物体的深度差值逐步增大时，互相关峰值依次降低。通过分析互相关峰值，可以判断具有相同强度模式、不同三维深度形貌的深度差别。相同的方法也可应用于计算机生成的全息图。

　　同样地，利用表 158.1 中所定义的部分品质参数，对表 158.1 中品质参数进行评估也可定性地对三维物体之间的相似程度进行评估。图 158.5～图 158.7 分别为 DR、PNR2 和 PNR3 与金属垫片深度之间的关联。DR 随着物体深度差变大及互相关峰值下降而增加。随着物体深度差的增大，互相关峰值的下降，PNR2 与 PNR3 也随之下降。

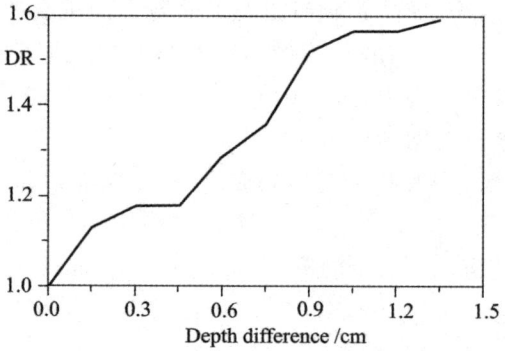

图 158.5　DR 与深度差的关联

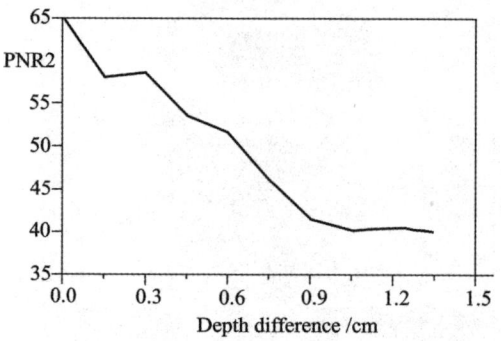

图 158.6　PNR2 与深度差的关联

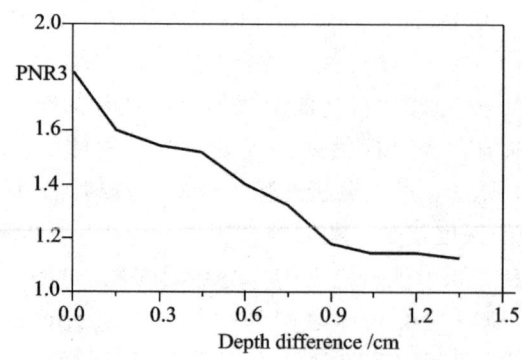

图 158.7　PNR3 与深度差的关联

4. 总结

本文回顾了品质参数作为最有效的联合变换相关器参数之一,对衡量光学相关器系统性能的应用。此外,数字全息图互相关从二维互相关中揭示了物体

三维表面的深度特征，并且将品质参数应用于物体高度/深度的鉴定。二维全息图互相关与相应的品质参数将有希望准确鉴定、评估三维物体表面高度/深度特征。

（记录人：周昊文）

魏志义　　1984 年合肥工业大学应用物理系毕业,分别于 1987 年、1991 年在中国科学院西安光机所获得硕士及博士学位,1991—1997 年在中山大学做博士后、副研究员,1997 年至今在中国科学院物理研究所工作。曾先后在香港中文大学与香港科技大学、英国卢瑟福·阿普尔顿实验室、荷兰格罗宁根大学、日本电子综合技术研究所等地访问工作。现为中国科学院物理研究所研究员、博士生导师,国际纯粹与应用物理联合会(IUPAP)符号与常数专业委员会(C2)委员,马克斯·普朗克阿秒科学中心(MPC-AS)委员,亚洲强激光委员会委员(ACUIL),英国 *Measurement Science and Technology* 杂志国际咨询委员会委员,中国光学学会、中国计量测试学会理事及北京光学学会理事,计量测试高技术联合实验室主任。曾任中国光学学会青年工作委员会副主任,中国科学院物理研究所光物理重点实验室副主任(常务)、党支部书记。

　　长期致力于超短脉冲激光技术与应用研究。主要成果有:提出了高对比度放大飞秒激光的一种新方法,得到同类研究中当时国际最高峰值功率的拍瓦级(10^{15} W)超强激光输出,创造了新的世界纪录;发明了同步不同飞秒激光的新方案,成功研制综合性能国际领先的同步飞秒激光器;建成国内首个阿秒(10^{-18} s)激光装置,得到了脉冲宽度小于 200 as 的极紫外激光脉冲;发展了新的光学频率梳技术,成功研制综合性能领先的系列飞秒激光频率梳;利用新的脉冲压缩技术与国外同事一起获得了亚 5 fs 的激光脉冲,打破了保持 10 年之久的超短激光脉冲世界纪录;成功研制系列二极管激光直接泵浦的新型全固态超短脉冲激光,开发成功多种飞秒激光产品并提供给国内外多家用户。在 *Phys . Rev. Lett.* 、*Opt. Lett.* 等 SCI 杂志上发表论文 300 余篇。2001 年获中国科学院青年科学家奖,2002 年获国家杰出青年科学基金,2011 年获胡刚复物理奖。作为第一完成人先后获得中国科学院及军队科技二等奖 3 项。此外也作为主要成员获得国家自然科学奖二等奖、中国科学院杰出科技成就集体奖各 1 次。

第159期

Ultra-fast and Ultra-intense Laser — Creating an Extreme Physical World

Keywords:ultra-fast laser, ultra-intense laser, attosecond, extreme condition

超快超强激光——创造极端物理世界

魏志义

1. 超快超强激光技术的发展

超快超强激光有着非常广泛的应用。在 20 世纪 80 年代,超快超强光源的应用还非常有限,甚至是基本没有。1981 年,贝尔实验室发明了激光锁模技术,实现了超快激光的输出。然而,该技术采用染料作为介质。染料是液体,会挥发,导致激光无法长期稳定工作,经常要补充染料。到了 1991 年,有了一个很重要的突破,在苏格兰的一个研究所,研究人员发现可以用钛宝石实现自锁模,且功率可以轻易达到几百毫瓦。一开始这种激光脉宽达 60 fs,后来逐渐压缩。钛宝石激光可以说是历史上一个非常重要的发现,它带来了非常多的应用工作。

随着研究的深入,人们发现在泵浦光作用下,晶体会形成克尔效应,它对中间的光的非线性折射率比较强,而对边缘的光比较弱。这样就出现了类似透镜的效果,使得一个高斯光经过它之后出现了聚焦;更进一步,由于中心焦距短,边缘焦距长,因此强光聚焦得深,而弱光聚焦得浅;此时再加上一个光阑,就可以挡住弱光,透过强光;最后在腔内经过多次往复以后,就形成一个很窄的脉冲。上述过程就是克尔透镜锁模技术。得益于此,飞秒激光从染料时代迈入了固体时代。

在这之后,人们开始研究如何把脉宽做得更窄。其中一个方案是先缩短晶体的长度,这样降低了色散,接着再利用一个棱镜对来补偿,使得腔里的晶体色散变得尽可能小,最终实现了脉宽仅有 8.5 fs 的记录。与此同时,还有一些研究员利用啁啾镜,通过反射镜的正色散补偿镀膜晶体的负色散,成功将脉宽压缩到了 7.5 fs。两种方法各有优劣,棱镜对可以使得脉宽连续变化,但是由于棱镜对间隔是恒定的,所以无法缩短激光器的腔长;而啁啾镜可以实现更短的

腔长,但由于啁啾的特性,无法连续改变脉宽。

尽管人们已经将脉宽压缩到几个飞秒,但获得这样的超强超快激光还有一个问题,就是成本太高,特别是泵浦源的成本。如何让激光器更平民化、更紧凑高效,是摆在科学家们面前的一个问题。一个想法是利用二极管泵浦,这样会伴随另一个问题,那就是钛宝石激光器的吸收峰在 490 nm 的位置,而二极管很难满足这样的波长。因此,我们往往使用氩离子或者通过倍频 1064 nm 获得 532 nm 的激光作为泵浦。之后,美国的研究人员利用 450 nm 的蓝光二极管来泵浦,实现具有十多个飞秒的超快激光。之后我们组利用 488 nm 的光纤激光搭建了振荡器,得到了 8.7 fs 的脉宽,这项成果是国际上首次使用蓝光吸收峰的二极管泵浦出钛宝石激光,使得这种激光器的结构更加紧凑,成本也大幅下降。

钛宝石激光器尽管可以用 490 nm 激光做泵浦,但是这种波长还是不够大众化,这类激光器并不多。现在半导体激光器常用的是 808 nm、940 nm 或者 970 nm 的波长。技术非常成熟,产品价格很低。所以我们想,如果能用这样的激光作为泵浦,将会是一个很好的选择。之后通过与国内各个大学和研究所做晶体的课题组合作,让我们有能力使用不同的增益介质来制作振荡器,这样不仅结构更紧凑,而且成本更低廉。

我国研究人员在 2011 年的时候,实现了能量 30 J、脉宽 28 fs 以下,即对应峰值功率为 1.16 PW,达到了国际领先水平;在 2016 年又实现了 5.3 PW 的超强激光。目前,上海光机所正在进行 100 PW 的激光器建设工作,预计将在 2022 年或 2023 年的时候建成。

2. 阿秒激光脉冲的产生

作为超快脉冲,它的第一特性自然是脉宽非常窄。目前的窄脉宽标志是阿秒,它是目前我们能控制的最短的一个时间过程。打一个比方来形容阿秒有多快,如果我们将一个阿秒当做是一秒的话,那么现实生活中的一秒就相当于目前宇宙的年龄。从微观的角度,我们知道光速是 3×10^8 m/s,那么飞秒对应的空间距离是微米,而阿秒对应的空间距离是纳米,这也是空间科学、材料科学里非常前沿的领域。在原子结构里,涉及的原子内核外电子运动就是阿秒量级,要对这一过程进行观测,就需要阿秒级的超快脉冲。因此,产生阿秒脉冲,并用它来研究核内动力学,是物理学家长期以来的一个梦想。产生阿秒脉冲非常不容易,以前虽然科学家们知道利用飞秒激光与物质相互作用产生高次谐波,理论上高次谐波是阿秒量级的,但是测量不出来。直到 2001 年,人们测量到脉宽为 650 as 的阿秒脉冲，这标志着阿秒时代的到来。之后意大利的科学家做到了脉宽为 130 as，到 2008 年进一步做到了脉宽为 80 as。在 2017 年西安召开的国际阿秒物理会议上报道了两个工作，一个是脉宽达到 53 as，一个是脉宽达到 43 as。这两种脉冲是将红外激光作为驱动光源，利用红外飞秒激光打在气体上，产生高次谐波，最后实现阿秒脉冲。区别于以往钛宝石激光器的成果，这样的脉冲的中心波长，或者说光子能量达到了 171 eV。如果我们要实现更窄的脉宽，就需要朝着更短的波长，即更高的光子能量前行。

上述是阿秒脉冲的一个发展史，目前产生阿秒脉冲的方法都是利用飞秒激光聚焦后与物质相互作用产生高次谐波。这样的一个高次谐波，会在驱动光的每半个光周期内产生。其背后的原理称为三步模型。简单来说，原子在强光场作用下，经过电离、加速、回复这样的三步过程。产生的高次谐波会存在低阶区、平台区和截止区三个区域。利用高次谐波，我们可以把波长做得非常短。这样的平台区合起来以后，在时域、频域上对应的就是阿秒脉冲阵列，但这样的阵列在强度上高低不一，所以在实际应用中需要单独拿出一个阿秒脉冲，这对应于高次谐波的某一部分。以 F. Krausz 的实验为例，实验要求只有几个周期的小于 10 fs 的飞秒激光作为驱动，与氖气相互作用，产生一系列的高次谐波。由于脉冲很窄，它可以产生超连续的高次谐波，这部分就容易对应单个的孤立阿秒脉冲。

有了阿秒脉冲，可以利用阿秒条纹相机（attosecond streaking）技术来对它进行测量。这项技术的原理是利用阿秒脉冲和产生高次谐波的光场会相互扫描、相互作用，从而得到光电子能谱信息，进而反演出阿秒脉冲自身的信息。

目前虽然可以产生阿秒脉冲，但是能量还不高。因此我们实验室利用固体薄片首先将脉宽拓展到 15.4 fs，再用啁啾镜将其压缩到 5.4 fs 用于产生阿秒脉冲，尽管脉宽不如气体激光，但是其能量利用率更好。更进一步，这样的方案如果控制它的载波包络相位，效果会比中空波导或者普通的块材料更好，更有利于阿秒实验。

3. 超快超强脉冲的应用

1）超快动力学探测

利用超快超强脉冲，可以研究分子、原子的动力学过程，比如化学反应的过程。分子的转动动力学过程在皮秒量级，振动动力学过程在飞秒量级，电子动力学过程在阿秒量级，这些都需要利用超快超强激光来进行探测。阿秒脉冲激光不仅在基础科学里面有很多工作，在应用科学里面也有很多工作可以进行，

涉及的学科有量子力学、等离子体物理、原子物理,等等。

2)阿秒相变测量

利用阿秒脉冲,可以研究一些阿秒量级的相变过程,比如阿秒磁化、人工光合作用、太阳能电池研究、可控高温超导,等等。

3)阿秒脉冲在医学、材料学、信息学科上的应用

由于阿秒脉冲可以测量电子在不同原子能级跃迁的时间,这在医学、生物学上有非常重要的作用。比如生物医学上,利用阿秒脉冲诱导氨基酸超快电子动力学可以进行 DNA 破损修复、癌症诊断和治疗;在材料学上,可以用来研究有机新材料中的电子-空穴对的动力学过程;在信息学中,可以用阿秒激光控制绝缘器的导电特性,进而实现阿秒级的开关转变速度,这在新一代高速电子计算机中有重要的应用。

4)高次谐波用于自由电子激光种子

将高次谐波作为种子,可以获得比 X 光辐射更好的自由电子激光。比如在日本的一项研究,亮度可以达到原有的 2600 倍。

5)强场物理上的应用

随着激光器能量的提高,比如未来到 100 PW 后,可以开展正负电子加速的实验,甚至是光子产生正负电子对。另外,在超高强度的激光中,光场、电场、磁场都非常强,利用这样的极端强度可以进行一些宇宙学的实验。利用高能量的激光,还可以进行电子加速,进行高能物理的实验。

6)工业上的应用

与长脉冲激光不同,超短脉冲激光因为没有热效应,加工的精度更高,比如可以加工发动机、加工心血管支架,等等。未来甚至可以利用超快激光引导雷达来辅助无人驾驶汽车。

4. 结论

(1)回顾了超快超强激光的发展史以及国内的研究及现状;
(2)介绍了阿秒脉冲激光的发展历程;
(3)介绍了超快超强激光在多个学科领域以及工业上的广泛应用。

（记录人:蔡丞坤　审核:熊伟）

刘雪明 2000 年 7 月于东南大学获工学博士学位,之后在清华大学、韩国国立首尔大学、新加坡科技研究局、香港中文大学、韩国光州科学技术院、英国剑桥大学等地学习和工作。2005 年任中国科学院西安光学精密机械研究所研究员、博士生导师,2016 年起担任浙江大学光电科学与工程学院教授、博士生导师。获得国家杰出青年科学基金、王大珩中青年科技人员光学奖、国务院政府特殊津贴,入选国家高层次人才特殊支持计划。长期致力于光纤激光非线性理论及应用研究。连续五年(2014—2018)入选爱思唯尔(Elsevier)年度中国高被引学者,3 篇论文被评为年度"中国百篇最具影响国际学术论文",1 篇论文入选"2014 中国光学重要成果",1 篇论文入选"2018 中国光学十大进展"。

第160期

Research Progress of Fiber Soliton Lasers

Keywords:ultrafast laser,fiber soliton lasers,dissipative soliton,dynamics evolution

第 160 期

光纤孤子激光的研究进展

刘雪明

1. 激光技术的应用

自 1960 年世界上第一台红宝石激光器发明以来,激光器的发展和应用已经遍及社会的许多领域,极大地推动了生产力的进步。在这六十多年的时间里,各种激光器层出不穷,如气体激光器、固体激光器、液体激光器、准分子激光器、半导体激光器和光纤激光器等。光纤激光器以脉冲极快、功率极强、线宽极窄等独特的技术优势在激光技术发展中异军突起,已成为激光领域充满创新活力和创新机遇的研究方向。光纤激光器的脉冲宽度可以小于 100 fs,另外光纤激光器的功率极强,能量密度可以达到 10^{20} W/m²,且对于光纤激光器来说,实现小于 1 kHz 的线宽并不困难,甚至可以做到小于 100 Hz。

超短激光脉冲的飞速发展给相关的科学研究带来了巨大影响。超快激光有很多应用,一个最典型的应用是光频梳。在 2005 年的时候,Hall 和 Haensch 因光频梳技术获得诺贝尔物理学奖。如果使很多个纵模的相位差保持相同,就会形成锁模,进而形成脉冲;并且模式越多,脉冲就会越来越短。那么根据逆向思维,如果形成一个很好、很稳定的展脉冲,由傅里叶变化可知,频域上就形成光频梳。光频梳技术在测量上有重大的应用,相对传统原子钟技术,光频梳技术可将精度提高两个数量级以上。超快激光还可以用于引力波的测量,引力波的测量运用激光干涉技术,当把激光的干涉条纹的测量精度降低到 10^{-18}(即一个原子尺寸的 1%)的时候就可以进行引力波的测量,此项技术获得了 2017 年的诺贝尔物理学奖。2018 年的诺贝尔物理学奖也颁给了在激光物理领域有着杰出贡献的三位科学家,其中两位利用非线性技术实现了飞秒激光啁啾脉冲放大。光纤激光器在国防军事、高端工业加工等领域也有重要应用。激光的传播速度非常快,因此激光武器在反导系统等方面有巨大的应用前景。除了用在国

防军事领域以外,激光在工业加工方面也有广泛应用。采用普通电加工,最高的精度只能到 1.6 μm,而采用飞秒加工可以精确到亚微米量级,甚至可以到纳米量级,所以激光对于工业加工也有非常大的用途。

2. 超快激光产生的动力学过程

连续激光器的产生比较简单,对激光器进行泵浦之后,激光输出不稳定,会在稳定输出功率值的附近产生逐渐衰减的振荡(或称阻尼振荡),最后达到稳定输出,阻尼振荡过程通常在微秒和亚微秒量级。运用在超快激光领域的脉冲激光器的产生过程比较复杂,其可以采用 1997 年由香港大学提出的时间拉伸色散傅里叶变换(DFT)的技术来测试,测试装置如图 160.1 所示。

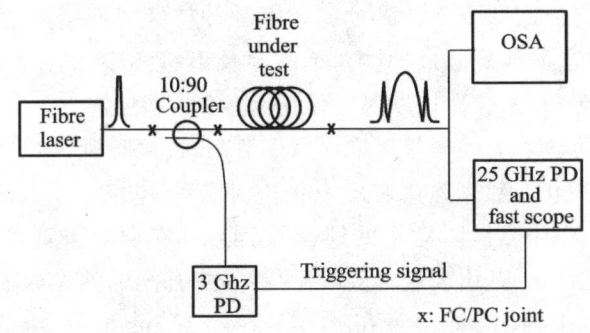

图 160.1　测量光纤色散的实验装置

它的基本思想类似于经典的飞行时间测量,但当测量其飞行时间时,该方法不需要用单色仪来解析脉冲的不同光谱分量。相反,通过使用超短脉冲,色散脉冲的波长将几乎随时间线性变化,从而使脉冲的不同光谱分量通过其到达时间自动分离。因此,该技术仅涉及使具有已知光谱的低功率皮秒(或更短)脉冲通过具有未知色散的光纤,并测量由此产生的色散脉冲的时间分布。假设脉冲的峰值功率足够低(以确保色散在被测光纤中不产生非线性效应),则输出脉冲波包将会完全取决于色散,如果输入脉冲足够短,色散脉冲的时间分布将描绘出输入脉冲的频谱。时间曲线中和光谱中的任意参考点(例如中心峰)测得的时间延迟 $\Delta\tau$ 处的一个点,是从频谱中与相应参考点(例如中心峰波长)相距 $\Delta\lambda$ 的点映射而来的,这里 $\Delta\tau = DL\ \Delta\lambda$,其中 L 是光纤长度,D 是光纤的平均色散。因此,对色散脉冲的时间分布的测量和对输入光谱的测量将直接且准确地给出色散参数 D 的正负号和幅度。锁模光纤激光器提供了一个非常方便且合适的超短脉冲源,用于在 1.55 μm 波段进行测量,因为其光谱具有许多尖锐的边带(尖峰),可以用作测量 $\Delta\lambda$ 和 $\Delta\tau$ 的准确参考点。或者说,如果已知光纤的

色散,则相同的设置是使用采样示波器获得超短脉冲的相对光谱曲线的便捷方法,这提供了仅解析同时包含脉冲和连续分量频谱的脉冲分量的独特功能。

我们可以利用 DFT 技术来探索激光产生和脉冲相互作用的动力学过程。无源锁模通常产生于窄带的准连续波激射。但是,短脉冲由于受到腔动力学的影响,剧烈的波动会自发地向锁模过渡。由于 KLM 激光器通常不是自启动的,所以腔内元件的快速移动会促进过渡,腔内元件会产生由少量紧密间隔的纵向模式组成的随机皮秒波动。最终,这样的波动会从这些随机原点发展成一个短得多的脉冲,从而使启动动态过程变得独特且非重复。在 KLM 中,通过钛蓝宝石晶体的强度相关折射率来改变光束轮廓,有利于短脉冲的形成。例如,增加与泵的重叠或减少硬孔处的损耗,再加上通过自相位调制的光谱展宽,自增强过程最终形成一个飞秒脉冲。超短脉冲持续时间需要在腔体内进行负的群时延分散,这通常是通过棱镜对或啁啾反射镜实现的,从而产生类似于孤子的动力学特性,并使脉冲持续时间低于 5 fs。

锁模激光的动力学过程包含增强弛豫振荡、过渡阶段、稳定锁模三个过程。直接测量和 TS-DFT 数据绘制在图 160.2(a)和图 160.2(b)中,实验观察表明,在出现稳定的脉冲序列(即稳定的锁模)之前,存在明显升高的弛豫振荡。图 160.2(b)展示了一个有代表性的实时测量,其中升高的弛豫振荡的持续时间约为 4.6 ms,对应于约 $1.2×10^5$ 的腔往返。在 4.32 ms 之前,由量子场涨落确定的空腔光子数保持在初始低值。从此开始,将产生第一个激光尖峰。相邻激光尖峰的间隔约为 80 μs。从抽运过程开始到稳定锁模,孤子的建立时间约为 4.65 ms。

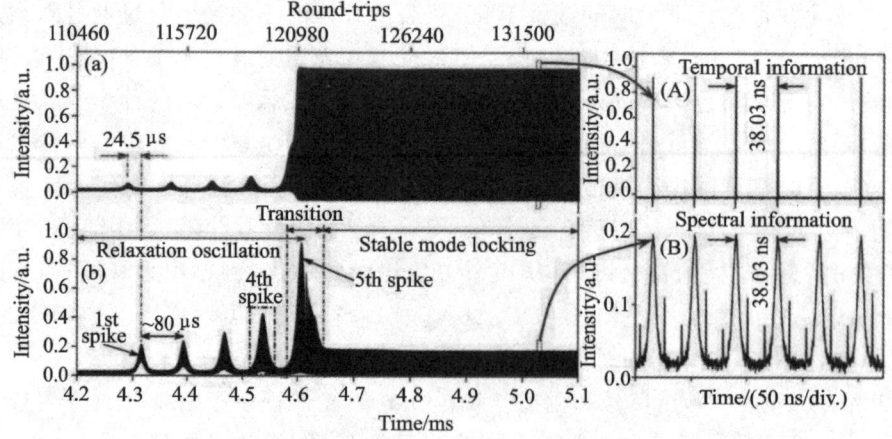

图 160.2 超快激光产生的过程

图 160.3（a）展示了脉冲激光的复杂形成过程，包括 Q-ML 阶段，跳动动力学以及最终的稳态单孤子锁模态。在 Q-ML 阶段和跳动动力学过程中，激光腔中存在多个脉冲，而只有主脉冲逐渐演变为最终的稳态锁模脉冲。图 160.3（a）的最后一帧如图 160.3（b）所示。图 160.3（c）所示的相应光谱是由光谱分析仪（OSA）直接测量的。从图 160.3（c）中观察到了清晰的凯利边带，这是孤子光纤激光器的典型特征。孤子的半峰全宽最大光谱宽度约为 8.2 nm。图 160.3（d）提供了图 160.3（a）中数据的特写，揭示了带有干涉图样的跳动动态。图 160.3（e）中展示了来自未分散事件（即未使用 TS-DFT 技术）的实验性实时测量，其中无法发现跳动现象。

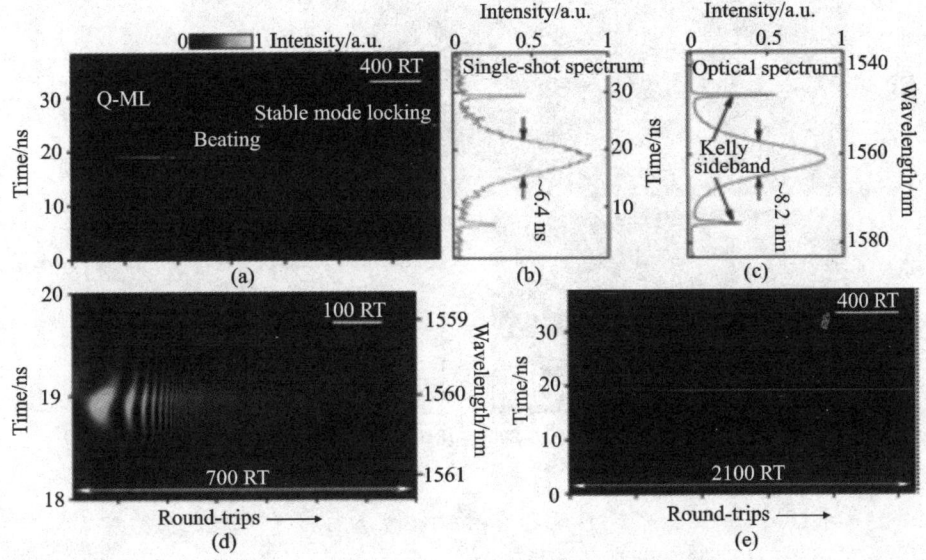

图 160.3　具有跳动动力学的孤子的形成

超快激光产生的第二个过程，相对于锁模激光产生的第一个过程，该过程增加了一个瞬时束缚态（transient bound state）。一个典型的例子如图 160.4 所示。在图 160.4（a）中完整显示了这种独特的堆积过程的实时 TS-DFT 测量，其中包括升高的弛豫振荡，图 160.4（a）所示的唯一过渡区域的持续时间比图 160.4（b）的长约 3 倍。与图 160.2 中的面板（B）非常相似的图 160.4（b）是图 160.4（a）中的稳定模式锁定时的放大图。图 160.4（c）是来自图 160.4（a）的某些数据的二维表示，详细显示了此过渡区域中光波的演变。干涉图显示了伴随波长的周期性调制，这是束缚态光谱的典型结果。图 160.4（e）展示了瞬态束缚态的每个单脉冲光谱的傅里叶变换。显然，具有三个峰值的相应场自相关表现出具有两个脉冲的束缚态的演化。

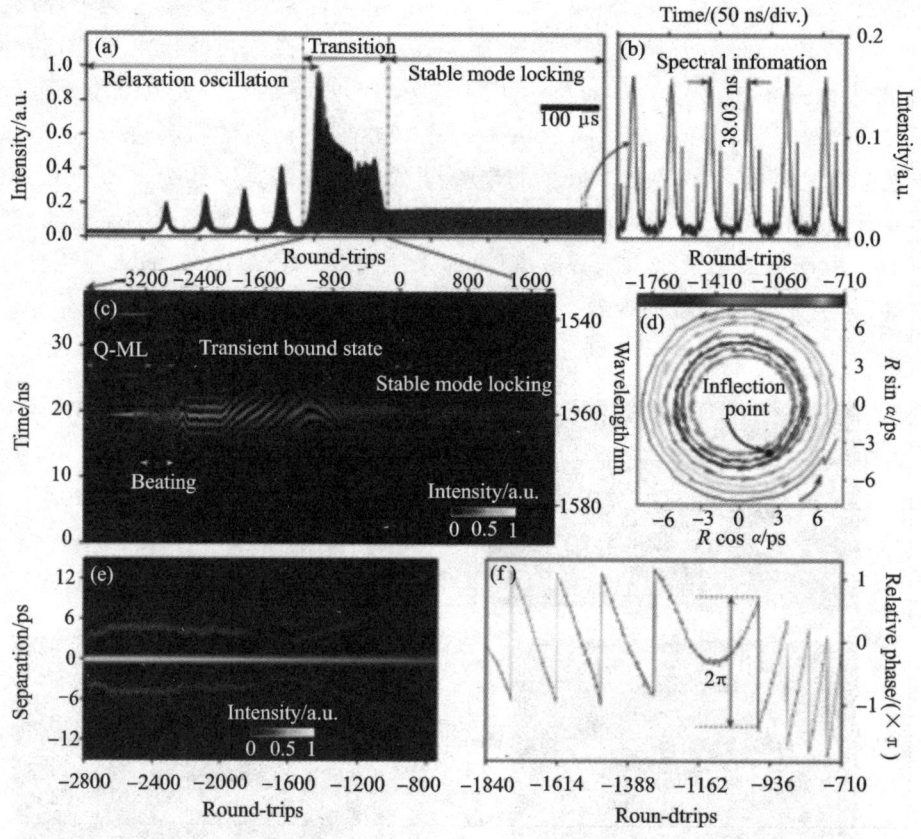

图 160.4　实验实时显示具有瞬时束缚态的孤子的形成动力学

瞬时束缚态中两个孤子的相互作用和演化如图 160.5 所示。从图中可以看出,处于瞬态束缚态的两个孤子具有不同的幅度和脉冲宽度。两个孤子是从大约−2800 的往返中快速生成的,然后它们的间隔在大约−1250 的往返次数之间在约 5.5 ps 的范围内波动。然后,两个孤子开始相互偏离。最后,一个孤子消失,而另一个孤子演化为激光腔内的固定锁模脉冲。该系统最终仅用一个孤子就实现了稳定的锁模。研究发现,锁模激光中孤子形成过程会依次经历增强弛豫振荡、准锁模阶段、光谱拍频动力学、瞬时束缚态阶段和稳定锁模几个阶段。

3. 孤子分子产生的动力学过程

孤子是非线性系统中的局部结构,它出现在各种物理环境中。从物理上讲,可以将保守系统中的时间孤子视为非线性和色散之间平衡的结果。基于孤

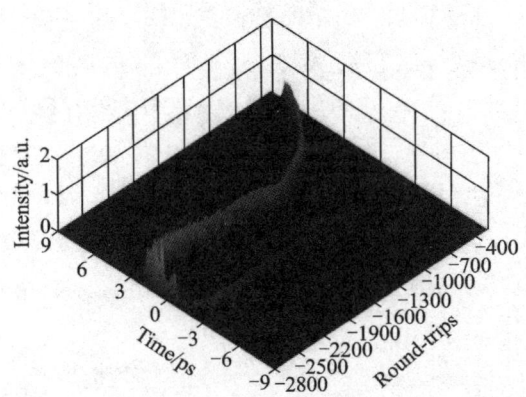

图 160.5　瞬时束缚态中两个孤子的相互作用和演化

子理论,传统光孤子的脉冲能量通常不超过 0.1 nJ。当光脉冲能量较大时,将导致光波分裂,甚至脉冲坍塌。当 m 个孤子形成一个整体时,脉冲能量提高了 m 倍,类似于多个原子形成一个分子一样,因此,定义为孤子分子。两个孤子的稳定束缚态在光通信中具有应用潜力,可用于更高级别的调制格式编码和传输信息,从而使通信信道的容量超过二进制编码限制。

激光是产生耗散孤子系统的一个例子。由于复杂的平衡,耗散孤子通常有固定的形状。通常,激光器允许多脉冲、谐波锁模和束缚态。大型反常色散光纤激光器的实验示意图如图 160.6 所示。该激光器系统由两个 FBG、一个输出比为 10% 的熔融耦合器、一个 CNT 饱和吸收器(SA)、一根 5 m 长且在 980 nm 处的吸收为 6 dB/m 的掺铒光纤(EDF)、一个波分复用器(WDM)、偏振控制器(PC)和单模光纤(SMF)组成。

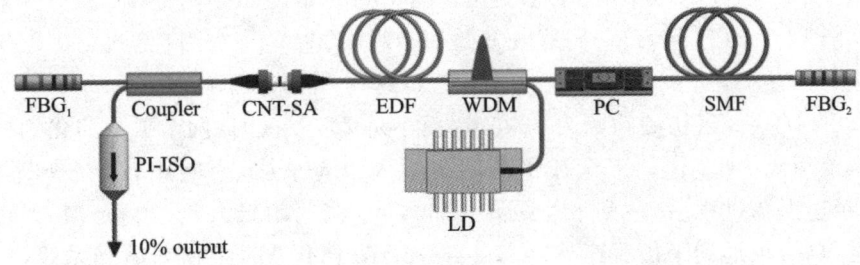

图 160.6　大型反常色散光纤激光器的实验示意图

数值模拟表明,两个孤子在较窄的间隔中相互排斥,而在较宽的间隔中相互吸引。无论哪种情况,它们都返回平衡距离。图 160.7(a)和(c)证明两个孤子在初始间隔分别为 18.1 ps 或 29.7 ps 时会排斥或吸引。最后,它们发展到 22.3 ps 的平衡距离。图 160.7(b)和(d)分别显示了双孤子的脉冲分离从 18.1

ps 扩展到 22.3 ps,以及从 29.7 ps 扩展到 22.3 ps 的过程。然而,尽管两个孤子彼此的初始间隔接近,但它们从初始 29.9 ps 的间隔中排斥(见图 160.7(e)),而不是从初始 29.7 ps 的间隔中吸引(见图 160.7(c))。然后,平衡距离为 34.3 ps(见图 160.7(f)),而不是 22.3 ps(见图 160.7(d))。数值结果表明,除了 22.3 ps 和 34.3 ps 以外,还有多个平衡距离(例如~46.3 ps 和~58.3 ps)。

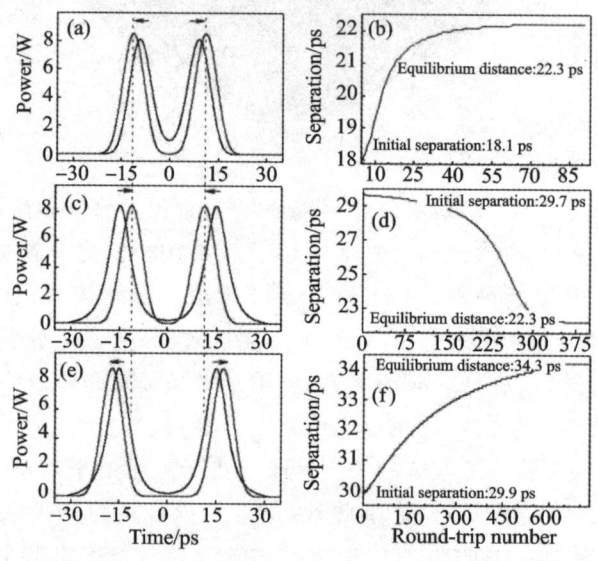

图 160.7　数值模拟同相双孤子的演化过程

图 160.8 给出了双孤子从初始分离到平衡距离的动态演化的三个例子。图 160.8(a)~(c)分别显示了从 18.1 ps 到 22.3 ps,从 29.7 ps 到 22.3 ps,以及从 29.9 ps 到 34.3 ps 的动态变化。图 160.8(a)显示了两个孤子从较窄的初始间隔 18.1 ps 排斥,而它们从较宽的初始间隔 29.7 ps 吸引(见图 160.8(b))。经过约~90 或~400 的往返次数,它们返回相同的平衡距离 22.3 ps。图 160.8(c)说明,当初始间隔为 29.9 ps 而不是 29.7 ps 时,两个孤子演化到另一个平衡距离 34.3 ps。三个孤子等间距输入激光系统,当间距较小(~22 ps)时,经过振荡过程后,达到平衡距离~24.4 ps,当间距较大(~26 ps)时,经过振荡过程后,也达到平衡距离~24.4 ps;三个孤子不等间距输入激光系统,一间距~36 ps,另一间距~31 ps,经孤子的相互作用,最终达到平衡距离~34.7 ps。

时间拉伸色散傅里叶变换(TS-DFT)越来越多地用于快速信号的测量,并且在最近的锁模源实验中,已被用于记录飞秒锁模的建立和光纤振荡器中的孤子不稳定性。通常 TS-DFT 用于获得频谱动力学,而不是获得超短时标的时间信息。然而,紧密间隔的脉冲叠加会出现频谱干扰,该频谱干扰会同时编码

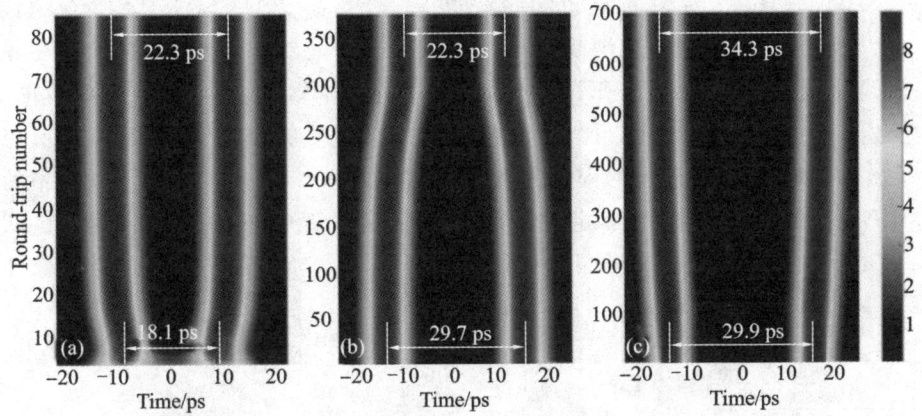

图 160.8　双孤子从初始分离到平衡距离的动态演化

精确的定时和相位信息。通过将束缚态视为时间上分离的各个孤子的叠加,可以从干涉图获得定时和相位。

　　最近,已经通过时间拉伸色散傅里叶变换技术研究了锁模激光器的动态行为,其中光谱信息映射到时域。这项新技术为探索 SM 动力学开辟了新的机会,然后证明了锁模激光器中内部运动的实时观察以及 SM 的复杂相互作用动力学。此外,通过实验观察到瞬态相干多孤子状态,其中短寿命 SM 从噪声中生长出来并迅速衰减。但是,到目前为止,尚未发现稳定的长寿命 SM 的整个构建过程。在这里,我们展示了通过 TS-DFT 技术对锁模光纤激光器中稳定 SM 的整个建立过程进行的首次直接观察。我们的测量结果揭示了 SM 诞生过程中非常复杂的动力学进程,例如 RO 阶段升高、跳动行为、凯利边带、四波混频(FWM)诱导的频谱、瞬时单孤子和瞬时束缚态。

　　锁模激光器在此分别以~10 mW、~16 mW 和~20 mW 的泵浦功率发射连续波、单孤子和 SM。图 160.9(a)和(b)分别显示了在使用和不使用 TS-DFT 技术的锁模激光器中,SM 整个构建过程的记录结果。将记录的时间序列相对于往返时间进行分段,然后通过往返时间和往返次数来描述孤子的建立动态过程。y 轴和 x 轴分别描绘了单次往返行程中的时间(即从 0 到~38 ns),以及连续往返行程中的动力学。图 160.9 表明,在零往返次数之前出现了具有 6 个尖峰的升高的 RO 阶段,然后在稳定的 SM 之前出现了跳动行为、凯利边带和瞬时束缚态。注意,如图 160.9(a)和(b)所示,采用和不采用 TS-DFT 技术时,RO 级的差异源于示波器的分辨率。在使用 TS-DFT 技术后,皮秒或亚皮秒脉冲被展宽为亚纳秒脉冲。

　　RO 级的存在是激光器瞬态行为的典型特征,在此阶段,激光腔中共存多个脉冲(见图 160.9(a)中的红色曲线)。实验表明,在 RO 级出现了多个亚纳秒脉冲,但只有一个主脉冲逐渐演变为固定锁模孤子。结果,只有最强的脉冲才能最终存活,而其他脉冲则死亡。实验结果显示出有趣的现象,即在 RO 阶段,对于所有激光尖峰,脉冲都可以在相同的时间位置重新出现。例如,对于所有 6 个激光尖峰,在 34.5 ns 的固定腔内时间观察到一个脉冲(参见图 160.9 中的 $P_0 \sim P_5$)。注意,y 轴上的固定时间对应于每次往返空腔的某个位置。在图 160.9(b)中蓝色曲线显示了在连续往返行程中 34.5 ns 的腔内时间处该脉冲

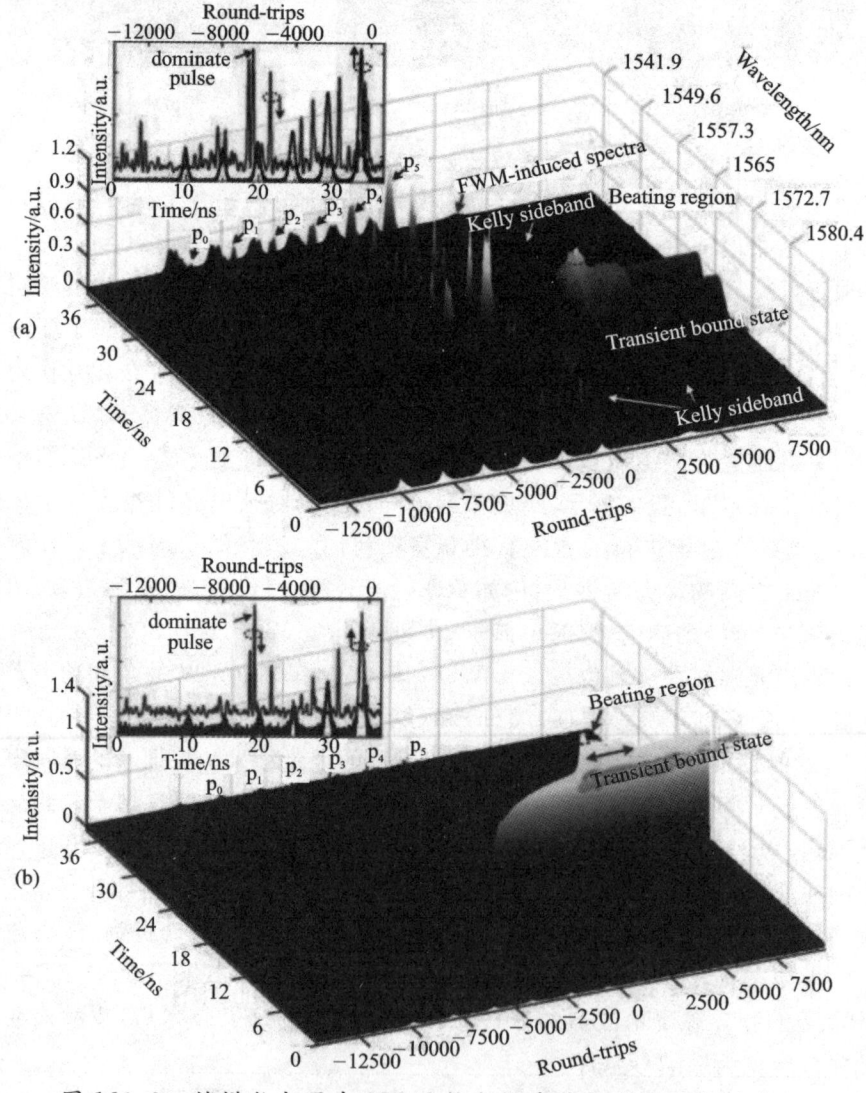

图 160.9 锁模激光器中 SM 的整个构建过程的实验实时表征

的演变。尽管此脉冲在 $-9500 \sim -8400$、$-7500 \sim -6500$、$-5500 \sim -4600$、
$-3500 \sim -2700$ 和 $-1800 \sim -1100$ 的往返行程中消失了,但它在相同的相对
位置再次出现。当激光腔恢复活力时,似乎脉冲能够在重新出现之前"记住"某
些属性。这种"记忆能力"是锁模光纤激光器在 RO 阶段的显著特征。

　　为了揭示 SM 的形成和演化,在图 160.10 中重绘了图 160.9(a)的平面图。
图 160.10(a)在实时干涉图系列中展示了实验观察结果,跟踪了稳定 SM 的整
个形成过程。图 160.10(b)和(c)分别是图 160.10(a)中 A 和 B 区域的放大
图。图 160.10(a)证明,在 RO 阶段之后,锁模激光器的孤子演化经历了不同的
阶段,例如瞬时单脉冲、瞬时束缚态,最后是稳定的 SM。如图 160.10(a)的 A
区域或其展开图所示,在 RO 级和瞬时单脉冲级之间观察到了明显的跳动行为

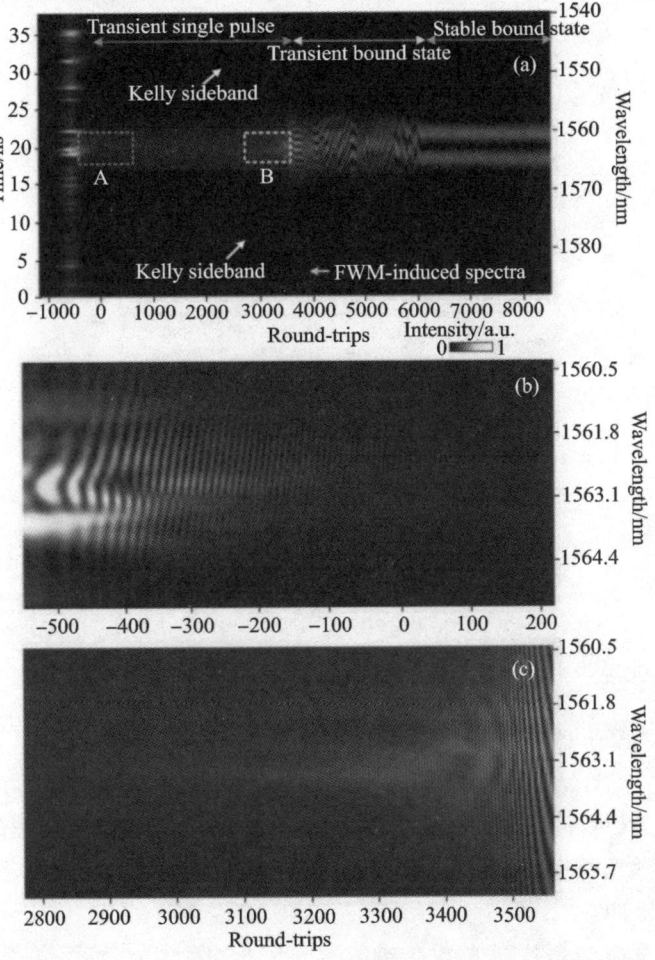

图 160.10　具有跳动动力学的 SM 的形成和演化

(见图 160.10(b)),清晰的凯利边带出现在瞬时单脉冲阶段。如图 160.10(c)
(图 160.10(a)中 B 区域的放大图)所示,瞬时单脉冲在另一次拍打过程后演变
为瞬时束缚状态。图 160.10(b)和(c)表明,这两个跳动动力学都持续了约 800
次往返。如图 160.10(a)所示,在从 3200 到 3800 的往返行程中,激光光谱由于
自发和多重 FWM 效应而略微加宽。

图 160.11(a)和(b)分别显示了通过 OSA 和实时 TS-DFT 技术测得的激
光脉冲的光谱。图 160.11(a)中的两条曲线以线性或对数刻度显示了相同的
数据。图 160.11(b)展示了图 160.9(a)所示实时序列中的最后一帧。实验观
察表明,实时记录具有明显的凯利边带,这是在存在周期性放大时孤子的典型
特征。TS-DFT 技术测得的实时单发光谱与 OSA 测得的时间平均光谱非常吻
合,突出了由色散链接的映射关系。因此,TS-DFT 技术可以将 SM 的频谱信
息(见图 160.11(a))准确地映射到时域(见图 160.11(b))。

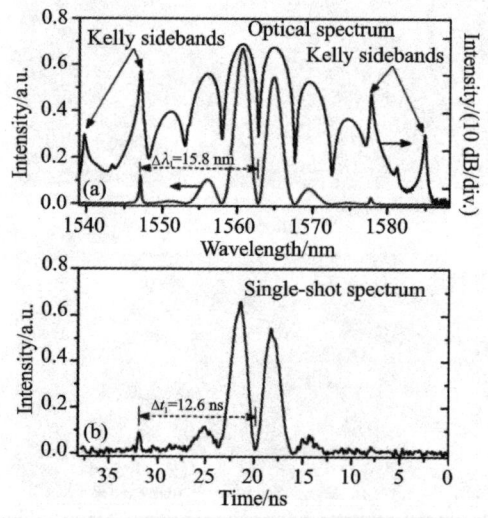

图 160.11 (a)通过 OSA 测量的 SM 的光谱;
(b)TS-DFT 的示例性单脉冲频谱

RO 级是激光器瞬时行为的一般表征。当从实验装置中排除了锁模器(即
CNT-SA)时,实验结果表明,激光器在 RO 阶段以阻尼行为(见图 160.12)而不
是在上升行为(见图 160.9)。具体来说,没有锁模的激光器会发出均匀的光波
分布在整个激光腔中(见图 160.12),这与锁模激光器大不相同,后者在此阶段
会产生多个脉冲。

具有高重频的超快激光器在超精密光谱学、微波光子学、高速光学采样和
数据存储等领域有着诸多潜在的应用价值。而谐波锁模是产生高重频超短脉

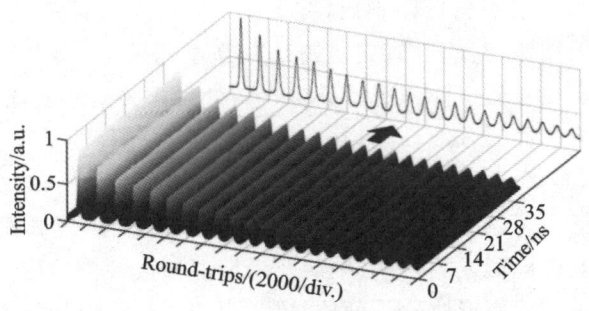

图 160.12　无锁模激光器的 RO 级

冲的一项重要技术。采用时间展宽色散傅里叶变换技术实现了对谐波锁模（HML）孤子动力学过程的全程实时探测，并发现了谐波锁模孤子在形成过程中所必经的 7 个阶段，主要包括增强的弛豫振荡、拍频动力学、单个巨脉冲的产生、自相位调制引起的不稳定性、脉冲分裂、多个脉冲的排斥和分离，以及稳定的谐波锁模状态。

图 160.13 展示了从噪声激光到单脉冲锁模以及最终稳定的五次谐波锁模

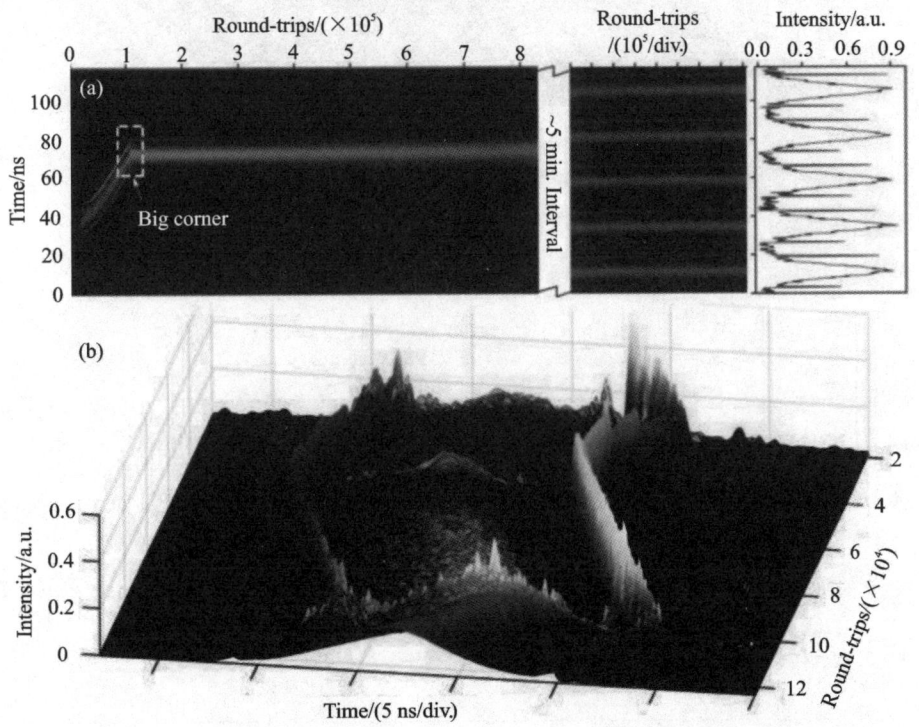

图 160.13　升高的弛豫振荡和跳动动力学之后的 HML 积累阶段

的整个演化过程。很明显可以看出，在 $1.06×10^5$ RTs 附近处，腔内脉冲演化轨迹出现了较大拐角，其前后演化轨迹是相当不同的，表明在这个拐角处脉冲峰值功率有相当明显的下降。通过分析拐角处自相关轨迹发现，激光的谐波锁模源于单个巨大脉冲的分裂，同时在谐波锁模形成过程的早期，多个脉冲直接相互排斥，并出现了呼吸模式，最终形成稳定的谐波锁模，如图 160.14 所示。同时数值模拟证实了色散波、增益的损耗和恢复效应、声波共振和光机械相互作用分别在谐波锁模形成的初期、中期及后期对谐波锁模的形成和稳定起了重要作用。通过光声效应形成的一种捕获势，声波共振可以使得不同次数的谐波锁模激光器（从第一次到第六次）在适当的泵浦强度下可以长期稳定工作。

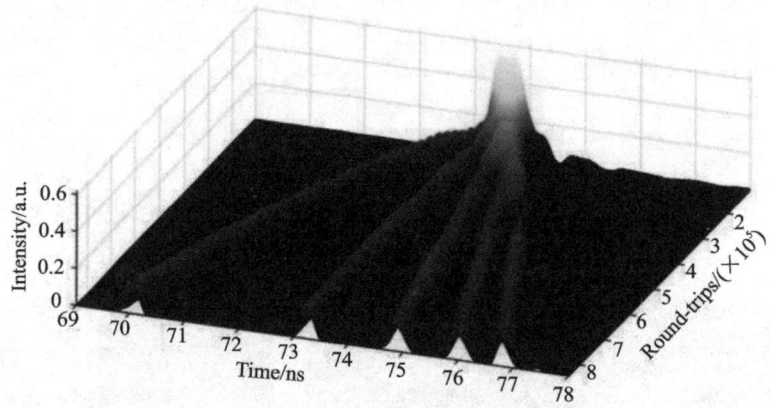

图 160.14　五次谐波锁模形成初期阶段的排斥和分离过程

程佳瑞 2002年于美国哥伦比亚大学获机械工程专业博士学位。2003年起,陆续在美国华盛顿州立大学、休斯顿大学、普渡大学担任助理教授、副教授、正教授。2011年进入普渡大学创新名人堂,并入选普渡大学 University Faculty Scholar(大学学院学者)。

程教授在先进制造工程领域颇具建树,主要研究兴趣为:利用激光制造实现先进材料的合成和加工,特别是大规模制造金属微纳结构、热变形/相变,以及材料力学诱导物理性能研究,实现在能量转换、存储、承载和传输,生物医学,电子、光电子器件等方面的应用。针对航空结构材料、功能纳米材料、薄膜材料及二维材料等,利用大尺寸激光加工技术,研究材料的多维空间结构/微纳结构与材料物理性能间的内在关联。另外,还研究激光与物质间相互作用的基本机制,以及利用激光加工实现材料独特的结构,并研究其力学、物理、光电相关特性。已发表200余篇学术论文和出版5部学术专著,在激光制造领域颇具影响力,其中发表的 SCI 论文包括 *Science*、*Advanced Materials*,*Materials Today*、*Nano Letters*、*ACS Nano*、*Nano Today*、*Advanced Functional Materials*、*Acta Materials* 等,并被 *Nature Photonics*、*Nature Review Materials* 等杂志亮点评价。曾经和现在共担任了三个 SCI 杂志的副主编,包括 *Journal of Manufacturing Process*、*Journal of Materials Processing and Technology*、*Frontier in Materials*。是美国机械协会技术委员会委员、NAMRI 科学委员会副主席,并获得美国自然科学基金 CAREER 奖、美国海军研究实验室 YIP 奖、ASME 杰出青年研究员奖(全美每年一位,40岁以下)、美国制造工程师协会(SME)杰出青年奖、美国国家研究委员会(NRC)高级研究员奖等奖项。

第163期

Large-scale Laser Nanomanufacturing

Keywords:large scale manufacturing, nanoengineered structures, functional nanocrystals, electronic additive manufacturing, roll to roll manufacturing, laser direct writing, mechanical metamaterials

第 163 期

大规模激光纳米制造

程佳瑞

1. 激光纳米制造的背景与挑战

激光纳米制造对于直接制造航空航天、国防、能源、汽车等工业领域要求的功能性结构工具与部件具有重要意义。对纳米制造的要求不仅是对具有新性能的精密器件和结构的要求，而且元件尺寸、材料使用和产品能耗都非常关键。为了满足产品小型化和纳米材料新功能的需求，必须保证纳米制造技术能实现期望的纳米精度和分辨率。纳米尺度制造是指生产的结构、材料和组件的横向尺寸（包括表面和亚表面图案）至少有一个在 1～100 nm。激光为纳米制造提供了非常光明的未来。激光材料加工在工业上已经成功应用了几十年，包括切割、焊接、清洗、添加剂制造、表面改性和微加工等。

材料工程目前仍然面临许多科学性的问题，包括大规模的材料制备、材料机械性能及物理性能的精准预测、器件结构的功能化设计、结构间相互作用的控制，以及材料缺陷的控制等方面，而采用现有的制造方法对于解决这些问题存在较大的挑战。为了解决这些问题，采用激光处理是研究的主要手段。

2. 纳米结构材料的制造

传统金属材料在某些性能指标上，比如强度、位错密度等方面，无法满足应用要求，为了解决这些问题，首先下一代的金属化合物需要关注材料中纳米晶粒的结构及相互作用对材料性能的影响，通过激光处理控制纳米晶粒的尺寸及密度、晶粒之间的位错，为材料的表面加工提供了有效的手段。其次，将纳米材料加入金属材料进行 3D 打印，残余应力会导致材料开裂，通过加入石墨烯，激光和石墨烯的相互作用会使得材料硬度和疲劳强度大幅提高、残余应力下降。相比传统的结构制造工艺，例如光刻、模具压印等手段，超快激光可以产生非常

强的力场,能够实现硬材料的纳米压印,达到常规方法达不到的效果,实现金属材料更好的结构功能化。

未来的金属材料要求更低的质量,同时要保证更高的强度。而保证材料的强度、韧性和可塑性始终是人们所追求的目标。可通过纳米结构设计来同时获得强度及延展性。纳米结构材料的制造主要分为两种方法。

1)纳米结构集成激光冲击喷丸

激光冲击喷丸(LSP)在实际应用中是非常有用的表面处理技术。它会在处理过的表面下方的金属中间产生很大的压缩残余应力,激光冲击喷丸引入的压缩残余应力可以显著改善组件的机械性能,如抗裂纹萌生和延展、延长疲劳寿命并增强疲劳强度。

LSP技术可以应用于各种金属部件,包括铸铁、铝合金、钛及其合金、镍基高温合金等。在航空航天工业中,LSP可用于处理很多航空航天产品,例如涡轮叶子和转子组件等。在汽车工业中,LSP可用于处理复杂几何形状的组件,使用LSP能使涡轮发动机免受异物损坏,可以在不损害表面光洁度的前提下提高涡轮风扇叶片的耐用性和抵抗力。

2)激光增材制造

在制造领域,激光是一种成熟的技术,已经在许多产品的开发中发挥了重要作用,并且创造了很多新的市场机会。在激光发展的早期,激光是物理学界的领域,主要用来从事研究和优化研究设备。现在,激光的应用一直在稳步增长,其影响已经在许多工业领域感受到,激光广泛应用于国防、航空航天、汽车、能源、娱乐和生物医学的各个方面。在制造行业中,激光的主要应用是切割、焊接、钻孔、打标、材料表面处理等。

激光增材制造与传统制造过程的区别在于它是添加材料以形成所需的实体几何形状,而不是常规加工中的减去材料。增材制造工艺不受传统制造方法的约束,激光增材制造能够直接从金属粉末中制备出具有复杂三维几何形状的金属构件。

(1)3D打印。

3D打印是在粉末床表面撒上薄薄的粉末,聚合物黏合剂选择性地喷射到要建造物体的粉末上,粉末层下面的活塞可以精确地降低该部分,以便下一个新层可以铺在上一层的顶部。黏合剂再次按照预先设计的模式选择性地喷射到粉末上逐层重复该过程,直到零件制造完成。

(2)立体光刻。

立体光刻(SLA)是使用紫外线激光来选择性固化液态可光固化聚合物。

在 SLA 的过程中,通过扫描激光束选择性地固化安装在平台上的建筑部件的第一层。可以从 CAD 模型中跟踪每层的图案,在打印过程中将其转换为 STL 文件。一旦零件的第一层固化,平台就可以精确地降低一定量的零件,从而可以将下一个未固化的光固化聚合物层施加到上一层的顶部,以进行下一个扫描周期。逐层重复此过程,直到完成零件制作。

(3)激光烧结。

激光束用于选择性地将热熔性粉末熔合成固体物体。激光可以从一个 CAD 模型中跟踪图案,并熔合图案的第一层。平台进一步精确地降低一定高度,以便可以重新应用以下第二粉末层。对后续层重复该过程直到零件制作完成。各种各样的粉状材料可用于包括塑料、金属、金属合金、高分子金属材料和金属组合的工艺,还有陶瓷。

3. 激光冲击压印

在纳米尺度上对金属进行大面积图案化一直以来都是一个挑战。传统的微细加工工艺涉及许多高成本的步骤,例如刻蚀和高真空沉积,这些高成本工艺步骤限制了功能性纳米结构的发展,特别是多尺度金属图案的发展。引入了多重激光冲击压印(MLSI)工艺,以使用具有一维周期性沟槽的软光盘作为模具,以高应变率在金属表面上直接制造分层的微纳米像素。廉价的软光盘中独特的金属聚合物层状结构使其成为 MLSI 工艺模具的理想选择。通过 MLSI 制造了各种类型的层次结构,它们的光反射率可以通过深度、宽度和角度的组合进行调节。

激光压印的手段广泛应用于材料性能方面的研究,特别是在新型二维材料领域的研究。激光可以实现对结构和材料压印角度、深度的控制,以及对量子点、纳米线结构的控制。利用激光局域应力场能够研究材料相变、预拉伸等方面。另外,利用激光处理可以实现许多新颖的特性,包括二维材料纽结结构的形成以及机械性能的分析、在石墨烯中打开超大带隙、超疏水结构的激光压印等。通过激光处理,可以降低零维、一维、二维材料之间的间隔,实现更强的耦合,有利于实现器件的大规模制造。激光处理还可以实现材料生长的控制,例如钙钛矿材料晶界、缺陷、稳定性的控制,能带结构的调控。通过激光对金属有机框架材料进行处理,可以在更小的尺寸下还原金属颗粒,并构建优良的黑体特性。总之,通过激光压印产生的纳米结构可以实现良好的功能,具有重要的应用价值。

4.直接激光写入

柔性、可伸缩和可穿戴的电子产品将成为拥有庞大市场的下一代消费类电子产品。柔性电子设备的应用包含柔性传感器、可穿戴设备、显示器和成像仪等。在柔性基板(如聚合物)上使用快速高效的方法制造柔性电子器件,对于柔性电子器件的商业化至关重要。由于聚合物的耐化学性和耐热性不良,大多数聚合物都不适应使用基于光刻的微电子设备制造工艺。并且聚合物和金属以及半导体的热学性能与机械性能不匹配,导致功能材料和基板的黏合性能差。近年来,针对柔性电子设备的制造,已经研究出好几种制造方法包括喷墨打印、纳米压印、基于溶液纳米材料的沉积、激光诱导材料转移、激光烧蚀预沉积材料、纳米材料激光烧结等。激光辅助直接烧结和图案化可以从微纳米材料的溶液中将金属或半导体材料施加到柔性基板上,然后进行选择性烧结,这种方法是快速制备无掩模、高分辨率、大面积柔性电子设备的有效途径。直接激光写入与各种材料的兼容性、达到微米尺度的高分辨率以及对基板最小的热效应,都使得它在与其他技术的对比中趋于优势。与常规的合成和构图方法对比,直接激光写入通过无接触和无掩模制造工艺极大地提高了灵活性,还大幅度降低了制造成本。更加重要的是,直接激光写入通过把局部处理和图案化相结合,显著提高了制造工艺的效率。

5.功能性纳米材料的大规模集成

航空航天、汽车和运动器材等应用中的材料要求轻便且坚硬,从而在保证其结构完整性的同时最大化燃油效率。为了获得如此大的硬度以及更轻的质量,材料往往需要进行晶格设计,避免软弯曲和变形。材料晶格的机械性能决定了材料的相对硬度和相对强度随幂律关系中的固体分数的变化而变化,其指数取决于设计拓扑,而且这些特性的绝对值与晶格材料的固有模量和强度成正比。因此,改善机械性能的方法之一就是添加增强颗粒来增加材料的刚度和硬度,这些颗粒的例子包括铁、铜、钨、铝、氧化铝、钛酸钡、钙、金刚石、碳纤维。石墨烯是六边形排列的碳原子的二维薄片,由于其极高的杨氏模量、断裂强度和低质量密度,它也非常适合设计晶格结构。

由于晶格设计的复杂性,3D 打印技术,例如熔融沉积建模(FDM)、选择性激光烧结、喷墨打印、立体光刻,是制造这些结构的优秀方法,但是添加到晶格中的增强颗粒必须与 3D 打印技术兼容。最近的研究成功使用熔融沉积建模技术以石墨烯为填料对聚合物进行 3D 打印,还有使用立体光刻技术来添加氧化石墨烯增强的聚合物复合材料,使用低至 0.2% 的添加剂,对材料的强度和机械性能就有巨大的改善。3D 打印的出现使得能够以相对较短的生产时间和较低的材料浪费率对复杂结构进行快速原型制作。

陶瓷由通过离子键或共价键连接的金属和非金属原子组成,从而具有独特的特性,例如高硬度、大脆性、低电导率和导热率。通过材料和结构设计,现今基于陶瓷部件的突出性质已被用于许多多功能应用,包括热保护皮肤、智能传感器、电磁波吸收和防腐涂层。

陶瓷/石墨烯超材料具有微结构衍生的超弹性和结构坚固性,这是通过设计分层蜂窝微结构实现的,蜂窝结构由两种脆性成分复合而成,并组装在多层纳米多孔壁中。由于所设计的微观结构、良好互连的支架、化学键合的界面以及石墨烯骨架与 Al_2O_3 纳米层之间的耦合强化作用,陶瓷/石墨烯超材料同时显示出一系列的多功能性能,这些性能尚未针对陶瓷和陶瓷-基质-复合结构进行报道,例如飞重密度、80% 可逆压缩性、高耐疲劳性、高电导率和出色的耐热性,同时具有隔热/阻燃性能。三维排列良好的石墨烯气凝胶模板通过化学键合界面与耦合强化作用陶瓷牢固结合,表现出相互加强、相容的可变形性以及密度与杨氏模量之间的线性相关关系。这些基于陶瓷的超材料揭示了陶瓷纳米层对机械性能的相当大的尺寸现象。通过仔细设计纳米层的厚度,沉积 10 nm 厚的 Al_2O_3 得到了最佳的加固效果,材料强度提高了 3 倍,超弹性压缩率高达 80%。

GCM 的优越性能证实这是通过在蜂窝状石墨烯骨架上对陶瓷纳米层进行第四维处理,而实现可扩展制造多功能陶瓷复合材料的新方法,这表明材料在柔性器件、减震器、热敏材料、隔热阻燃、微波吸收涂层等应用中的巨大潜力。

(审核:李冲)

张琳　2005 年获得英国阿斯顿大学教授职位,为阿斯顿大学第一位华人教授,2013—2017 年担任阿斯顿大学电气电子电力工程系主任,2012 年至今担任阿斯顿大学光子技术研究所副主任。研究方向主要集中在光纤光栅器件及其在光通信、信号处理、生物光子学、光纤激光器及智能传感方面的应用。迄今为止,研究成果包括在同行评审期刊和国际会议上发表了约 480 篇研究论文,共被引用 12900 次,h 因子 59。美国光学学会会士。

张琳教授主要研究兴趣为:(1)光纤光栅的制作及应用,飞秒激光和 UV 紫外激光刻写不同类型的光栅,用于光纤传感、光通信以及光纤激光器中;(2)长距离通信光纤传输;(3)非线性效应用于全光信号处理;(4)与生物医学光子学结合,光纤光栅用于生化传感、生物医学方面;(5)工业界合作,做测量技术。

第164期

Advanced Fibre Grating Devices and Applications

Keywords:optical fibre grating devices, tilted gratings, polarisation devices,fibre laser, biosensing

第(164)期

先进的光纤光栅器件和应用

张 琳

1. 光纤光栅的原理及发展

光纤光栅技术已经有 40 多年的研究历史,20 世纪 80 年代初最早发现掺锗光栅的光敏性以及紫外激光刻写光栅技术,到 20 世纪 90 年代,该技术已经有了比较大的飞跃。光纤光栅从结构上包括布拉格光栅、啁啾光栅、切趾光栅、长周期光栅和倾斜光栅等。这次报告的内容偏向于倾斜光栅的研究,因为布拉格光栅和长周期光栅及其应用已经比较成熟,而倾斜光栅由于刻写方式的不同和光纤种类的不同可以表现出不同的性能。现在我们制作的光纤光栅主要工作于近红外和中红外波段(即 780 nm~2.2 μm),未来将会扩展此范围,尽量做到 450 nm~5 μm。因为有很多应用在紫外或者可见光和中红外光的领域,如果有这个范围的光纤光栅器件,将大大推动它的应用。除了在标准单模光纤上做光纤光栅光子器件外,在非标准光纤上刻写光栅结构会有一项很突出的优势,即在信号处理、解调和传感上有很特殊的应用。非标准光纤包括保偏(PM)光纤、多芯光纤、多模光纤、光子晶体光纤(PCF)、有源光纤等。

在光纤中引入一个布拉格光栅结构,光纤模式前向传输模式耦合到后向传输模式,得到一个与周期有关的反射光。这个反射光有很多应用场合,在光通信上,可作为滤波器、衰减器、色散补偿器,实现全光纤的通信或信号处理系统;在传感方面可做应变、温度等传感器。长周期光栅周期约十微米到几百微米,前向传输模式耦合到包层,形成一个衰减,达到波长选择性,可作为衰减器、模式转换器、带阻滤波器、增益均衡器等,还可用于传感和解调器。倾斜光栅刚开始是小角度倾斜 1°~2°,发展到 45°到现在做到很大的角度(约 80°)。它的模式耦合结合布拉格和长周期光栅两者的特点,小角度倾斜光栅是把前向传输模式既耦合到后向传输模式又耦合到包层模式;当角度很大的时候,与长周期光栅

类似,主要是前向传输模式耦合到包层;当倾斜光栅角度为 45°时产生一个特殊现象,光会耦合到光纤外面去,偏振特性很强,可产生一个消光比很高的偏振光,可以应用到光谱仪、偏光计或者扭转传感方面。

　　在非标准光纤上刻写光纤光栅,会得到非常特殊的特性。如在 D 型光纤上刻写光纤光栅,纤芯的光通过倏逝波和外界环境进行相互作用,可用于生物传感;在双芯光纤上刻写光纤光栅,可以控制光在两个纤芯之间的耦合,可产生一些新的器件;在四芯光纤上刻写光纤光栅,由于四个纤芯之间距离较远、相对独立,四个纤芯对不同方向的参量响应不同,可应用于方向相关弯曲传感器方面;在光子晶体光纤上刻写倾斜光栅也有很大应用。

　　光纤光栅在光通信方面应用最多的是啁啾光栅,理论上可行但实际上要做 1 m 长的完美光栅很难,最后应用最多的是在传感方面,周期性结构受到应力或者温度等参数的影响,周期会改变,光栅响应波长就会改变,可通过测量波长漂移来测量参数的变化。光纤光栅在工业上能推广,因为它有着其独特的优越性,体积小、重量轻、不受电磁干扰、在各种环境下可以工作、易于复用以及智能传感等。光纤光栅传感器可以测量应力、位移、震动、扭转、弯曲、温度等参数,广泛用于化学和生物监测、食品安全以及环境测量。

2. 倾斜光纤光栅的研究进展

1) 基于 TFBG 的低成本 WDM 光纤频谱分析仪

　　在实验室,一般用光谱仪进行解调。而在实际应用中,如在航空的机翼上进行传感,那么需要一种小型的解调设备。我们提出用倾斜光栅的分光作用进行解调,倾斜的光纤布拉格光栅能够使特定波长范围内的光向外耦合,分光之后使用 CCD 接收,一个倾斜光栅加一个准直再加上 CCD,就能实现超小型的光谱仪,实现全光纤化的智能传感及解调。这是小角度的衍射光栅的一个应用。

2) 45°-TFG 用于单偏振高功率光纤激光器和放大器

　　将倾斜光栅倾斜角度做成 45°,会出现一个特殊的偏振效应,利用布儒斯特角,会出现一个偏振光,将不同角度的倾斜光栅进行模拟,在 15°、25°、35°、55°时两个偏振态都存在,只有在 45°的时候,其中一个偏振态消失了。理论解释为,在光纤中,用 UV 激光刻写光栅,引起的折射率变化一般在 $10^{-5} \sim 10^{-4}$ 量级,故而布儒斯特角为 45°。此研究成果最早于 2005 年发表在 *Optics Letters* 上。发表之后与美国空军实验室合作,将 45°倾斜光栅运用到环形激光器中,实现了单偏振高功率光纤激光器和放大器,实现消光比约 99% 的光纤偏振器。

3)在 PM 光纤上刻写 45°倾斜光栅

在 PM 光纤上,将光栅沿着快轴或慢轴或者 45°角写进去,经大量工作验证,实现了在 PM 光纤上的刻写,实现 35~55 dB 的线性极化的输出,带宽约 80 nm,实现工作波长为 800 nm、1060 nm、1300 nm、1550 nm 和 2 μm。由此可见,倾斜光栅也可以在其他的特殊光纤上刻写。

4)基于 45°-TFG 的全光纤偏振干涉滤光片(Lyot 滤光片)用于全光纤激光器

传统 Lyot 滤光器和单级全光纤 Lyot 滤光器由两个夹角为 45°的偏振片构成,用于光纤激光器、锁模激光器中。用中红外倾斜光栅调整其非线性效应或者偏振态,实现可调谐激光器,S 光不是耦合到包层,而是耦合到光纤外面去,这样就保持检测功率的稳定性,写一个很弱的倾斜光栅,测出传输光和耦合出去的光是互补的,基于 45°-TFG 的近红外区域的功率分隔功能,可以做色散元件。

5)基于 800 nm 的倾斜光纤的光谱仪

基于 800 nm 的倾斜光纤的光谱仪用于医学测量,实现全光纤的小型光谱仪,可以用在 OCT 系统。使用光纤光栅作为多点检测的探针,可测量面粉的湿度。用很小的两个 45°倾斜光栅,由于面粉湿度对散射光强度的影响,可通过测量反射回来的散射光来判断面粉湿度,在 1450 nm、1510 nm、1310 nm 可以做代谢测量。

6)大角度的倾斜光栅用于生物传感器

大角度的倾斜光栅可以用于检测水分和蛋白质含量,还可以测量葡萄糖浓度。血糖浓度是健康状况的关键指标。正常人的血糖浓度为 0.10~3.0 mg/mL,健康人的血糖浓度为 0.7~1.1 mg/mL。准确测量葡萄糖浓度非常重要,传统方法是基于电化学方法测葡萄糖,用倾斜光栅可以测量葡萄糖浓度,可用于生物医学监测。

7)基于二维纳米材料和纤维光栅的生化传感器

二维纳米材料与光纤光栅的结合也可用于生化传感,常用的纳米材料如碳纳米管、氧化石墨烯和黑磷。最近合肥的研究组研究了一些新的二维纳米材料,也取得了不错的进展,应用于葡萄糖浓度、血红蛋白浓度以及重金属检测等。石墨烯的折射率有实部和虚部,由于虚部对光的偏振吸收效应,使得它和大角度倾斜光栅结合得到两偏振态对应的光谱一个波长漂移,一个强度漂移,得到幅度调制,可应用到激光器。

3. 光纤光栅技术的前景展望

光纤光栅的应用领域很广,具体包括以下几个方面。

（1）在高速传输方面的应用，如多芯多模光纤传输、增大传输系统的容量、相干传输以及超长激光传输系统。

（2）在光纤激光器和光纤放大器方面，如超长光纤激光放大器、1280～1480 nm 的新型光纤泵浦激光器，还可用于拉曼放大器、随机分布反馈光纤激光器（非线性）、锁模短脉冲光纤激光器等。

（3）传感设备和系统方面，如先进的材料和结构、传感器与控制系统、多功能系统、工业加工，以及航空、海事、民用、石油和天然气等工程上的应用。

（4）光子设备和系统方面，如偏光片、滤光片、反射镜、谐振器、耦合器、传感器、微米/纳米结构等。

（5）在生物光子学技术上，光纤光栅还可用于动态热分析和治疗、智能内窥镜。由于其快速、实时、高分辨率、大深度和大范围测量等特点，可广泛用于生物医学。

（6）生化传感方面，如毒理学和病原体检测、食品质量与安全和环境监测等方面。

4. 结论

（1）用倾斜光栅作为分光计制作全光纤小型光谱仪。

（2）45°倾斜光栅由于满足布儒斯特角，所以能产生偏振光的特性。

（3）45°倾斜光栅在全光纤滤光片和全光纤锁模激光器上有重要应用。

（4）在特殊光纤上刻写光纤光栅可以产生特殊的特性。

（5）光纤光栅与二维纳米材料结合用于生化传感，如血糖浓度的监测，应用于医学领域。

（记录人：杨美娟　审核：舒学文）

　　邱建荣　2001年获国家杰出青年科学基金,2008年入选教育部"长江学者"特聘教授,现任教育部"玻璃光纤材料与器件"创新团队带头人。团队主要从事功能玻璃、超快激光与玻璃相互作用以及无机发光材料的研究。迄今为止发表SCI收录论文500余篇(其中国际权威期刊如 *Adv. Mater.*、*J. Am. Chem. Soc.*、*Angew. Chem. Int. Ed.*、*Phys. Rev. Lett.*、*Nano Lett.* 等影响因子大于3的215篇),SCI他引9180余次。申请专利125项,授权54项(国外4项)。在OECC等国际会议作大会或邀请报告52次。8项研究成果被 *Nature* 的 Science update 等作了介绍。1999年获日本稀土学会足立奖(每年1名)。2005年获国际 Otto-Schott 研究奖(华人唯一),2007年获日本陶瓷协会学术奖(华人首次)。兼任中国《硅酸盐学报》、*J. Non-Cryst. Solids*、*Int. J. Appl. Glass Sci.*、*Frontiers in Materials-Glass Science* 等期刊的副主编或编委。

第165期

Application Research of Femtosecond Laser

Keywords:femtosecond laser，valence state，persistent phosphorescence，refractive index，polarization-dependent nanograting

第（165）期

飞秒激光的应用研究

邱建荣

1. 飞秒激光加工的研究进展

激光是 20 世纪最伟大的发明之一。原子受激辐射发出的光就称为激光，它具有单色性、方向性好、亮度高等优点。飞秒激光具有超短脉冲、超高的电场强度（大于 2×10^{16} W/cm²）以及超好的相干性等特性，使它在信息、能源、环境、医疗和军事等领域都有重要的应用，因此，飞秒激光已经成为国内外的研究热点。飞秒激光所具有的特性是普通激光难以比拟的，它在与材料物质相互作用的过程中会产生大量的非线性效应，产生一些传统理论中难以想象的实验现象，这些现象极大地丰富了人们对于光和物质相互作用机理的认识，并不断促进激光科学的进步和发展。

飞秒脉冲属于傅里叶变换极限脉冲，飞秒激光给出测不准原理中时间 Δt 和能量 Δw 的乘积最小，即相干性最好的激光，在整个脉冲宽度内都具有良好的相干性。飞秒激光技术广泛应用于许多领域，如基因手术、激光引雷、超快实时光谱测量、信息传输等，许多科学家在飞秒激光的基础和应用研究上做出了不懈努力。

激光加工是利用激光束照射到加工物质的材料表面，以激光的超高能量和功率密度的特性来对其进行所需要的性能改变。与常规加工相比，采用激光技术对材料进行加工有许多优点：(1)加工对象广泛，激光不仅可用于对金属材料进行焊接、切割等加工，还广泛应用于玻璃、石英等非金属材料的加工；(2)加工精度高、质量好，激光的能量密度高，可聚焦到非常小的一个点，且加工速度快，可实现高质量高速加工；(3)节约能源，材料消耗少，经济效益高，且所需维护成本少；(4)激光加工公害小，可在极端情况下操作。飞秒激光加工在与物质进行相互作用时，可以实现超高分辨率和超高的精度，从而可以达到纳米数量级的

材料加工与制造。当今,飞秒激光在许多学科领域有重要的研究意义。

相较于工业加工,由于玻璃在光学波段具有良好的透过率,因此在实验研究中被广泛作为激光加工的材料。玻璃是日常生活中不可或缺的材料和物质。从玻璃的广义定义可知,玻璃具有两个重要的特点:(1)非晶态结构,近程有序,远程无序;(2)具有玻璃化转变现象,玻璃在常温下是硬而脆的,但当达到一定温度后,就可以随意拉扯成任意形状,具有更大的组成可设计性、结构自由度和工艺多样性。玻璃可以集光电的产生、传输、转换、调制和探测为一体,具有价格低、功能强、调控自由度大和集成化程度高等晶态材料所不具备的优势,将在未来的社会和科学技术发展中发挥更大的作用。

玻璃、空气、水都是生活中重要的物质,它们也有很多的相似之处。空气和水都是无色透明的,都在日常生活中扮演着至关重要的角色。没有空气和水的世界无法想象,人类和其他生物也都无法生存。玻璃在一般情况下也是无色透明的,生活中由玻璃构成的物质很多,如灯、眼镜、玻璃窗等,所以玻璃也是同样重要的物质材料,没有玻璃,人类的生活方式可能回到原始社会。

随着飞秒激光技术的迅猛发展,人们也越来越重视并且利用飞秒激光进行精密微纳加工。飞秒激光加工技术具有广泛的应用前景,将推动微加工、材料制备、电子学、生物学等领域的快速发展。

2. 飞秒激光应用研究

1)利用飞秒激光进行光存储

现有的光存储技术,一般采用镀在平坦的高分子等基板表面的相变材料、磁光材料、光致变色材料等,通过激光诱导的结构以及性能的变化来进行信息存储。近年来,研究者们对基于玻璃的直接光存储进行了大量的研究探索。相对于其他的光存储技术,利用飞秒激光进行光存储的优点有:(1)具有非常大的存储密度,可以在有限的空间中存储大量的信息;(2)快速的数据读写;(3)并行随机存取;(4)存储介质成本低廉;(5)相邻数据层间串扰较小。

飞秒激光入射到透明材料的过程有三种不同的结构变化,这是由入射激光脉冲能量大小决定的,会产生不同的非线性电离效应:当入射脉冲能量比较低时,会使辐照区域中心的折射率增加,可以在玻璃内部直写光波导;当脉冲能量比较高时,则在辐照区域会诱导出等离子爆炸而形成的小孔或裂纹,这可以发展成一种三维光存储的技术;当脉冲能量处于一个中间范围时,辐照区域会形成一种折射率呈亚波长周期分布的有序结构,称为纳米光栅,它呈现出了明显的光学双折射效应。

（1）飞秒激光诱导玻璃中的折射率变化。

随着激光技术的不断发展，激光脉冲宽度不断减小，脉冲功率也随之不断升高。飞秒脉冲激光对光学介质的非线性效应，引起透明介质体内发生较大的折射率改变。基于这一现象，可实现材料表面和内部空间上的亚微米操作，实现超高密度光存储。

（2）飞秒激光诱导玻璃中色心形成。

飞秒激光通过物镜聚焦在透明材料内部时，在焦点附近会产生点缺陷、点缺陷对或点缺陷群。通过多光子吸收玻璃中的电子被激发，电子在玻璃网格中迁移时被玻璃中的缺陷所捕获形成色心。迄今为止并没有在玻璃中利用色心形成的光存储探索。但是这种飞秒激光诱导玻璃内部空间选择性色心的形成技术，由于色心具有局域发光和吸收特性，是一种可能在将来应用于光存储的技术。

（3）飞秒激光诱导玻璃内部离子价态变化。

飞秒激光聚焦到玻璃中，通过多光子电离、隧穿电离和雪崩电离在焦点附近形成大量的自由电子，当部分自由电子（或空穴）被掺杂在玻璃中的离子捕获后会产生离子的价态变化。利用这种特性，飞秒激光诱导活性离子的空间选择性价态变化可以实现光存储。能够产生这种效应的离子目前发现得并不多，如过渡金属和重金属离子、稀土离子、贵金属离子等，科学家们正在努力探索寻找更多可以产生价态变化的离子。

（4）飞秒激光诱导偏振依赖纳米光栅。

纳米光栅结构具有独特的性质，如双折射性、可接续性和可擦除重写性等，使其在光学数据存储方面具有很大的潜力。目前该方向的应用研究主要集中于两类：一是利用其可擦除重写特性实现数据的多次写入；二是利用其光轴和光程延迟的可控性实现大容量数据存储。第一类光存储方式，除了利用纳米光栅结构的可擦除特性使得数据可以反复写入外，还能使信息存储过程中出现的错误得到纠正；第二类光存储方式，主要通过控制偏振方向及入射脉冲参数来实现对纳米光栅结构光轴和光程延迟的独立调制，并且将光轴方向和光程延迟作为第四维度和第五维度，从而可以实现多维光存储。

（5）飞秒激光诱导晶体析出。

经研究发现，聚焦的飞秒激光可以诱导玻璃中功能晶体的空间选择性析出，导致局域的发光改变。与玻璃相比，处于晶体中的过渡金属离子周围的晶体场较强，局域对称性较高，非辐射跃迁几率较低，发光效率增高。可以通过在空间中有选择性地析出晶体实现信息存储，并利用晶体的倍频效应进行信息的读取，此种方式在光存储的应用上具有非常大的潜力。

目前，大部分利用飞秒激光进行光存储的研究处于实验室阶段，离真正的应用还有一段距离。但正如以上所述，飞秒激光在透明材料中产生的一系列效应都在光存储领域中具有很大的优势，因此，利用飞秒激光进行光存储的方式具有非常广阔的应用前景。

2) 玻璃激光内雕技术

玻璃激光内雕工艺品在国内已经成为一个热门研究领域。传统的激光内雕技术是将激光聚焦在玻璃内部通过扫描实现三维内雕。要实现激光雕刻，在玻璃中，激光聚焦点的激光能量密度必须大于使玻璃破坏的临界值，称为损伤阈值。通过使激光聚焦，可以使激光的能量密度超过这一临界值。脉冲激光的能量可以在瞬间使玻璃受热炸裂，产生微米至毫米数量级的微裂纹，目前已经可以通过计算机控制使其雕刻固定形状的内雕。

（1）激光单色着色内雕。

采用飞秒激光进行加工，由于聚焦光场具有超高的电场强度，从而在焦点附近产生非线性效应，而实现空间高度选择性的微结构改性。通过空间选择性色心控制、离子价态操纵以及纳米粒子析出，可以实现激光玻璃着色内雕。

目前已经有多种方式可以产生着色内雕效果。飞秒激光照射碱金属磷酸盐玻璃后，可以产生一个由氧原子捕获电子形成的吸收带，在激光焦点处形成紫红色的色心，并且此色心在紫外线的照射下呈蓝绿色；飞秒激光照射掺杂活性离子的玻璃，可以实现空间选择性的活性离子价态操控，通过锰离子和铁离子产生的价态变化使照射位置呈现紫色；飞秒激光照射掺杂铜离子的玻璃，产生非线性效应，形成铜纳米颗粒，呈现出红色。

（2）激光多色着色内雕。

飞秒激光照射掺杂金离子的硅酸盐玻璃时，通过控制改变激光作用时间和激光功率，可以控制金纳米颗粒的尺寸分布，从而改变颜色。激光作用时间延长，则吸收峰位置红移，呈现出金纳米粒子的量子尺寸效应；激光输出功率增大，则表面等离子体共振产生的峰向短波偏移，从而呈现出不同的颜色。如今，不仅可以实现多种彩色内雕，而且可以将传统的白色内雕和彩色内雕结合。

目前激光内雕技术可以实现红、黄、紫、蓝、灰等单色内雕，通过开展红、黄、蓝三基色协调研究，可以使玻璃内雕真正实现全彩。激光内雕不仅可以当工艺品，还可以用来制作光子器件，因此激光玻璃内雕技术具有很重要的理论意义和应用前景。

3) 飞秒激光用于医学领域

飞秒激光技术的快速发展，极大地促进了生物医学的进步。当聚焦的飞秒激光照射到透明材料上时，由于聚焦点的光场强度非常大，引起非线性效应，但聚焦点附近的热影响很小，所以，当利用飞秒激光作用于细胞时，不会对邻近的细胞或组织造成损伤。飞秒激光技术越来越多地应用于医学成像技术和医学手术之中。

（1）血管成像。

利用双光子或多光子荧光显微镜对血管进行成像，包括对毛细血管的成像，成像可以达到很大的深度，足以满足应用的需求。这种方法简单快速，又对噪声具有很弱的敏感度。

（2）心脏检测及表征。

多光子成像可以用来分析细胞外基质成分。利用这一特点，近红外波段飞秒激光的多光子成像可能成为对心脏血管进行无损检测和表征的有力工具。利用倍频效应对胶状结构进行选择性成像，所得三维图像可以区分出胶状和弹性纤维。无须包埋、定色、着色。

（3）促进皮肤学的研究。

飞秒激光用于显微成像对皮肤学的研究有很大的促进作用。共焦非线性光学显微镜可以提供空间分辨率为亚微米的亚表层三维显微成像，因此可用于皮肤学的研究。用多光子自荧光显微镜结合二次谐波可在不使用染料或组织移除的情况下直接观察皮肤组织结构。使用红外波段飞秒激光，不仅穿透深度深，而且对细胞组织无损害，推动了皮肤学科的发展。

（4）飞秒激光纳米手术。

当飞秒激光被高数值孔径的透镜聚焦，激光辐射区域就会被限制在一个很小的体积内，产生非常大的光子密度，在激光聚焦处，甚至在通常的透明材料中，可以引发多光子吸收，这可以导致以等离子体为媒介的材料切割。利用这一特性，可以实现对细胞或组织的手术切割。具有穿透深度大、分辨率高、精度高等优点，对细胞组织危害性小，可用于激光眼科手术、神经切割，等等。

飞秒激光可以作为多光子荧光显微镜的激发源，也可以成为激光纳米手术的工具，因而在医学领域具有很大的作用，具有非常大的潜力。

3. 总结

由于飞秒激光的诸多优良特性和照射到材料物质中产生的一系列特殊的反应和现象，使它在各行各业中都有很好的应用潜力。目前，飞秒激光在人们的生活中虽然有一部分的应用，但其实飞秒激光还有很长的路要走，未来飞秒激光必将极大地改善人们的生活，成为必不可少的一部分。飞秒激光也必将对科学技术的发展起到极大的推动作用。

（记录人：李沛瑶　审核：张静宇）

　　熊启华　1997年本科毕业于武汉大学物理系,2006年获得美国宾夕法尼亚州立大学博士学位。2006—2009年在美国哈佛大学 Charles Lieber 研究组从事博士后研究。2009年6月加入新加坡南洋理工大学,任助理教授,2014年获得终身教职,2016年升正教授,2014—2019年担任数理科学学院副院长,主管科研、研究生教育及教职事务。主要研究领域是半导体光学和光谱学。在微纳光子学、半导体光制冷以及低维材料强光-物质相互作用等前沿课题做出了一系列卓有影响的工作。在国际知名杂志上发表了230多篇文章,其中 *Nature* 及子刊18篇,其研究被世界知名杂志及大众媒体所报道,总引用次数超过13500次,h因子67。其出色的研究获得了一些奖项和学界认可,他是亚太材料科学院院士(2019)、美国物理学会会士(2018),获得新加坡物理学会纳米科技奖(2015)、新加坡国立研究基金 NRF Investigatorship 和 NRF Fellowship 奖(2014、2009)和南洋研究卓越奖(2014)等。现任 *Nano Letters* 副主编,《半导体学报》副主编,是 *ACS Photonics*、*Nano Research*、*Science China Materials* 期刊国际编委会成员。曾任美国光学学会杂志 *Optics Express* 副主编(2018—2020)。于2019年初加入清华大学物理系。

第166期

Room Temperature Bose-Einstein Condensation and Lattice of Exciton Polaritons in Perovskite Semiconductor Microcavity

Keywords：exciton polaritons，halide perovskite semiconductors，polariton lattices，band structures，polaritonic devices

第166期

钙钛矿半导体微腔激子极化激元

室温 BEC 凝聚和晶格

熊启华

1. 激子-极化激元研究背景

1) 凝聚态体系的元激发和准粒子

元激发是固体理论中的一个重要概念。在固体物理中,基态一般是指体系在能量最低时的状态。对于晶体而言,处于基态意味着晶格的周期性完整无缺,每个组成原子都固定在平衡位置。因此,实际的晶体总是处于激发状态。对于能量靠近基态的低激发态,往往可认为是一些独立基本激发单元的集合,它们有确定的能量和波矢,这些基本激发单元就是元激发,有时也称准粒子。所有元激发能量量子的总和,即为体系所具有的激发态能量。元激发可以分为集合激发和单粒子激发两种,其中集合激发包括光子与光学模横声子的耦合-极化激元(polariton)、格波激发的量子-声子(phonon)、磁性材料中的自旋波量子-磁振子(magnon)、金属中的等离子集体振荡量子-等离激元(plasmon)、斯格明子(skyrmion)和自旋密度波(spin density wave)等;单粒子激发包括空穴(hole)、由离子晶体中的慢电子与光学模纵声子相互作用而形成的极化子(polaron)、金属中的电子空穴束缚对激子(exciton:electron-hole pair)和库珀对(Cooper pair)等。

2) 极化激元

1951 年,黄昆先生在研究离子晶体声子和光子耦合时首次提出极化激元的概念并获得其波矢色散曲线。其后,Hopfield 等人将黄昆先生的理论扩展至光子与激子相互作用,并证实声子极化激元的拉曼散射效应。至今,极化激元仍是光学与凝聚态物理学的重要研究课题之一,并以此发展出了表面等离激元学等新兴学科。激子极化激元(exciton-polariton)是半导体中的激子(被束缚

的电子空穴对)和光子相互作用后形成的准粒子,是激子和光子的杂化态,具有很轻的有效质量。有效质量是电子有效质量的万分之一,是原子有效质量的亿分之一。而激子成分使之易与微观粒子发生相互作用并被调控。激子属性赋予其非线性相互作用,这是光子本身所缺失的。作为一种玻色子,它满足玻色-爱因斯坦统计,具有玻色-爱因斯坦凝聚(BEC)特性。激子极化激元在较高温度,如室温下,发生 BEC。

随着信息时代的日益发展,激子极化激元器件提供了一个全新的平台,制备激光光源、开关、传输和逻辑等一系列具有高速、低耗和相干性质的光电子器件,可用于研究室温下宏观量子效应的物理机制和发展量子通信与量子计算机技术。人们对于信息的运算速度和器件功耗的要求也日益增加,因而电子器件正在向高速度、低功耗的全光集成光电子器件的方向发展。

然而,在传统半导体材料中,激子极化激元的实现受限于其工作温度和半导体材料制备中晶格匹配度的问题,无法高效地在室温下实现全可见光波段的激子极化激元,因此还需要更多研究人员的努力。

3)玻色-爱因斯坦凝聚

激子极化激元具有的玻色子特性、小有效质量、固体材料体系等优势,使在普通低温甚至室温下观察到 BEC 成为可能,从而引起国内外科研人员对激子极化激元 BEC 的广泛关注。2006 年,Le Si Dang 教授课题组报道,在 CdTe 微腔中实现了临界温度高达 20 K 的激子极化激元凝聚。2007 年,Balili 领导的实验小组通过在 GaAs 微腔上施加一外部压应力排除了激光本身对凝聚后系统相干性的影响,更加表明凝聚后的系统宏观相干性是自发产生的。2008 年,*Nature physics* 上先后发表的两篇相关实验文章进一步验证了 BEC 现象:其一,Lagoudakis 等人在 CdTe 微腔中观测到激子极化激元凝聚体系中的涡旋现象;其二,Y. Yamamoto 课题组在 GaAs 微腔中观测到激子极化激元凝聚体系中的博戈留波夫激发子,给出了描述激子极化激元 BEC 更具说服力的证据。2009 年,A. Amo 等人在 GaAs 微腔中观察到激子极化激元超流现象。这些使人兴奋的研究结果使得激子极化激元的研究达到了一个新的高度和热度。

2. 全无机钙钛矿材料的室温激子-极化激元的激射和凝聚的实现

科学家首次在 CdTe 和 GaAs 量子阱微腔中研究了固体系统中的极化子凝聚和偏振子激光。然而,由于激子结合能很小,导致这种半导体与 Wannier-Mott 激子(如 CdTe、GaAs 和最近的 InP)的激子凝聚在低温下的操作受到限制。相反,强大的激子以及较大的振荡器强度,促进了在室温下进一步实现

ZnO 和 GaN 中的偏振子凝聚和偏振子激光。然而,无机平面微腔通常需要复杂的外延技术来保证微腔和光学增益介质的高质量,在这种介质中,人们必须克服内置应变和热膨胀系数失配的挑战。相比之下,有机材料表现出具有更大激子结合能和易于制造的 Frenkel 激子的特性,为实现室温极化辐射和极化子凝聚提供了替代系统,例如结晶蒽、非晶态 2,7-双[9,9-二(4-甲基苯基)-芴-2-基]-9,9-二(4-甲基苯基)氟(TDAF)分子、梯形共轭 MELPP 聚合物和增强型绿色荧光蛋白。然而,由于 Frenkel 激子性质,库仑相互作用(主要是极性-极性相互作用)在有机材料中明显较弱,导致极化子弛豫到基态的效率低下。因此,与无机微腔相比,有机微腔具有更高的阈值和较弱的非线性。

此外,在过去的 10 年中,使用有机-无机混合钙钛矿进行极化子发射,以及研究这种材料中的极化子凝聚和在室温下操作的偏振子激光。

钙钛矿半导体结合了无机和有机半导体的优点,具有高激子振子强度、长程双极载流子输运、高光学增益、高缺陷容忍度、易调谐带隙以及低成本的制造工艺等优势,可实现各种光学微腔,具有从经典光到量子光的特性,为发展灵活可靠、低成本、低能耗的激子极化激元器件提供了新的研究平台。同时,它还具有天然的量子阱结构,不同带隙的有机、无机层以分子级的厚度交替排布,很好地将激子限制在无机层内,从而增强了其荧光效率与激子束缚能,可更好地实现室温下的激子极化激元。

钙钛矿半导体中的激子极化激元的工作可以追溯到 1998 年,用溶液法制备钙钛矿耦合到光学微腔里,类似光栅的结构。一直有一小部分人在坚持做这个领域,像法国的科研小组结合金属和介质的一种杂化微腔实现发射的高能值和低能值的占据。因此可以判断,这类材料可以支持实现室温的激子极化激元与强耦合。但是其发光和 BEC 的相关研究一直没有好的突破。

到目前为止,人们只观察到了室温强耦合区,没有成功地实现极化子凝聚,这可能是由于溶液化学引起的结晶质量不足所致。最近,我们发现用无外延气相技术生长的所有无机卤化铅钙钛矿都具有良好的光学增益特性,激子结合能和振荡器强度大,从紫外到近红外的发射波段可调,在高激光通量照明下具有更好的光学稳定性混合钙钛矿。可以利用云母这种层状材料为衬底,通过范德瓦耳斯外延 CVD 的方法生长钙钛矿半导体晶体。材料可以做到非常优质,可以通过控制条件生长一系列回音壁模式的微纳激光器,在三角形或六角的晶格中,用激光泵浦到阈值,就会被全反射而束缚到微腔中。突破阈值后,看到激射可以从 400 nm 以上一直到 700 nm。因此,我们认为全无机钙钛矿是氧化物和氮化物无机材料的理想替代品,可以在一个容易获得的固态平台上研究 BEC

的物理特性，并实现可扩展的高性能极化激元激光，以实现室温下电驱动极化器。

我们观察到了室温下全无机 $CsPbCl_3$ 钙钛矿平面微腔中极化子凝聚和随后的极化子激光的明确证据。在低 Q 微腔中成功地实现了偏振子激光，以及其易于制造和具有无机性质的活性介质，大大降低了人们对 BEC 基本物理的严格要求。我们的发现为实现大面积、低成本、高性能的偏振子器件提供了一个新的平台，并有可能在室温下实现电泵 BEC 相干光源，有助于研究和探索室温下的 BEC、超流及光学量子霍尔效应等现象。

3. 室温激子-极化激元凝聚体一维人工晶格

当原子德布罗意波长与原子间距离在同一量级时，理想气体玻色子凝聚在能量最低的基态上，发生 BEC。一般来说，原子气体不仅温度必须降到临界温度之下，而且密度必须达到一定的大小，双管齐下才能使得原子的德布罗意波长与平均间距相比拟，从而产生量子效应。而单单依靠激光冷却并不能同时达到这两个条件，实验中必须结合蒸发冷却等方法才能产生 BEC。实验上制备 BEC 的一般过程是：(1)在室温下用磁光阱捕获实验原子团；(2)用激光冷却技术把捕获的原子团冷却到几十至几百微开数量级；(3)装载冷原子团到静磁阱中，用蒸发冷却方法进一步把原子团冷却至 100 nK 数量级，达到 BEC 转变温度。在冷却过程中，一般还会采用绝热压缩技术来提高原子气体密度。当温度足够低，同时原子气体密度足够高时，就会发生 BEC。

光晶格本质上是一种人造的光晶体，它是由相长干涉而形成的成百上千的周期性稳定光学势阱组成的。这些光学势阱能够囚禁原子，并把原子排列成有序的晶体结构。光晶格中冷原子间距可以达到微米级，这使得光晶格系统中原子间相互作用的影响很微弱，我们可以用精确易处理的理论模型研究。而且光晶格中冷原子的性质与固体晶格中的电子性质非常相似，因此光晶格中的冷原子可以用来模拟复杂的晶体模型。我们可以对光晶格的周期性势场进行准确的数学建模，从而通过高品质激光束在实验室中产生所需的无缺陷的光晶格。另外，光晶格的周期、势深等参量还可以通过调节激光的强度、偏振度和频率等来进行准确控制。如此多的优势使得光晶格成为模拟多体系的重要平台，可为解决多体系的众多难题提供有力的帮助。

在过去十几年的进展中，研究者发现，可以引入光子晶体的概念。将它与激子极化激元的光学微腔结合起来。例如做成一个类苯环的分子，用这种紧束缚的模型可很好地解释色散关系，势场关系在 1 meV 以内，然而这必须在 5～

10 K 的低温条件下实现。

我们的工作出发点就是设计一个最简单的一维激子极化激元"单原子链"模型。我们制作了 10 根直径为 1 μm 的柱子,间距为 1.2 μm,使局域势场可达 430 meV。通过实验测量发现,带隙达到 13.3 meV,是 GaAs 等半导体的 10 倍。观察期空间波函数的分布,S 态被囚禁在微米柱中,且为各向同性的。用飞秒光泵浦,阈值内的色散呈连续的分布,阈值以上则只会分布在两个点上,对应的就是矢空间的 Py 态,即是被系统选的增益最大的态。其凝聚的模式可以由失谐项来控制。相干性也通过迈克尔逊干涉实验得到证明。

4. 室温激子-极化激元凝聚体在一维波导中的超快传播

在激光泵浦的作用下,所产生的激子极化激元 BEC 会有排斥相互作用。由于粒子本身有效质量非常小,产生的凝聚体放置于一维波导中,在强的排斥作用下,会做遵守牛顿定律的高速运动,进而实现接近光速的十分之一的速度。通过色散关系来解释,如果凝聚体传播,就会获得一个有限的不为零的波矢,从而在大空间里不为零的位置形成一系列条状信号,且不是从零点开始。

当一束激光沿着一维波导传播时,以另一束激光做局域的微扰,对凝聚体的传递做开关效应,称为激子极化激元的超快开关。实验上,在铯铅溴体系中,设置一个一维波导,放置于含有 DBR 的光学微腔中,其两个非对称的方向包括长轴 X 方向和短轴 Y 方向。色散关系沿着 X 方向和 Y 方向的依赖关系存在区别,沿 X 方向依然保持抛物线关系,而 Y 方向则是取分立的数值,与实验所观测的结果保持一致。这个材料的均匀性非常高,品质因子可达 1000 以上。所以,在阈值以内,可以观察到低功率的占据;超过阈值后,其色散关系则不再是从零点出发,在 K 空间有沿着横向的连续分立值。

对比了目前常用的半导体微腔体系在室温下 BEC 的研究进展和结果,我们发现,钙钛矿半导体微腔可以实现室温下 BEC 和传播,具有非常好的传播距离,寿命短于 GaAs,比有机半导体要好。

5. 总结和展望

本报告总结了我们课题组在过去 6 年做的钙钛矿半导体室温下 BEC 的工作,介绍了领域内发展的背景,介绍了光谱学的证据,如何判断室温下激子极化激元的凝聚和激射,介绍了如何实现人工的势场并对其进行调制,同时在一维波导中观察和量化其定向传播。

对于本领域的将来,我们希望有更多的具有不同背景的学者参与进来,进

行良好的推动。

　　固体物理中有一个经典的 Su-Schrieffer-Hegger 模型,描述聚乙炔中碳碳单双键会采用哈密顿量,其双键 ν 和单键 ω 二者相互作用的强度对比,若 ν 总是小于 ω 或 $\nu=0$,就会有一个拓扑的 gap state,如果用激光泵浦就会产生一个拓扑的激射,基于此,可以发展出一个非对称性的二维 SSH 模型,即 Kagome-Lieb 模型。有希望描述并支持激子极化激元具有拓扑性质的色散关系。

　　可以通过设计更多的微腔形式来实现更多的一维或二维的结构,来囚禁激子极化激元。像一维的跷跷板模型、二维的环模型等。

　　我们认为本领域有一个非常重要的问题,就是非线性相互作用的强度,这对整个激子极化激元领域都具有非常大的挑战。如何准确量化激子的非线性相互作用是本领域研究的重要方向。

（记录人：谭智方）

郭国平 教授,博士生导师,本源量子创始人。中国科学技术大学微电子学院副院长,中科院量子信息重点实验室副主任。长期从事半导体量子计算实验研究,在量子比特编码、操控、扩展以及量子软件、量子算法等方面做出了系列创新性研究成果。国家重点基础研究发展计划项目A类、国家重点研发计划首席科学家,作为负责人,承担了国家自然科学基金委重点项目等多个科研任务。获得国家杰出青年基金、第十四届"中国青年科技奖"、2018年安徽省自然科学一等奖,入选国家高层次人才特殊支持计划、教育部"青年长江学者"等。

第167期

Quantum Computing and Its Applications

Keywords: quantum computing, quantum chip, quantum measurement and control system, quantum software, quantum algorithms

量子计算及其应用

郭国平

1. 量子计算概况及其国内外最新进展

1）量子革命

现在我们谈论量子计算或量子信息的时候，更多的会提到第二次量子革命。一般认为第一次量子革命是基于量子力学效应的信息技术，操控和利用的是宏观的量子行为。原子能、激光、晶体管、半导体器件、核磁共振等诸多应用的问世，其实都是基于量子力学原理，可以认为这是第一次量子革命给人类生活带来的变化。那么我们讨论的第二次量子革命，更多的是定位于它是操控量子体系的微观量子行为，比如对单个电子、单个光子或单个原子的微观量子行为的操控。所谓量子信息技术恰恰就是利用量子体系的叠加、纠缠等量子力学行为，以不同于以往的操控方式进行信息的获取、存储、处理和传输。

2）量子计算机的发展历程

回顾 21 世纪前量子计算机的发展历程，1982 年，费曼最早提出了量子计算机的概念；1985 年，Deutsch-Jozsa 对通用量子计算机进行了详细描述并在 1992 年提出了 D-J 量子算法；1994 年，Peter Shor 提出了用于大数因式分解的 RSA 加密破解算法；1996 年，Grover 提出了一种大数据的量子搜索算法；1998 年，Bernhard Omer 提出了量子计算编程语言，同年，MIT 和 LANL 利用液态核磁共振实现了量子计算。21 世纪初，加拿大的 D-Wave 公司于 2007 年推出了世界上首台商用的量子退火机，2013 年，他们又发布了一台 512 位的量子计算设备，当然，学术界认为这还不是真正意义上的量子计算机。IBM 公司于 2016 年发布了 6 个量子比特的可编程量子计算机并在 2017 年宣称他们成功研制了一款 50 个量子比特的量子计算原型机，但我们并没有看到实物和相应的论文。2018 年，Intel 公司称其研制了一个 49 位的超导量子芯片。2018 年

末,本源量子发布了国内首款量子计算控制系统。一个比较轰动性的事件是,在 2019 年 10 月,谷歌公司发表科学论文展示了一个 53 位的量子芯片,宣称实现了"量子霸权"。2020 年 6 月,霍尼韦尔发布新闻称,在离子阱系统上获得了一个量子体积为 64 的量子计算机。

3）量子计算机的物理体系

目前关于量子计算机的研究有多种方案同时在探索,包括超导、半导体量子点、离子阱、光学、量子拓扑等不同技术体系。实际上,技术路线并没有完全收敛,国内外不同的研究团队甚至很多企业,包括国际巨头和初创公司都已投入到量子计算机的研究中。但是目前经常有人问到一个问题,就是我们到底应该做一个什么样的量子计算机,或者一个什么样的物理体系更适合做量子计算机？关于这个问题,目前还没有人有确切的把握,认定哪个物理体系就一定可以最终实现量子计算机,所以说这是一个技术路线还没有收敛的发展阶段。目前还是量子计算发展的非常早期/初期的阶段,当然前提是指我们现在讨论的通用量子计算机。像 D-Wave 做的量子退火机,或者专用于做某项特定任务的系统,不在我们现在讨论的通用量子计算机范围内。

4）量子计算的定义与优势

那么什么叫量子计算机？我们讨论的通用量子计算机究竟是怎么定义的？可以与传统的计算机进行类比,传统的计算机是以经典比特作为基本单元,利用欧姆定律或者高低电阻/高低电平的过程来实现信息的表达,利用集成的晶体管获得 CPU,最终加上外围的硬件和软件系统构成经典计算机。量子计算机是以量子比特作为基本单元,运算的过程利用量子力学原理,特别是利用量子态的叠加性来构成一个基本比特。通过 QCPU 实现多个比特的集成,再加上外围的硬件、操作系统和软件,构成量子计算机。

经典计算机的基本单元比特对应于晶体管,但是随着摩尔定律的发展,晶体管开/关（导通/截止）,或者 0 和 1 的表达,已经越来越难以区分。因为量子尺寸效应和量子隧穿效应会使晶体管开/关越来越难以处理。近二三十年来,主要通过不停地迭代各种技术来延续欧姆定律的有效性,通过压制和克服量子隧穿效应来区分 0 和 1 这两种状态。量子计算则是从另一个角度来考虑这个问题。索性就利用量子的特性,把晶体管里载流子集体流动的行为变成用单个载流子的量子特性直接进行信息的编码,而不一定要用载流子集体的行为（比如导通/截止、高/低电阻这种状态）,从抑制量子效应变成开发和利用量子效应,从基层的角度进行思路的转变。这样,当我们倒过来利用单个载流子的量子行为进行信息的 0/1 编码时,正好可以对应到量子信息里量子计算的要求,根据并行性,n 个量子比特可以表示一个 2^n 维矢量。根据叠加性,n 个量子位可以同时对 2^n 个不同的数进行叠加,在空间内进行存储和运算,因此可以对特定问题实现指数加速。

目前来说,各种量子算法,包括我们前面提到的 Shor 算法、Grover 算法,实际上是寻找在有量子叠加特性的情况下,什么问题具有加速作用,有的问题有指数加速,有的问题有平方根加速,不同的问题有不同的加速效应。从另一个角度来讲,我们所说的很多物理过程或化学过程,最终回到原子或分子层面,实际上就是一个量子态的演化过程。利用量子计算的过程,天然就是一个量子态的演化。那么量子计算或者一个特定构造的量子处理器,对于特定问题的处理,是不是可以进行更好的模拟。这是量子计算可能展现的一种优势,也是吸引越来越多研究者投入的基本原因。

量子计算到底离我们还有多远,这个问题总是反复地被问到,其实这个问题我们依然只能说,在连哪个物理体系都不能确定的情况下,这个问题还很难回答。

5)量子计算企业版图

我们可以看一下目前世界各国对于量子计算的支撑情况。欧盟、美国以及我国对此都有国家层面的政策支持和很大的资金投入,国内外有超过 100 家公司在做量子计算,除了国外的 Intel、IBM、谷歌、微软,国内的阿里、腾讯、百度外,华为也开始投入,也有很多初创型企业在各方的支持下也在做这件事情,如日本的 NTT、NEC、Fujitsu 等公司。

6)巨头企业最新技术成果

下面聚焦在量子计算方面的最新的现象级进展。2019 年 1 月,IBM 公开发布了"全球首款商用量子计算机原型机"(第四代 20 量子比特)。10 月份,谷歌宣称在全球首次实现"量子霸权",对于同一个问题的处理,利用量子计算机可能只需要 200 秒,而传统计算机至少需要 3 天。11 月份,微软宣布其"拓扑量子比特"产生新的量子算法,可以把某些特定问题的计算时间从 3 万年缩短到 1.5 天。当然这些更多的只是一个宣称,我们并没有看到具体的论文或是更多的信息。12 月份,Intel 发布了一个低温量子控制芯片,可以同时控制 128 个量子比特。2020 年 6 月,霍尼韦尔发布了 64 个量子体积的离子阱量子计算机,宣称"世界最快"。但量子体积是不是衡量一个量子计算机性能的好的标准,这一点目前也没有得到大家的广泛认可。除了巨头们,国外的初创型企业的布局也比较早并且发展迅速,特别是从超导到半导体到离子阱技术,都有布局。

7）量子计算机商用预测

整体来看，量子计算机目前处于什么样的阶段呢？第一阶段我们认为在 2010—2020 年间已经完成，标志性成果是量子计算原型机、量子退火机实现量子霸权，商用起步并面向特定用户销售。第二阶段就是 2020—2030 年，在各种各样的噪声依然很强甚至没有纠错编码的情况下，研究含噪声中型量子（NISQ）计算机。前面的量子霸权实际上是量子随机线路的模拟过程或者某一个数学上的问题，并不直接对应到某一个实际应用的问题。未来十年对于特定的问题，是否能够有专用的量子计算机诞生，我们认为这将是第二阶段的起步。第三阶段也就是未来最终想实现的具有广泛商业化应用场景的通用量子计算机，一个比较粗略的预测是在 21 世纪中叶可以实现具有普适性的量子计算机。

2. 量子计算技术的发展

1）量子计算技术体系

回到技术本身，从技术体系上，我们可以看一下量子计算机与传统计算机有什么区别。传统计算机包括 CPU、电源、存储器等外围的硬件，从最底层的硬件到上层的操作系统和应用软件。对于量子计算机来说，也应该由类似的结构构成。首先是量子处理器，也就是通常所说的量子芯片（QCPU），怎么构成 QCPU 或者哪种物理体系适合做 QCPU，目前还不能确定。但无论是哪一种物理体系去做量子处理器，都需要有 QCPU、控制系统和相应的软件算法。我们团队主要聚焦于半导体量子芯片和超导量子芯片，对于这两种物理体系来说，目前还需要工作在 10 mK 左右的极低温环境下，需要极低温制冷系统来实现。未来的量子计算机可能采用与云计算类似的概念，至少不可能在短期内进入个人用户的手里，应该是通过提供量子云计算，把问题提交给量子计算器，由它处理完后再返回给用户。

2）半导体量子芯片

从半导体的角度来讲，量子处理器是把传统的载流子的集体导通/截止这种特性换一种思路来实现，用单个载流子如电子/空穴的量子状态来进行信息的编码。选择半导体芯片是因为我们看到 Intel 公司生产的半导体量子芯片，它跟传统的 CMOS 制作工艺基本上兼容。另外，量子芯片进行特定的量子操作，还需要各种各样的指令，而传统的芯片基本都是由半导体完成的。那么半导体量子芯片未来可以与传统半导体芯片在同一块片子上实现，甚至可以采用同一个工艺流程去统一设计，只是有的任务是通过调用 QCPU 来执行，有的任务还是在传统的芯片上进行。所以从机制及制造工艺的角度来讲，我们认为半导体量子芯片是未来的一个重要方向。但在国内做半导体量子芯片是有一些难度的，因为我们在传统半导体芯片的积累上相对落后。无论从高质量的材料、器件的设计以及制备工艺上，都与国外差距比较大，同时它对平台要求高，迭代周期长。这也是半导体量子芯片目前只有少数团队在进行研究的原因。

可以看一下国外在半导体量子芯片方面最近几年的进展情况。2014 年，澳大利亚新南威尔士大学 A. S. Dzurak 等人实现 99.6％保真度的单个量子比特的操控。2018 年，日本东京大学 S. Tarucha 等人实现了 99.9％保真度的单比特的逻辑门。同年，美国普林斯顿大学 J. R. Petta 等人实现了对两个比特的操控。事实上，量子计算过程跟传统的计算机过程类似，传统的计算机只要两个操作来构成所有操作过程，一个是 0 变 1、1 变 0 的非门操作，另一个是控制非门的操作，所有的运算过程实际上是由这样两个基本的逻辑门组合得到的。量子计算研制初期的时候，首先也是去构造量子的逻辑门。除单比特外，最重要的是两比特的逻辑门。普林斯顿大学实现的保真度是 78％，代尔夫特理工大学将保真度提高到了 85％，2019 年澳大利亚新南威尔士大学实现两比特的保真度也达到 80％。真实的量子计算过程可能需要成千上万个量子操控，以前的研究基本上实现了近邻的两比特的逻辑。但从实用化或可扩展的角度考虑，需要找到类似于经典计算机里的数据总线，使非近邻的量子比特也可以建立信息交换，实现量子相干性的长程耦合。2018 年，普林斯顿大学实现了硅基的单量子比特与超导谐振腔之间的强耦合，到 2020 年，他们通过一个量子的数据总线即超导的微波谐振腔实现了两量子比特的长程耦合。

单个指标做完之后，更重要的一点就是要往上做，也就是集成。在 2020 年之前，半导体量子芯片的工作温度要求为 10 mK，跟超导系统一样。2020 年，在硅基半导体上的一个最重要进展是把工作温度大幅提高到了 1.5 K，同时单比特和两比特的保真度依然可以达到 90％以上。这降低了对制冷机的要求，在同一块片子上实现大规模集成难度也下降了很多。

下面简单汇报一下我们在做的半导体方面的进展。我们现在用到的硅基材料，包括前面提到的澳大利亚新南威尔士大学和代尔夫特理工大学所用的硅基材料，与传统的硅晶圆最大的差异是需要把自然界所包含的硅 29 这种同位素，在进行量子芯片的生产之前尽可能地剔除掉。现在我们已经可以做到百万分之六十八的纯度，可以完成高迁移率、低缺陷密度硅基量子芯片材料的设计、生长与制备，达到了国际同类水准。在此基础上，用 8 英寸产线工艺完成了多种硅基量子点的制备。当然在做的时候，还不能与传统的工艺产线完全兼容，因为在纳米级别的曝光，缺少高精度的光刻机。我们分为两步，首先用一般的

光刻机把微米级的结构做出来,然后通过电子速曝光来制造里面纳米级的结构。

2020 年发出来的一个工作,我们发现,硅材料特别是硅-二氧化硅异质结材料,里面的载流子除有自旋外,还有另一个很重要的自由度——谷自由度。谷自由度对量子芯片或者量子比特的相干时间有非常大的影响。我们发现电子自旋弛豫时间可以百倍连续可调。进一步实现了硅基单个自旋量子比特的操控,而且完全采用电场来控制,不需要用很强的微波,完成了单个比特量子逻辑门的实现。目前正在进行硅基电子自旋两量子比特逻辑门的实验。另外在半导体里,除电子外还有空穴,关于空穴载流子也有很多的理论研究,认为它具有不同的特性,作为量子比特有它自身的优势。在硅锗材料里的空穴进行单比特的操控,可以实现目前报道的最快的单比特的操控。

有了单比特和两个比特之后,后面将讨论如何去扩展。前面也提及,一个扩展的结构就是把量子点作为一个人造原子,把微波谐振腔作为量子光场。我们所采用的微波谐振腔与其他各组稍微有些差异,我们采用了 NbTiN 的纳米线腔,两组相距约 $50~\mu m$ 的量子点通过高阻抗的微波谐振腔进行耦合,实现了半导体量子比特的长程耦合,这个工作也很快被接收。

3)超导量子芯片

除半导体外,大家听到比较多的是超导量子芯片,特别是谷歌和 IBM 这两个国际巨头一直在相互竞争,目前的最新进展,谷歌的超导芯片量子比特数是53 位,IBM 可以访问到的是 20 位。从相干时间上来讲,IBM 的为 $90~\mu s$,谷歌的大概为 $20~\mu s$,在保真度上谷歌也更优一些,能达到 99%。目前我们也做了24 位的超导量子芯片,是基于可调耦合的固定频率量子比特架构来设计的。在这个架构下,谐振腔 Q 值可以达到几百万,量子比特相干时间大于 $20~\mu s$。在实验中,单比特和两比特门操控基本都可以达到 99% 的保真度。另外,当操控完成后,要把量子态读出来,衡量读的时候有多大概率能够完全读出来,我们现在的读取技术已经做到 98%,这得益于我们自研的 IMPA 或者微波放大器,可以在大于 500 M 的带宽上得到 15 dB 的放大,可用于超过 20 路量子比特复用读出。

4)量子测控

除芯片外,还需要量子测控系统和量子软件。量子逻辑门操作、量子比特读取所需的信号生成、采集、控制、处理等都是由量子计算机测控系统来完成的。利用传统的成熟商用设备来搭建量子芯片所需要的测控系统有很多缺陷,由于它不是专门为量子芯片进行量子计算设计的,所以其效率低、成本高、功能冗余且兼容性很差。特别是随着量子芯片比特数的上升,在集成、同步和操控的速度方面都会受到极大影响。

以最简单的单比特超导量子芯片为例,至少需要 4 路任意波形发生器、1 路 DC 通道、2 路射频通道、1 个信号采集通道以及 1 个同步系统。这还是关于 1 位的情况,现在基本都要做到二十几位、四十几位甚至五十几位,对于通道数和测控信号的要求是非常高的。测控系统的主要要求是模块化,我们做了一个可以适用 30 位超导量子比特的测控一体机,集成了包括任意波形发生、直流、射频采集和同步的功能。个人认为,测控一体机或者量子测控系统可以分为三个阶段去演化。第一步就是现在在做的集成化;第二步应该是要低温化,把量子芯片的温度往上提,把测控系统的温度往下降,使得它们两个足够靠近;第三步是芯片化。目前大家还处于集成化阶段。

5)量子软件

除了硬件上面的要求,与传统计算机一样,量子计算机也需要操作系统、量子语言编译器、应用软件和集成开发环境这样不同层次的软件系统和工具。我们也在做,而且算是做得比较早的团队。可以看到谷歌、微软、IBM、华为、Atos、Rigetti 等公司都在推出自己的量子编程语言、框架、指令集,同时在传统的计算机中进行量子虚拟机的搭建。

这里稍微提一下所谓量子虚拟机,在 2017 年、2018 年左右,IBM 和谷歌曾提出所谓量子霸权的说法,最早的说法是如果能够做出超过 49 位,比如 50 位的量子计算机,它可以超越现在世界上所有超级计算机的性能,当时量子霸权的影响是非常大的。所以后来大家就用传统的计算机去模拟量子计算机的一些特定任务,比较经典的是量子随机线路的模拟上,探索到底能够模拟到多少位。2018 年的时候,谷歌做了这件事情,我们是在 2018 年 2 月份的时候发现用一个 128 位节点可以模拟到 64 位。后来我们也注意到阿里可以模拟到 80 多位,华为可以模拟到 100 多位。我们可以在量子虚拟机上进行各种算法运用的测试和检验、算法程序的开发,这是它最大的意义。

6)量子算法

简单介绍目前几个典型的量子算法。Shor 算法用来解决大数因式分解任务,打破 RSA 公开密钥体系;Grover 算法是大数据、无规则数据的搜索算法;HHL 算法用于加速线性方程组的求解;QSVM,即量子支持向量机,可以高效完成大数据分类、特征识别等任务;VQE,即量子化学的模拟算法,可以解决量子化学中分子哈密顿量演化的基本问题;QAOA 是解决 NP-H 问题的一个新思路。

具体来看,Shor 算法是 1994 年提出的,通过指数级加速解决大数因式分解的问题,可以在极短的时间内完成质数分解,可用于信息安全领域。Grover 算法专用于指定数据集中搜索目标数据,以应对海量数据信息处理,它可以实现根号加速,运用的场景包括超级大数据处理、机器学习优化、人工智能优化等。针对线性方程组的求解过程,经典计算机不能实现指数加速的解决效果,但 HHL 算法在特定条件下实现了指数加速的计算效果,在机器学习、数值计算等场景中有必然的优势。QSVM 算法是支持向量机的量子版本,比较典型的可用于简单的图像识别,可更快速地实现数据分类、特征识别等。量子化学是现在超级计算机的一个很重要的应用方向,比如对药物分子、新材料的开发,现在都是算出来的,VQE 算法是一种模拟分子哈密顿量的量子算法,通过变分量子线路来求解分子哈密顿量的基态和基态能量,可用于化工材料、生物制药、医疗健康等方向。QAOA 算法提供了一种解决 NP/NP-C/NP-H 问题的近似方法,它可以在多项式范围内解决组合优化问题(背包、旅行推销员、车辆路径、图形着色等),提高得到最优划分方案的概率。它对应的实际应用场景就包括数据处理、金融分析、物流运输、质量验证等。

现在所说的这些算法和研究都还停留在特定的机构,或者说特定的团队中,未来要真正有效运用的话,需要让更多的人接触到量子计算。年前我们还可以访问到 IBM 的一个平台,国内能访问的平台非常有限,目前华为 HiQ 量子云平台,以及我们本源量子计算云平台,可以面向不同需求的用户提供服务。

3. 量子计算的应用与未来展望

最后我们讲一下,对于很多不是做这个行业的人士来说,最关心的就是量子计算最终怎么应用,我们认为主要会应用在量子化学、生物医疗、人工智能和金融分析等领域。

1)量子计算产业化应用探索

量子计算在人工智能领域可以完成量子机器学习、模式匹配、量子神经网络与深度学习,谷歌量子人工智能实验室就是利用量子神经网络完成语音、图像识别以及图像处理等任务。典型的应用,比如手写数字识别,基于数据挖掘的用户偏好预测。

在智慧交通领域,量子计算可以进行路径规划、最优化决策。大众、谷歌、D-Wave 公司都在做相关研究。2016 年的时候北京已经验证了 1 万辆出租车的最优路线规划,避免交通拥堵。2019 年,里斯本对 9 辆公交车进行了量子导航测试,通过云端量子计算服务实时规划最快行径路线。

在金融工程领域,在资产和风险管理方面,通过蒙特卡罗模拟优化金融投资产品组会。在高频交易中,可以快速分析大量数据,在欺诈检测方面,通过量子模式识别算法,可以发现欺诈活动、减少数据泄露等。目前有很多金融机构,如摩根大通、BMO 金融集团等,都在与相关机构合作来做这方面的应用。

我们现在比较关心的生物医药方面,引入量子计算可以优化分子的组合,节省新药的研发成本和时间。可以指定个性化医疗方案,实现更高速、更高效的人类基因分析排序,研发个性化药物和医疗保健方式,预测药物对特定人群可能造成的不良反应等。可以模拟蛋白质折叠序列,解释每种可能的蛋白质-药物组合,从而快速设计药物并测试药效,发现阿尔茨海默病、帕金森病等疑难症的有效治疗方式。目前也有很多企业与量子计算的公司合作来做这方面的研究,比如我们开发的量子排序应用,通过量子算法计算得到该特定网络节点重要性的排序结果,该功能可以对新冠病毒的下一个传播点预测提供非常重要的参考意义。

最后量子计算在航天航空部门也有重要应用,我们曾在空客邀请赛的时候做过量子流体动力学的算法研究。现在的飞机,包括导弹的机翼是要经过气流建模设计的,国际上南加州大学洛克希德-马丁量子计算中心主要改进军用飞机设计模型、模拟先进战机飞行姿态等。波音和空客也都涉及流体动力学的量子算法研究。

2)未来展望

目前,IBM 和谷歌都推出了自己的量子程序集成开发环境,可以为用户提供一站式的量子程序编写、量子程序编译等功能。不同的行业、不同专业的人,都可以利用量子计算的平台,在各自的行业去寻找可能的算法,测试可能的解决问题的更好方式。我们也推出了一个桌面级别的量子程序的编程平台,大家可以在上面进行各种不同算法的开发和探索。

最后纵观整个量子计算产业链,从基础层到技术层再到应用层,量子计算牵涉的面非常广。所以,目前还处于一个非常早期的阶段,需要有更多的人来参与量子计算的研究、开发和推广的工作。

(记录人:姚雨舍 审核:董建绩)

李昕 2005 年获得卡内基梅隆大学电子与计算机工程专业博士学位,目前是杜克大学电子与计算机工程系教授,并领导昆山杜克大学应用物理科学与工程研究所和数据科学研究中心。2007—2016 年间,先后担任了卡内基梅隆大学电子与计算机工程系的助理/副教授。研究方向包括集成电路、信号处理和数据分析。目前是 *IEEE TCAD* 副总编辑。曾任 *IEEE TCAD*、*IEEE TBME*、*ACM TODAES*、*IEEE D&T* 和 *IET CPS* 的副主编,以及 ISVLSI 和 FAC 的大会主席。李昕教授是电气工程师学会 IEEE 院士,曾获得 2012 年美国国家科学基金会 NSF 职业奖,以及 *IEEE TCAD*、DAC、ICCAD 和 ISIC 的六项最佳论文奖。

第168期

Domain-Specific AI：Practices and Applications

Keywords：artificial intelligence，smart manufacturing，autonomous driving，data-driven marketing，fraud detection

第 168 期

特定领域的人工智能：实践与应用

李　昕

1. 人工智能的发展及挑战

随着信息技术的快速发展，人们生活中产生的信息量越来越多。如今，每两天的信息量就相当于由人类社会之初到 2003 年所产生信息量的总和，而这些信息的产生来源于我们每天发邮件、拍照上传、使用微信微博等社交软件的日常生活。数据表明，在美国每分钟有 204M 邮件发送、1.8M Facebook 点赞及 200k 照片上传。人们每天的社交活动产生了大量的数据，随着这些信息的不断增长，每 1.2 年便会翻一番。

由于受到大数据的驱动，所以人工智能得到了快速的发展。面对不同的数据类型，人工智能便有了各种不同的应用场景。就目前来说，人工智能的主要应用场景有三个，分别针对视频、图像及语音数据，如图像应用场景中的人脸识别、语音应用场景中的商业化产品 Siri（Apple）等。目前，人工智能在这三个应用场景上已经发展到了相对成熟的阶段，未来的发展重心将会向商业、医疗健康、制造业、教育、建筑业以及社交等方面转移，而如何将人工智能应用于这些场景便成为我们所面临的挑战。

这些挑战不在于算法、数据等方面，其根本不在于技术，而在于难以把一个行业内的问题转化为一个人工智能的问题。也就是说，如果要把人工智能与一个行业内的具体问题结合起来，需要一批对人工智能比较了解的行业内的专家来完成问题的转化。

2. 人工智能应用的成功案例

1）人工智能在制造业的应用

人工智能在制造业的应用方向有故障诊断、提高良品率、预测保养、最优调

度等。制造业中十分成熟的半导体行业,其器件制造过程尤为成熟和系统化,这为我们收集高质量的数据奠定了基础。随着"摩尔定律"的发展,芯片复杂度也越来越高,这意味着在芯片制造过程中出现错误的概率也在增加。而对于芯片来说,矫正错误往往要付出很大的代价,如 Intel 公司为召回出错的已售芯片而花费了近 7 亿美金。可见,提高芯片质量对于半导体行业来说极为重要。以下通过三个例子介绍人工智能如何从提高芯片质量及检测效率、降低检测成本等方面为芯片制造业提供帮助。

IBM 公司制造的无线通信芯片,在两批次产品中,由于原材料性能及生产流程的变化,单片晶圆上的芯片良品率大幅度下降。为提高成品率,引入了人工智能的方法。电路在生产过程中有很大的不确定性,在设计过程中很难考虑到所有的情况,人工智能的基本思路是,在芯片的电路设计中加入多个传感器,测试电路所处的状态,然后通过算法分析诊断出问题的位置,最后给出反馈信号对电路进行调整,使整个电路形成一个闭环的自适应系统。采用自适应方法后,单片晶圆上的芯片成品率可以由 36% 提高至 84%。

对于计算机的高速 I/O 口来说,高的数据传输速率对低的比特错误率要求很高。通常,比特错误率阈值会限制在 10^{-12} 以内,也就是说,100 s 以内最多只能出现一个错误,一旦超出这个阈值,经高速传输后的数据将不再有效。为测试出如此小的错误率,往往需要接收多个比特位,加上测试本身需要在不同的电压、温度及主板等 40 多个场景下进行,使得其耗时很长,可达 11 个小时,而这个测试时长在行业内是不被接受的。Intel 公司为了解决这个问题,在人工智能领域寻找合作。对于一个电平信号,判断其是否出错的关键在于区分电平的高低,而常规测试过程中高低电平的区分间隔为 0 是其判断出错的主要原因。人工智能给出的方案是,在测试过程中,要使这个间隔变大,即提高错误率,这样接收更少的比特位便能检测到错误。对间隔与错误率之间的关系进行拟合,发现两者之间的关系接近线性,该线性关系便能很快地测出错误率。通过人工智能的方案可以将测试时间缩短至原来的百分之一,极大地降低了测试成本。

德州仪器制造的无线通信芯片尺寸非常小,单片晶圆上的芯片数量可达6700 个,尽管每个芯片的测试时间很短,大概几分钟就可以完成,但测试一整片晶圆耗时仍然很长,可达 10 个小时,使得测试代价约占整个制造成本的50%。为减少成本、提高利润,给出了人工智能的方案。单个芯片的性能往往与其周围多个芯片的质量有关,该人工智能的方案在于不去测试所有芯片,而是选择晶圆上某些特定位置的芯片进行性能测试,根据所测到的值对晶圆上其他芯片的性能进行预测。通过这种方法，可以将测试成本减少为原来的42.4%以内，同时保证了优于行业标准的测试准确率和召回率。

2）人工智能在医疗健康方面的应用

人工智能在医疗健康方面的应用方向有脑图成像、脑机接口、癫痫发作检测、睡意检测等。作为人体主要的控制枢纽，大脑所能采集到的数据很多，人脑的数据存储量将近 2.5×10^{15}，相当于 52 个美国国会图书馆的数据量总和，故有关人脑的数据是人工智能在医疗健康方面数据的主要来源。

脑机接口是近年来的一个研究热点，其意义在于通过人脑信号直接对机械臂、假肢等进行控制，这对于残疾患者无疑是一个福音。脑磁图是一种无创的人脑信号采集手段，它所测得的是人脑产生的磁场。由于磁场是一个矢量场，故每个位置上需要放置 3 个传感器以确定该处的磁场方向及大小，在脑磁图的获取过程中需要在 102 个位置上放置 306 个传感器。人脑磁场极小，约是地磁场的 10^{-9}，也就是说，地磁场在人脑磁场信号测量过程中是一个极大的背景噪声，如何从大的背景噪声中提取小的信号是脑磁图获取所要考虑的主要问题。故人工智能在此过程所要做的主要工作就是降噪。根据麦克斯韦方程组，可以把人脑周围的信号磁场写为两个部分 $B_\alpha(r) = -\mu_0 \cdot \nabla V_\alpha(r)$ 和 $B_\beta(r) = -\mu_0 \cdot \nabla V_\beta(r)$，其中，前者为人脑磁场信号，后者为地磁场信号。如图 168.1 所示，在人脑磁场信号提取过程中，圈外是地磁场信号，圈内是人脑磁场信号。在圈内，人脑信号外围放置传感器，则传感器提取到的信号为 $B(r) = -\mu_0 \cdot \nabla V(r) = B_\alpha(r) \cdot \alpha + B_\beta(r) \cdot \beta$，对已提取的脑磁图信号进行拟合，求解出上式中的系数 α 和 β，我们便可以得知所提取到的信号哪些属于人脑磁场信号，哪些属于地磁场背景信号。

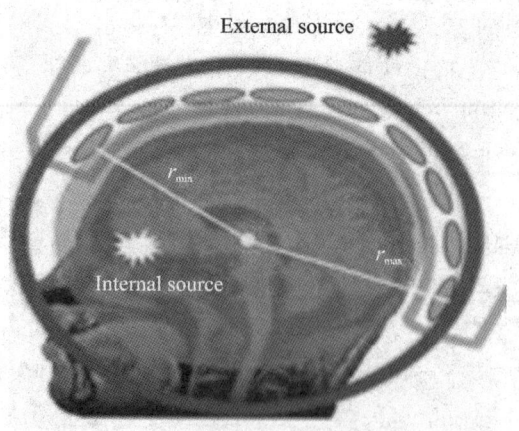

图 168.1　人脑磁图提取过程示意图

3)人工智能在汽车行业的应用

人工智能在汽车行业的应用方向有自动驾驶、车辆联网等。自动驾驶是现在各大互联网公司研究得比较火热的一个方向,可以说是物联网时代的标志。以智能头灯为例,它由多个单独可控的 LED 组成,经编程控制可投射指定图案。在自动驾驶车辆的智能头灯系统中,可通过人工智能检测道路行人状况,将远光灯自动转换为近光灯,降低安全事故发生的概率;自动检测道路两旁的车辆行驶标志,并通过头灯系统将其投射在前方道路上,可降低司机低头查看路标时可能发生事故的风险。

4)人工智能在商业、教育及建筑等方面的应用

随着科技手段及各种电子设备的不断发展,线上购物越来越流行,各购物软件客户端可通过客户以往的购物习惯及购买历史向其推荐相关产品以刺激消费。但线下购物仍是人们生活中的重要环节,商场为效仿线上购物的商品推荐模式,为客户推荐相关店铺,引入了人工智能的产品推荐系统。当下,商场基本都有属于自己的无线网络,顾客进入商场后可以连接室内无线网络确定定位,商场便可以根据以往所采集到的消费者购物路线,以及目标顾客已浏览的店铺信息,为目标顾客推荐购物路线及相关店铺,在给消费者提供便利的同时达到刺激消费的目的。

在中国,每年新生儿数目为近 5000 万,但是新生儿父母由于工作繁忙,每天陪伴孩子的时间基本少于一个小时。对于"留守儿童",其童年 0~3 岁期间甚至很难见到自己的父母。对于这个年龄段的孩子,其语言的启智教育几乎全部来自与父母的交流,缺乏交流对于儿童的语言学习来说影响很大。人工智能提供给儿童早教的应用方案是,通过录音笔收集儿童日常生活中的词句用语,将不常出现的词汇在儿童的睡前故事中多次体现出来。

在美国,40%的能源消耗都在建筑,这意味着建筑节能十分重要。比如冬天开暖气的同时打开窗就会造成能源的浪费,但是这种情况又很难检测到,如果在办公室安装摄像头会造成对工作人员个人隐私的侵犯,因此建筑内部的节能问题也相对比较棘手。通过在建筑内部使用人工智能系统,及时检测到能源浪费的情况,给出相应的解决办法,比如暂时关闭屋内空调的供暖等,可以大大减少能源的消耗。

3. 人工智能的问题讨论

(1)在目前的人工智能应用中,仍多采用机器学习而非深度学习的方法,主要是因为深度学习需要的数据量很大,而大多数数据集在短时间内能够产生的

数据量并不大,或者数据集随着时间推移会产生较大变化导致模型适用性不强。目前多采用深度学习方法的应用场景主要是图像、视频、语音,在这三种应用场景中,数据在人们的日常生活中随时随地都在产生,且随着时间的推移数据的特征并不会发生明显的变化;相反,在对晶圆晶体管诊断的例子中就不会使用深度学习的方法,因为不同批次间的产品性能会发生较大的变化。

(2)在将人工智能应用于半导体器件的实时监测中,需要考虑实现全自动化还是人工参与的半自动化。这涉及对老数据集的转移学习以及老模型的贝叶斯优化问题。

(3)关于人工智能的发展对人类社会的立法、工作岗位造成的影响。人工智能的发展仍会在以人为本的基础上提高人类的生活质量,相关立法工作也会以人为主体,而工作岗位也会因人工智能的发展体现出更高的科技含量。

(4)将人工智能算法应用于 5G、6G 通信领域,使得算法足够快、硬件成本足够低,从而降低成本、提高市场竞争力。

4. 结论

现阶段,人工智能的发展重点不是算法方面,更多的是被大数据所驱动,其发展难点在于与各个行业的实际应用场景相结合,将行业内的痛点、难点转化为能够通过人工智能算法解决的具体问题。

(记录人:付欢歌　审核:熊伟)

王琼华　分别于 1992 年、1995 年和 2001 年在电子科技大学获得学士、硕士和博士学位,1995—2001 年在电子科技大学任职并升至副教授,2001—2004 年在美国中佛罗里达大学光学中心任 Research Scientist,2004—2018 年在四川大学任教授。现任北京航空航天大学教授、博士生导师,教育部"长江学者"特聘教授,国家杰出青年科学基金获得者,入选国家高层次人才特殊支持计划,国际信息显示协会(SID)会士和 *Optics Express* 等期刊的 Associate Editor。研究方向为显示与成像技术。负责完成了科研项目 20 余项,现为国家重点研发计划项目和国家重大科研仪器研制项目负责人。带领的团队研制了裸眼 3D 显示器和连续光学变焦显微镜,等等。获得 5 件美国专利和 130 余项中国发明专利,出版书籍 2 部,发表 SCI 收录论文 300 余篇。

第169期

Integrated Imaging Naked-eye 3D Display and Continuous Zoom Microscope

Keywords:naked-eye 3D display, integrated imaging, adaptive liquid lens, continuous zoom microscope

第169期

集成成像裸眼 3D 显示器与连续光学变焦显微镜

王琼华

1. 3D 显示技术概述

信息链包含信息的获取、存储、传输、处理和显示等环节。其中显示是指可以电刷新的可见信息的呈现方式。人类获取的信息多种多样,其中有 80% 以上来自视觉。显示器作为直观的信息源,是人们获取信息的重要途径。

"智"创未来,"屏"显世界。现代社会随着人工智能的普及,带动了显示屏在各种场景下的应用。目前显示屏广泛存在于手机、电视、车载显示等设备上,与我们的生活息息相关。

3D 显示技术是指采用光学、计算机等多种技术手段,模拟实现人眼的立体视觉效果,将空间物体的三维信息再现出来,呈现出具有纵深感的立体图像的一种显示技术。3D 视觉的基本原理是基于人眼的双目视差原理。双目视差原理是指由于人眼正常的瞳孔距离和注视角度不同,造成左右眼视网膜上的物象存在一定程度的水平差异。在观察立体视标的时候,两只眼由于相距约 60 mm,所以会从不同的角度观察,大脑可以利用对这种视差的测量,估计出物体到眼睛的距离。

3D 显示的优势在于其具有震撼、逼真、精确等特点。一般来说,运用到 2D 显示的地方都能运用到 3D 显示,比如电视娱乐、虚拟现实、电子沙盘、医疗健康、航空航天等,例如嫦娥一号拍摄的月球图片就是使用 3D 显示器进行显示。

2. 3D 显示技术的分类

第一类是人戴眼镜。这是一种助视 3D 显示,需要观看者借助 3D 眼镜、头盔等设备才能观看到立体效果。助视 3D 显示优势很明显,它立体感强、成本低、制造难度小,但因为观看者需要佩戴设备,所以它的劣势是受眼镜和头盔的

束缚,而且有视觉疲劳。现在该项技术已经趋于成熟,目前重点是发展 VR 和 AR 等近眼头戴 3D 显示。

第二类是屏戴眼镜。这是一种常规裸眼 3D 显示,是指在 2D 显示屏前加柱透镜或狭缝光栅,依靠大脑融合产生立体效果。其优点在于可以裸眼观看,而且立体感强,另外,柱透镜或狭缝光栅的结构简单、成本低廉。其缺点仍然是由于集合与调节距离不一致带来的观看眩晕感,不适合长期观看。目前该项技术已经开始应用到手机、电脑、电视机等产品上,但因为易造成视疲劳,故应用规模尚小。另外还可以在屏戴眼镜的基础上添加头部追踪功能等增加观影感受,添加 2D/3D 切换功能以保证视频播放的流畅性。屏戴眼镜仍然有很大的发展空间,未来屏戴眼镜将向高分辨率、大尺寸方向发展。

第三类是利用光场重构技术,包括全息显示、体 3D 显示、集成成像 3D 显示等。

全息显示对原始光场或波前信息进行重构,是最前沿的 3D 显示技术。全息显示技术通过光场重构在空间中构建立体图像,集合距离与调节距离一致,人眼观看无视疲劳,且观看舒适,是一种真 3D 显示。全息技术可以将 3D 物体的波前信息记录完整并重建出来,从而提供人眼视觉所需要的全部深度信息。目前全息显示技术不太成熟,全息 3D 显示的实现还有很多工作要做,其一,要做到大信息量显示,支持动态显示和高速计算;第二,要做到高分辨率、大视角,目前全息成像的视场角非常小,只有在特定视角内才能观察到全息影像;第三,要做到真彩色,能够显示图像的真实色彩,增加真实感。

体 3D 显示是基于层屏或者旋转屏、光镊、声镊等通过高速投影机将 3D 图像投影在三维空间中的 3D 显示技术。体 3D 显示基于不同的投影模式有各自的优缺点。基于层屏的体 3D 显示是一种真 3D 显示,但显示的亮度不均匀、深度有限;基于旋转屏的体 3D 显示可以做到视角更大,是一种真 3D 显示,但其机械结构复杂、亮度分辨率低;基于光镊的体 3D 显示是一种前沿 3D 显示技术,其视角大,是一种真 3D 显示,但目前显示范围小(毫米/厘米量级),且需要极高的刷新率;基于声镊的体 3D 显示是最新的体 3D 显示技术,其颜色丰富、色彩真实,是一种真 3D 显示,不过它仍然存在显示范围小(毫米/厘米量级)、观看角度有限、需要极高刷新率的缺点。体 3D 显示的普遍问题是无法正确呈现遮挡关系。体 3D 显示在向着大尺寸、高稳定性、更具真实感发展,希望做到系统稳定、信息量高、分辨率高、尺寸大、全彩色并且可以正确显示遮挡效果。

光场 3D 显示通过再现物体发光强度和方向的分布实现光场重构。基于投影阵列的光场 3D 显示信息量大、沉浸感强,随之带来的缺点是体积庞大,而且仅有水平方向视差;基于时间扫描的光场 3D 显示图像质量好、结构简单、显示均匀,不足在于显示尺寸小、核心部件仍依赖进口;基于多层平面显示的光场 3D 显示具有便携性好的优点,适合中小尺寸的显示场景,但其分辨率低、视角小。光场 3D 显示的目标是做到高分辨率、全视差、低成本。

集成成像 3D 显示利用微透镜阵列记录空间和角度信息,得到图像阵列,再利用相同参数的微透镜阵列还原 3D 图像。集成成像 3D 显示的优势在于:(1)结构简单,在显示屏前加微透镜阵列即可;(2)实现了准连续视点,接近全息显示;(3)全视差,有水平视差和垂直视差,人眼垂直看或者水平看都能看到 3D 效果;(4)全彩色,有更真实的观感;(5)成本低。其不足在于 3D 视角小、分辨率低、3D 深度有限,这些问题也是集成成像 3D 显示技术亟待解决的问题。

3. 集成成像桌面 3D 显示技术

桌面 3D 显示区别于传统的墙面 3D 显示,理想的桌面显示应该为不同方位的观看者提供不同角度的场景图像信息,便于多人 360°环绕共享观看,因此不能直接将常规墙面显示屏平躺放置来实现桌面显示。桌面 3D 显示在一些特定的场合有着重要的应用,如 3D 医疗、3D 教育、3D 电子沙盘、3D 展览、3D 桌面游戏、3D 圆桌会议等适合多人同时观看的 3D 场景,都有桌面 3D 显示的需求。

由于常规墙面显示屏的像素光线向正前方发散,发散角以显示屏的法线方向为对称轴,适合正视观看,采用常规的平凸透镜阵列,若直接应用于桌面 3D 观看则视角受限。为此设计了复合透镜阵列,能够抑制像差,增大纵向的 3D 观看视角。为了提高对像差的控制能力,并为优化提供更大自由度,镜片数量由 1 个增加到 3 个,最终实现横向观看角度达到 360°,纵向观看视角达到 70°。

4. 其他代表性研究工作

其他代表性研究工作包括集成成像 3D 显示 PAD、显示器,集成成像 3D 拍摄与裸眼显示系统,双视集成成像 3D 显示器,虚实融合集成成像 3D 显示器,常规裸眼光栅 3D 显示器,超多视点裸眼 3D 显示器,交互式裸眼 3D 显示系统,投影裸眼 3D 显示系统,2D/3D 兼容显示器,全息视频获取与显示技术等一系列工作。3D 显示技术将在不久的将来造福人类。

5. 自适应液体透镜

人眼通过大脑控制肌肉,肌肉控制晶状体的形状实现调焦。自适应透镜设

计思路源于人眼,是一种可以实时调焦的透镜。自适应透镜可实现变焦,相比多个透镜组成的变焦透镜组,其优点在于焦距可调、轻量化、结构小巧、无机械移动、成本低。

自适应透镜分为曲率改变型和折射率改变型。曲率改变型通过改变透镜曲率改变透镜焦距,如聚合物透镜、液体透镜等;折射率改变型通过改变透镜光学介质折射率改变透镜焦距,如液晶透镜。自适应透镜在成像、显示、通信、照明等领域有着重要的应用,其中液体透镜是非常具有前景的一种自适应透镜。

液体透镜是以液体为光学介质的曲率可变的新型光学透镜。控制液-液面形变的机理包括电润湿效应、介电力效应、机械力、磁场力、温度控制等,其中基于电润湿液体透镜是最主要的液体透镜。电润湿透镜的原理是利用电润湿效应改变液-液面曲率,从而改变透镜焦距。液体透镜通过外加电压,积累电荷使液-液界面发生形变,调整电压即可控制决定焦距的倾角,从而改变焦距。

目前研制出的电润湿液体透镜具有变焦范围大和成像质量高的特点,可以应用于光学变焦显微镜、光学变焦望远镜、光学变焦照相机等系统中。

6. 连续光学变焦显微镜

显微镜是一种精密的光学仪器,是人类探索微观世界的重要工具,广泛应用于癌细胞观测、微纳结构观测、生命活动观测、集成电路观测等。传统显微镜由具有多个放大倍率的显微物镜组成,通过机械式转换器来实现放大倍率的转换。传统显微镜无法在细胞观测时实现倍率快速切换,切换物镜时无法消除机械振动。由此提出了基于液体透镜的显微镜,物镜的核心元件为液体透镜,可以实现连续变焦、倍率完整、实时变焦、没有抖动。研制的液体透镜显微镜成像质量甚至超越传统某商业化物镜。该显微镜具有连续自动变焦能力和实时像差校正的功能,同时无需机械移动就能实现变焦和调焦,是传统显微物镜不具备的功能。在这个基础上,提出了基于可调物镜和可调目镜的连续变焦显微镜,该显微镜结合可调物镜与可调目镜增大了显微镜可连续变焦的范围,实现了物镜和目镜总倍率约 $60 \times \sim 160 \times$ 的连续光学变焦效果,并且像质良好,变焦比约达 $2.66 \times$,即实现了大变焦比的连续变焦效果。

7. 结论

(1)3D 显示技术可大致分为人戴眼镜、屏戴眼镜和光场重构。其中光场重构 3D 显示是实现应用的重要裸眼 3D 显示技术。

(2)8K～16K 显示器的出现能够为光场重构 3D 显示带来新的机遇。

（3）基于复合透镜阵列的集成成像桌面 3D 显示器设计了复合透镜阵列，抑制了复合透镜像差，扩大了纵向观看视角。

（4）液体透镜具有优良的成像质量和电控变焦能力，在成像领域具有很大的应用潜力。

（5）基于液体透镜的连续光学变焦显微镜具有快速响应、无机械抖动等优点，具有可观的应用前景。

（记录人：颜家豪）

井立强 教授、博士生导师,教育部"长江学者"特聘教授,入选国家高层次人才特殊支持计划,享受国务院政府特殊津贴专家,教育部创新团队带头人,黑龙江省"龙江学者"特聘教授,哈尔滨工程大学兼职教授,吉林大学兼职教授。现任黑龙江大学功能无机材料化学教育部重点实验室副主任。现为中国矿物复合材料专业委员会副主任委员,中国可再生能源学会光化学专业委员会委员,中国感光学会光催化专业委员会委员,中国化工新材料专业委员会专家委员。担任 *Scientific Reports*、*Materials Research Bulletin*、*The Innovation* 和 *Chinese Journal of Catalysis* 等国际 SCI 刊物编委。多年来主要围绕环境与能源光催化领域等开展研究,主持承担 20 余项省部级以上重要课题,共获省科学技术奖一等奖 2 项、中国授权发明专利 13 项。作为第一或通讯作者,至今已在 *Chem. Soc. Rev.*、*Angew. Chem. Int. Ed.*、*Energy Environ. Sci.*、*Adv. Energy Mater.*、*Adv. Sci.*、*ACS Catal.*、*Appl. Catal. B: Environ.*、*J. Mater. Chem. A* 和 *Environ. Sci. Tech.* 等期刊上发表 SCI 论文 160 余篇,h 因子 45,近 6 年连续入选爱思唯尔(Elsevier)年度中国高被引学者。研究论文多次被 ACS C&EN、Wiley China 和 X-MOL 等学术媒体和交流平台重点推介。

第170期

Research Progress of Photocatalytic Materials Based on the Regulation of Photogenerated Charge

Keywords:electronic control,surface polarization,charge transfer,photocatalytic

基于光生电荷调控的光催化材料研究进展

井立强

1. 促进氧吸附的光生电子调控

随着能源与环境问题的日益严重,利用太阳能进行光催化转化污染物成为当下的热门研究领域。近年来,光催化剂等领域所取得的进步使太阳能光催化利用成为可能。磷酸处理等策略往往可提高光催化剂的活性,这常归因于酸离解后所形成的负场对空穴的诱捕,但其不适用于气相光催化反应的情况。我们提出和证实了在纳米光催化剂表面光生电子还原活化吸附的氧是影响环境污染物转化为 CO_2、水和矿物质等的关键,并成功地提出了无机酸表面修饰可促进氧气吸附进而改善转化性能的新策略,如图 170.1 所示。

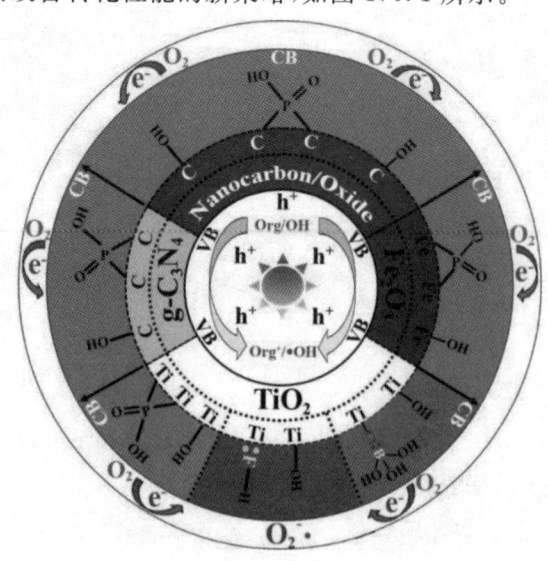

图 170.1　基于促进氧吸附的光生电子调控示意图

在有氧的情况下,适量的磷酸盐被用于纳米晶锐钛矿型 TiO_2 膜的表面改性,加速 TiO_2 膜中光生电子的动态衰减。通过磷酸盐的表面改性,大大延长了光生空穴的寿命,改善了 TiO_2 的电荷分离,进而改善了其光催化活性。磷酸盐表面改性的加速作用可归因于通过 O_2 温度编程的脱附曲线增加的 O_2 吸附量。这项工作揭示了提高有效的 O_2 的吸附对氧化物基光催化剂具有重要作用。

氢氟酸作为一种形态导向剂,通过水热工艺可控地合成了具有不同百分比的暴露(001)面的纳米晶锐钛矿型 TiO_2。结果表明,通过增加氢氟酸的使用量,可将(001)晶面暴露的百分比从 6% 调整为 73%,同时逐渐增加所制备的 TiO_2 中残留的氟化物含量。随着(001)面的百分比的增加,相应的 TiO_2 逐渐展现出很高的光催化活性,但当用 NaOH 溶液洗去残留的氟化物时,光催化活性会明显下降。通过比较无氟(001)面暴露的 TiO_2 与残留的氟,可以得出结论,所制备的(001)面暴露的 TiO_2 的优异光催化活性主要取决于与 TiO_2 表面相连的残留氟化氢。这项工作阐明了广泛研究的 TiO_2 具有高能(001)面暴露的高活性机理,并为进一步提高 TiO_2 和其他氧化物的光催化活性提供了可行的途径。

通过水热工艺,制备了不同 N 掺杂量的石墨烯,然后通过常规湿化学方法成功地将它们与纳米晶 α-Fe_2O_3 偶联。通过 XPS 数据、电化学阻抗谱、温度编程的脱附曲线、与表面酸度相关的吡啶吸附的 FT-IR 谱以及电化学还原测量,证实了增加掺杂的季铵型 N 对于光生电荷的转移和运输以及 O_2 的吸附非常有利,极大地促进了所得的 N 掺杂石墨烯-Fe_2O_3 纳米复合材料的光生电荷分离。这项工作将有助于我们更好地理解 N 掺杂在石墨烯中制备纳米复合材料时所起的重要作用,并为我们提供一条可行的途径来大大提高 α-Fe_2O_3 的可见光催化活性。

这些研究工作从实验和理论上证实 O_2 吸附可改善对光生电子的捕获进而提高光催化转化污染物的活性,发展了可促进 O_2 吸附的无机酸修饰等改性方法,为发展高效的环境光催化技术及揭示环境污染物转化过程中的关键问题等提供了理论和实践依据。随着研究工作的进一步发展,促进氧气吸附的新思路、活化氧策略拓展应用到有机醇氧化等方面具有潜力的发展方向。

2. 基于表面极化的空穴调控

近年来,日益增长的能源需求和持续的环境污染问题,使得光催化分解水的研究备受关注。光催化分解水可作为一种有效的方法来转换和储存太阳能,

可以用来生产 H_2、CH_4 等。在众多光催化材料中,TiO_2 以其化学性质稳定、氧化能力强等优点,得到了广泛的研究。TiO_2 的光催化性能研究开始于 30 年前,尽管 TiO_2 只从太阳光谱中吸收紫外光,但由于其低成本、高稳定性,以及价带和导带的能级位置适用于水的氧化和质子的还原,所以是一个极佳的光催化分解水研究模型。遗憾的是,TiO_2 光催化系统产生氧气的量子产率低,这限制了其广泛的应用。大量的研究表明,TiO_2 光催化系统量子产率低的主要原因是由于光生电子和光生空穴在 TiO_2 表面的快速重组(发生在毫秒甚至纳秒时间范围内)。很多研究者试图解决以上问题,如对光催化 TiO_2 进行过渡金属掺杂、表面改性或调控其微观形貌等,分别获得了不同程度的成功。其中表面改性(如卤素离子、磷酸负离子等处理)可以改变 TiO_2 表面电荷转移发生的途径,从而显著提升其光催化性能。

磷酸负离子可通过表面羟基基团强烈吸附到 TiO_2 表面,从而极大地影响 TiO_2 的界面和表面化学性质。然而,只有极少数的研究集中在磷酸修饰的 TiO_2 光催化反应体系中。一般而言,我们很难清楚地揭示磷酸修饰的 TiO_2 光催化反应体系的机制,因为磷酸修饰的 TiO_2 通常同时拥有很多不同的属性,如表面积改变、晶体结构和结晶度改变,以及会引入不同类型的污染物。时间分辨光谱学是研究 TiO_2 光催化反应体系机制的有效手段。瞬态吸收光谱学使用短波长激光脉冲辐照 TiO_2 半导体,在 TiO_2 表面被捕获的电子和空穴的吸收最大值分别对应在 ～800 nm 和 ～450 nm 处。瞬态吸收光谱学曾被用来在一个完整的光电化学电池中研究水氧化的机制,结果证明在正偏压下,水的氧化发生在毫秒时间尺度下,比电子空穴复合速度慢得多(发生在纳秒到微秒时间尺度内)。

在本工作中,我们使用磷酸修饰的 TiO_2 光催化反应体系作为模型系统研究探索光生载流子的动态过程是如何通过磷酸修饰影响的。我们采用相对低强度激光激发 TiO_2 半导体,这与大气环境下太阳能辐射相似。我们的结果表明,磷酸修饰的 TiO_2 光催化反应体系可用于高效的光电化学分解水,主要是基于光生载流子(光生电子和光生空穴)寿命的增加,如图 170.2 所示,在负静电场中形成表面层。这项工作是光催化分解水领域内非常重要的探索。

3. 基于适当能级平台的可见光生电子调控

光催化分解水被认为是有望解决未来能源与环境问题的新兴技术之一,也是目前最具挑战性的科学研究之一。在众多氧化物光催化材料中,$BiVO_4$ 以其优异的光电化学分解水产氧性能而备受人们的关注。然而,在不施加偏压或

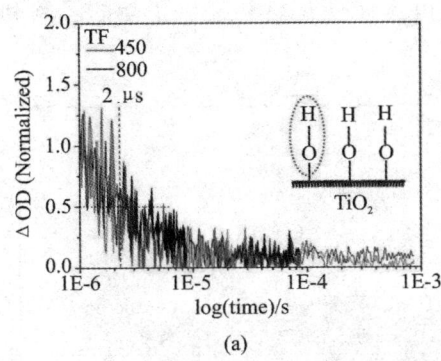
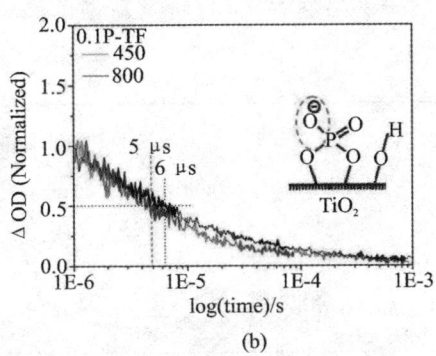

图 170.2　磷酸修饰的 TiO_2 光催化反应体系中光生载流子
（光生电子和光生空穴）寿命的变化

者缺少牺牲剂的情况下，$BiVO_4$ 通常表现出较差的光催化活性。从热力学上来说，这主要与其导带底位置较低以致光生电子还原能力较差有关。研究人员试图通过结构调控、离子掺杂等方式提高 $BiVO_4$ 的光催化活性，但通常提高幅度较小或会产生新问题，事实上，并没有从根本上解决 $BiVO_4$ 光生电子引发还原反应能力较差的关键科学问题。本课题组针对此问题进行了深入而细致的研究，提出和发展了通过复合宽带隙半导体氧化物来实现可见光激发的 $BiVO_4$ 高能电子空间转移进而延长寿命、促进分离的策略，进而显著提高了 $BiVO_4$ 可见光催化分解水产氢、降解无色有机污染物的活性。

构建复合体系以提高材料光生载流子的分离效率是改善其光催化性能的有效方法。一般认为，光生电子将从具有较高导带底能级的半导体转移到具有较低导带底能级的半导体。$BiVO_4$ 的导带底能级位置略低于 0 eV(vs NHE)，这就意味着在热力学上还原水产氢和还原吸附氧等的能力是较差的。如果利用具有低导带底能级的半导体与 $BiVO_4$ 复合，似乎这将有利于光生电荷转移与分离，但光生电子的能量下降往往不能改善其光催化活性。事实上，在可见光激发条件下，$BiVO_4$ 是能够产生大量能量高于导带底能级的电子（即高能电子）的，这部分电子应具有较强的还原能力。但是该部分高能电子寿命较短，通常容易快速地弛豫到导带底能级。因此，解决这一问题是改善 $BiVO_4$ 可见光催化性能的关键。为此，我们提出了引入适量的具有较高导带底能级的氧化物半导体（如 TiO_2）的策略。这样，$BiVO_4$ 在可见光激发下所产生的高能电子可能转移到其导带上，进而延长高能电子的寿命、促进载流子分离，又仍能保证光生电子有足够高的还原性。实验结果表明，适量纳米 TiO_2 的复合显著地提高了纳米 $BiVO_4$ 的光催化产氢和降解苯酚的活性，如图 170.3 所示。该工作具有普遍的借鉴意义,为研发新型的高活性可见光催化材料提供了新的思路和方法。

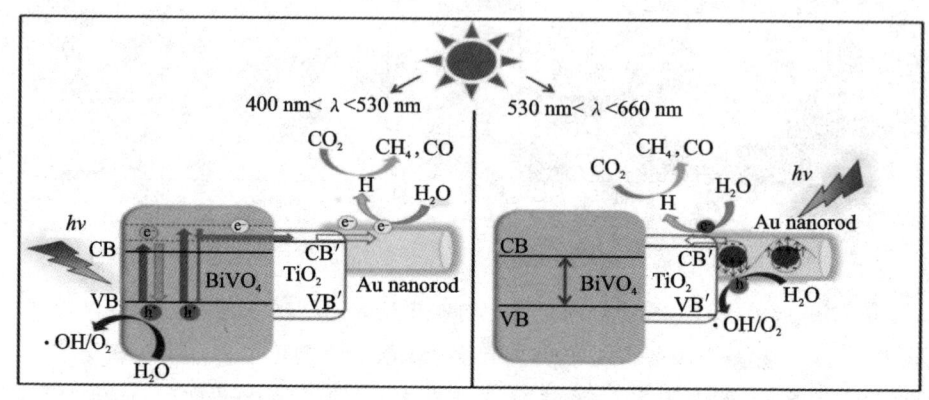

图 170.3　能级平台的可见光生电子调控示意图

4.基于改善 Z 型复合体电荷转移的新策略

Z 型复合体的设计具有明显的优势,但还存在一些不足需要改进。因此,优化 Z 型复合体已成为时下的研究热点。我们团队通过研究总结出了优化 Z 型复合结构的三个关键科学问题,并确定了工作思路:通过引入电子桥、维度匹配、原位构筑来改善 Z 型复合体界面连接;以大分子金属配合物作为还原组分而构建光谱吸收范围不同、中心金属具有助催化功能的新体系来发展新 Z 型复合体光催化剂;进一步引入助催化剂或构筑传统异质结,进而促进还原组分电子或氧化组分空穴转移,并在这三个方面取得了重大的进展。

改善 Z 型复合体界面连接:设计并制备了 Al-O 桥联 g-C_3N_4/α-Fe_2O_3 Z 型纳米复合材料,作为 CO_2 转化和苯酚降解的光催化剂。成功地提高了氧化石墨烯 α-Fe_2O_3 在 CO_2 转化和苯酚降解方面的光催化活性。在制备的纳米复合材料中创建的 Al-O 桥进一步提高了光催化活性。证实电荷分离产生的 g-C_3N_4/α-Fe_2O_3 纳米复合材料遵循 Z-scheme 机制,在空间上分开电子 g-C_3N_4 和孔 α-Fe_2O_3 将拥有足够的能量产生氧化还原反应,导致增强的电荷分离,从而提高光催化活性。在制备的纳米复合材料中形成 Al-O 桥,有利于电荷的转移和分离,使其光催化活性明显提高。此外,所产生的 H 原子在 CO_2 制备的纳米复合材料上的光催化转化中起着重要作用。该工作提供一条可行的合成高效纳米尺度的 α-Fe_2O_3 催化剂的路线。图 170.4 为制备的 Al-O 桥联 g-C_3N_4/α-Fe_2O_3 纳米复合材料中光诱导电荷的转移和分离及其诱导的光化学反应原理图。

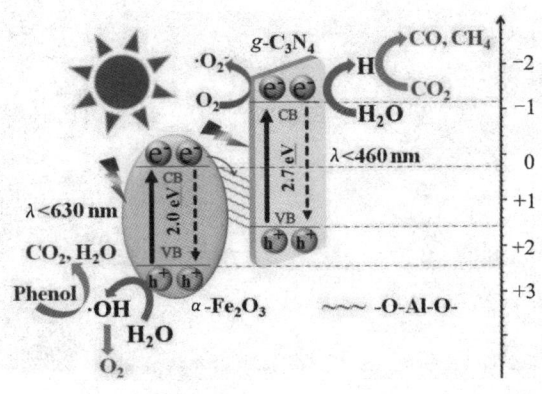

图 170.4　Al-O 桥联 g-C_3N_4／α-Fe_2O_3 纳米复合材料中光诱导

电荷的转移和分离及其诱导的光化学反应原理图

发展新 Z 型复合体光催化剂：通过氢键连接的酞菁锌／$BiVO_4$ 纳米片（Zn-Pc/BVNS）复合材料实现了级联电荷转移，通过产物分析和 [13]C 同位素测量显示，该复合材料可作为一种高效的广谱光驱动光催化剂，将 CO_2 转化为 CO 和 CH_4。优化后的 ZnPc/BVNS 纳米复合材料在 520 nm 和 660 nm 激发条件下，与已有的 $BiVO_4$ 纳米粒子相比，其量子效率提高了约 16 倍。实验和理论结果表明，这种特殊的活性是由尺寸匹配的超薄（约 8 nm）异质结纳米结构形成的 Z 型复合体电荷转移机制导致的快速电荷分离。ZnPc 中心的 Zn^{2+} 可以接受配体的激发电子，从而为 CO_2 的还原提供催化作用。

进一步引入助催化剂：二维 MO-CN/Tip 纳米复合材料已成功地通过表面羟基诱导工艺合成，作为高效 CO 氧化的先进光催化剂。优化后的 MO-CN/Tip 纳米复合材料在光催化 CO 氧化方面表现出优异的光活性和稳定性，优于商用的 P25 TiO_2。卓越的光催化性能主要取决于这两种增强 Z 型复合体电荷分离合成 CN/TiP 纳米复合材料和强大的 O_2 激活能力。此外，特定的表面区域和良好的质量扩散通过多孔结构和扩展的 CN 可见光范围也有利于提高光催化性能。有趣的是，已经证实 CO 之前是通过与表面羟基形成的-OH-OC 中间体吸附的，然后被氧化。这项工作不仅为尺寸匹配的微介孔尖端材料提供了新的设计理念，而且揭示了制备的 MO-CN/Tip 体系中 Z 型复合体电荷转移和 O_2 活化机理，为实现优异的 CO 氧化性能提供了新的视角。图 170.5 为所制备的 MO-CN/Tip 纳米复合材料的光致电荷转移和分离，以及 CO 的诱导氧化过程。

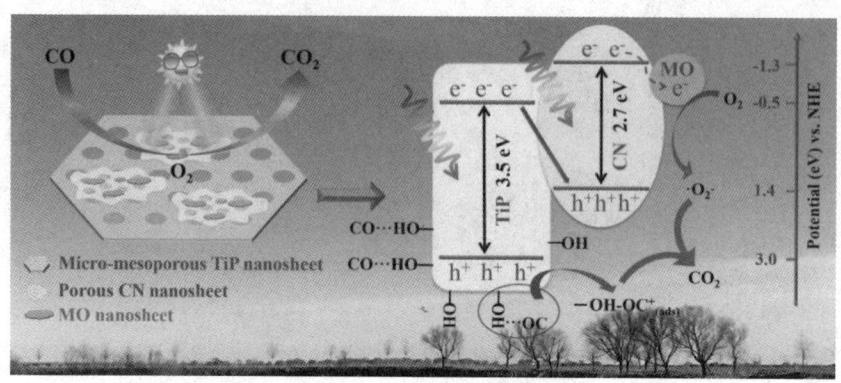

图 170.5　MO-CN/Tip 纳米复合材料的光致电荷转移和分离，
以及 CO 的诱导氧化过程

（记录人:班华夏　审核:王鸣魁）

程亚 1993 年获复旦大学学士学位,1998 年获中科院上海光机所博士学位。华东师范大学教授,上海光机所研究员。曾任科技部 973 计划项目首席科学家,现为国家重点研发计划项目首席科学家。获国家杰出青年科学基金,入选国家高层次人才特殊支持计划、上海领军人才、英国物理学会会士等。发表 SCI 论文 200 余篇,Web of Science 核心数据库中他引 6000 余次,当前 h 因子 46。在科学出版社出版中文专著 1 部,在 Springer 出版社、Pan Stanford 出版社等合作出版英文专著 4 部。获得 6 项美国授权专利及多项国家发明专利。应邀做国际会议大会报告及邀请报告 100 余次。

第171期

Lithium Niobate Photonic Chip

Keywords:photonic Integrated chip,lithium niobate, low-loss, nonlinear optical physics, optical information processing

铌酸锂光子芯片

程 亚

1. 集成电路面对的问题以及可能的解决方案

在 2020 年度全球市值排名前 10 的公司中,除了沙特阿美公司的石油、伯克希尔公司的投资和 Visa 公司的金融,剩下 7 家公司都与芯片有关。其中硅谷的 5 家公司(苹果、微软、字母、亚马逊、脸书)抓住了第三次世界科技革命,从而帮助美国引领全球科技。硅谷的现状反映了集成电路技术的辉煌:1946 年,世界上第一台电子计算机诞生于美国宾夕法尼亚大学,它使用 18000 个电子管,重达 30 吨,俨然是一个庞然大物;1959 年,仙童半导体公司发明了微电子集成技术,缩小了器件尺寸,增大了集成规模;到现在的智能电子产品,极小的芯片可以处理极为复杂的功能,满足人们日益增长的需要。

但是,目前人们认为电子集成技术的计算能力仍然不够,且存在以下问题:(1)运算速度太慢;(2)能耗效率太低;(3)光电转换太频繁。

而大规模的光子集成技术可能能够解决电子集成技术面临的问题,因为光子有着更高的运算、通信速度,更大的通信容量,以及更高的运算处理效率。

由于光子存储目前也面临困难,难以集成大量的逻辑门且光波难以转化为微波,光子短时间内无法取代电子,但光子集成可以帮助电子集成解决其存在的问题。当然光子芯片也要学习电子集成技术,将庞大的光路运算构筑在波导上。而光子集成也不是易事,需要同时满足三个要素:(1)超低的传输损耗:受限于材料吸收与加工表面粗糙度;(2)超小的转弯半径:受限于波导芯与包层的折射率差值;(3)超快的相位调节:受限于波导材料的电光热光特性。

直至最近,能够同时满足上述三个条件的材料只有铌酸锂,它有着极低的损耗(10^{-3} dB/cm)、极宽的透明窗口(350 nm～5 μm)和非常高的电光系数及非线性效应。2014 年,南京大学的祝世宁院士研制出世界上第一块铌酸锂集成光子芯片,主要性能指标优于同期硅光子芯片,但是其使用离子扩散等手段来提高折射率,Δn 为 1%,导致转弯半径过大,集成度不高。

2. 高密度集成铌酸锂芯片的制备难题

为什么铌酸锂材料不能像硅一样刻蚀呢?这是因为其化学性质稳定,较耐腐蚀。南开大学的许京军研究组采用湿法刻蚀,使用氢氟酸刻蚀波导,但是得到的表面十分粗糙。而干法刻蚀同样存在挑战,表面的粗糙度依然很高,使用聚焦离子束刻蚀同样如此,会产生副产品再沉积,造成粗糙的表面。

所以如何减少杂质沉积获得光滑表面就成了一个问题。我们从济南一家公司购买 $300\sim900$ nm 的铌酸锂薄膜,这层薄膜沉积在 2 μm 的二氧化硅上,底部是 500 μm 的铌酸锂衬底。我们使用飞秒激光烧蚀,由于飞秒激光的热效应小,可以减小裂纹,得到一个仍然较为粗糙的圆盘。之后使用聚焦离子束技术并采用很小的束流打磨 6 min,再放入氢氟酸刻蚀二氧化硅 6 min,最后经过 500 ℃ 的退火提高圆盘的 Q 值。当时,这个铌酸锂圆盘的 Q 值首次达到了 10^5 量级,自此铌酸锂材料迅速成为热点,大批顶尖国际研究机构开始采用该技术路线开展后续研究。高品质的铌酸锂光子器件可用于研究腔与波导之间的耦合、多腔耦合、非线性效应二倍频、三倍频等。高 Q 值的激光腔就可以将光更好地限制在腔内,增加光与物质的相互作用距离。

3. 铌酸锂光子结构的抛光刻蚀

上述使用离子刻蚀的方法可以将粗糙度控制在 1 nm 左右,但对于更高品质要求的器件,还远远不够,需要新的技术来制造更光滑的铌酸锂微腔表面。

目前高密度的光子集成用到的都是高精度的离子刻蚀制备,离子刻蚀可以做很小的元件,但是损耗较大,即用损耗来换取集成度,这就制约了产业应用。而宏观光学系统主要是依赖光学抛光处理,抛光处理的优点就是损耗极低。为解决产业应用,可以将宏观光学与集成光学相结合,使用光学抛光制作集成器件来制造集成度高、损耗低的光子器件。

于是,我们发明了铌酸锂光子结构的化学机械抛光,这与光刻中的概念是一样的,但形式上又是不同的。光刻技术是通过掩模的方式在硅片上镀一层光刻胶;而我们是在铌酸锂薄膜上镀一层铬,铬是硬度最高的金属,通过飞秒激光的刻蚀,铬层像剥衣服一样剥离形成掩模,而铌酸锂层不会受到任何损害。之后放在光学抛光机下打磨,由于铬层很硬,所以掩模的区域中铌酸锂的圆盘不受影响,但是其他区域中的铌酸锂就被打磨掉,之后再去掉铬膜掩模版,剩下的铌酸锂圆盘是极度光滑的,由于边沿是楔形的,在观察中甚至看到了牛顿环。通过这样的技术,测量的 Q 品质因子可以大于 10^7 量级,这是离子束刻蚀难以达到的。我们通过控制抛光的压力、抛光的时间实现了对微腔楔角从 $9°\sim51°$ 的精准控制,这就帮助我们在研究非线性时,可以满足不同倍频所需要的相位匹配条件。

高 Q 腔中可以观察到很多新的现象,例如光力学效应、光梳效应等。在圆盘上镀正极,圆盘周围镀负极,施加电压,就可以明显看到电调梳齿的光梳效应,这是首次实现电调铌酸锂光梳,成果和哈佛大学几乎同时投稿,但是哈佛大学的泵浦功率需要 $400\,mW$,我们只需要 $20.4\,mW$,这都归功于品质因子比哈佛大学高一个量级。研究小组还发现了在回音廊微腔中出现了多边形的模式,这是因为耦合光纤对微腔形成了一定的微扰。使用 $980\,nm$ 的泵浦光还会有非常高效的非线性倍频效应,可以看到清晰的可见光模式。

4. 低损耗铌酸锂光子器件

依然使用之前制造超光滑圆盘的技术来制造铌酸锂波导,在铌酸锂上镀一层铬膜,使用飞秒激光刻蚀,经过光学抛光后去除铬层进行二次化学机械抛光,使光波导的表面更加光滑。在利用铌酸锂波导构建分束器时,由于铌酸锂较高的折射率,即使是 $1.5\,\mu m$ 宽的波导,也会出现多种模式。我们使用五氧化二钽($n=2.0$)作为包层覆盖,减少折射率差,就从多模变成了单模。这样制成的单模分束器根据耦合波理论就可以提供精准可控的分光比。

低损耗波导的损耗测量与光纤损耗的测量不同。对于光纤损耗,可以使用截断法,通过改变光纤长度,测量相对损耗,就可以推出单位长度的光纤损耗。而这个测量的前提就是需要较大的光纤长度来观察足够的损耗改变,而光波导由于长度有限,截断法测得的损耗与耦合损耗相当,因此很难直接测出结果。我们提出了一种方案,使用 Miller 教授提出的完美分光器,使两路光的光程相差 $1\,cm$,实现了单位距离的光波导损耗的测量。

我们在铌酸锂薄膜上镀了 13 个电极,运用多个干涉仪,制造了 1×6 的片上光开关,可以调节电极的电压,使光从 6 个端口中的任意一个端口输出。我们也制作了 3×3 的片上干涉仪,可以将输入的光从 3 个端口均匀分出。

我们研究组也制作了长度达米级的铌酸锂波导延时线,在一个硬币大小的芯片上,绕弯 50 圈左右,转弯半径为 $1.8\,mm$,传输损耗为 $3\,dB$,即传输 $1\,m$,信号光还剩下一半能量。并且可以把波导尺寸做小,通过覆盖更高折射率差的二氧化硅包层来制作更小转弯半径($0.2\,mm$)的单模波导。

5. 铌酸锂问题的讨论

下面是铌酸锂光子芯片目前需要迫切解决的问题。

(1)目前我们已经达到铌酸锂材料较低的损耗～0.01 dB/cm,但是距离材料吸收极限还差一个数量级(0.001 dB/cm)。如何进一步降低损耗,是一个亟待解决的问题。

(2)如何通过精准控制铌酸锂波导截面的尺寸与形状,获得精准的色散与空间模式控制,仍然是一件困难的事情。

(3)需要一种成本低、效率高的方法实现 100% 的铌酸锂波导与光纤的耦合与封装。

(4)研发损耗可与自由空间光学元件相媲美的片上偏振调控器件,即损耗几乎为零。

(5)由于铌酸锂波导的低损耗,有希望在铌酸锂的晶圆上集成成千上万的光子器件,但电极也是成千上万的,那么超大规模铌酸锂光子芯片的电子学网络的设计与优化也是一个值得研究的问题。

(6)对于研究非线性效应来说,非线性过程的位相匹配和色散调控仍然有待优化。

(7)对光子结构加工误差进行可靠并低成本的补偿。

(8)市场对光子集成的需求是无止境的,单个铌酸锂晶圆是 10 cm 左右,而硅的晶圆可以达 30～40 cm,面向光子芯片扩展性需求,可能需要先制作不同的小的铌酸锂芯片,再进行拼接,能否实现不同芯片之间的低损耗耦合也是一个重要的问题。

目前大家关注的另一个问题就是,针对有源的铌酸锂片上光子芯片,我们给出了建议的解决方案:在制作晶圆时,将铌酸锂有源晶棒与铌酸锂无源晶棒水平拼接在一起,之后使用万能离子刀技术将薄膜进行切割。这样这个薄膜有一半是有源区域,另一半是无源区域,在有源区域产生不同的激光波长,之后进入无源区域进行非线性的研究。虽然这一方案在制作晶圆时比较复杂,但是在后期的制作中,使用统一的光刻技术一次性即可将有源器件和无源器件集成在同一芯片上,并且天然对准。对于掺铒铌酸锂微腔激光器,可以产生多频激光,包括上转换激光和下转换激光。铌酸锂是一种折射率很容易变化的材料,我们可以改变电压调整铌酸锂的折射率,通过双折射和光热效应来改变激射波长。

6.结论

目前硅基光子集成技术上升的空间依然很大,但硅基自身的材料缺陷会触碰到行业的"天花板",而铌酸锂材料在目前还没有看到限制。虽然目前的制造成本还是很高,等到制造成本逐渐降低后,铌酸锂光子芯片的前途是光明的。

(记录人:张泽旭　审核:熊伟)

王义平　深圳大学物理与光电工程学院特聘教授、博士生导师、光学工程学科负责人，国家杰出青年科学基金获得者，入选国家高层次人才特殊支持计划。2003年获重庆大学光学工程博士学位。先后在上海交通大学（博士后）、香港理工大学（博士后）、德国耶拿光子技术研究院（洪堡学者）和英国南安普顿大学（玛丽·居里学者）从事光纤传感技术研究。2012年受聘深圳大学特聘教授，组建了"光纤传感技术创新团队"和"广东省光纤传感技术粤港联合研究中心"（主任）。研究方向为：(1)微纳光子器件制备技术；(2)极端环境光纤传感技术；(3)生命健康光纤传感技术。

获全国优秀博士学位论文奖、教育部自然科学奖一等奖、欧盟玛丽居里国际引进人才基金奖、德国洪堡研究基金奖、深圳市自然科学奖一等奖、深圳市五一劳动奖章等多项奖励。主持国家杰出青年科学基金、国家自然科学基金重点项目、广东省重大科技专项等28项课题；授权专利56项；发表学术论文450篇（SCI收录310篇，SCI引用4800余次，h因子40），其中32篇论文入选ESI高被引论文、期刊封面文章、年度最高下载论文或被第三方转载报道。主办国际学术会议5次，受邀做大会报告5次、特邀报告60次。先后担任 *Applied Optics* 主题编辑、*Photonic Sensors* 编委、IEEE和美国光学学会高级会员，以及中国光学学会纤维光学与集成光学专业委员会委员。

第173期

Novel Optical Fiber Microstructure Devices and Smart Sensing Applications

Keywords：optical fiber microstructure，smart sensing，optical fiber sensing，optical fiber grating，fiber waveguide device

第173期

新型光纤微结构器件及智能传感应用

王义平

1. 光纤传感的动机及其技术背景

信息时代正在来临,我们不断地生成、处理、存储、显示和传输信息。传感与测量是信息生成的一个方面,在现代已成为一项日益重要的活动。

光纤传感器是一种将被测对象的状态转换为可测的光信号的传感器。光纤传感器的工作原理是将光源入射的光束经由光纤送入调制器,在调制器内与外界被测参数相互作用,使光的光学性质,如光的强度、波长、频率、相位、偏振态等发生变化,成为被调制的光信号,再经过光纤送入光电器件,经解调器后获得被测参数。整个过程中,光束经由光纤导入,通过调制器后再射出,其中光纤的作用首先是传输光束,其次是作为光调制器。

与传统的传感器相比,光纤传感器有一些技术优点:(1)体积小、重量轻、灵敏度高、分辨率高、动态范围宽;(2)抗电磁干扰、抗辐射、耐腐蚀,适合在恶劣环境使用;(3)传感和传输合二为一,易于构建分布式传感网络。在过去几十年中,光纤传感技术获得了普遍的研究和发展,其应用已遍布航天、航空、国防科研、信息产业、机械、电力、能源、交通、冶金、石油、建筑、邮电、生物、医学、环保、家用电器等领域,用于测量温度、压力、流量、位移、振动、转动、弯曲、液位、速度、加速度、声场、电流、电压、磁场及辐射等上百种物理量。近些年,光纤传感技术逐渐获得了人们的认可。

根据光纤在传感系统中所起作用的不同,光纤传感器可分为非功能型传感器和功能型传感器。在非功能型传感器中,光纤仅起到传输光波的作用;而在功能型传感器中,光纤在对光波进行传输的同时,还对光波进行调制,起着传感的作用,所以一般需要特殊光纤或加工过的光纤作为探头。功能型光纤传感器结构紧凑,体积可以做得很小,灵敏度和测量精度更高,可实现实时在线测量,

结合新的功能型材料以及各种物理、化学效应,光纤传感器的应用从对传统物理量的检测扩展到了生化领域。

2. 光纤光栅研究进展

在微纳光子器件、光纤传感技术里有一个十分重要的器件是光纤光栅(FBG)。FBG 是折射率沿着光纤轴向周期性调制的光纤器件。2000 年以来,首先通过二氧化碳激光制备出了 FBG,后来又使用紫外激光,直至今日使用飞秒激光制备布拉格 FBG。FBG 易于组建分布式传感网络,从而构建物联网感知层,具有巨大的市场需求。FBG 是重要的光纤传感和通信器件,广泛用于桥梁、大坝、火车、飞机等的健康监测(温度、应变、振动等变量)。

FBG 在传感和通信领域用途很广泛,它的重要性就相当于电路系统中的电阻或者电容,也相当于光学系统中的阻抗元件。既然 FBG 与电路系统中的电容或者电阻类似,而电容/电阻在电路系统里有并联和串联的形式,FBG 串联集成用作准分布式传感技术已被人们接受,是否也可以对 FBG 进行串联或者并联的集成呢? 这也对 FBG 的制备技术提出了新的挑战。

FBG 有多种制备方法,常规的制备方法是紫外激光相位掩模法,通常是使用相位掩模版。这种方式有优点也有缺点,优点是紫外激光相位掩模法是一个相对比较成熟的技术,成本较低;缺点是一个相位掩模版只能制备一种类型的 FBG,其周期结构完全由掩模版决定,灵活性差,并在制备串联集成的 FBG 时需要将多个 FBG 两两相熔接,工艺烦琐,也易引入损耗。

近几年,发展出了一种新型的 FBG 制备技术——飞秒激光逐点法制备 FBG。其原理是保持激光器位置不变,光纤以一定速度或者规律移动,激光器发出一个脉冲激光在光纤上写入一个周期。这种制备方法较为灵活,通过改变光纤移动的速度可以改变光栅的周期,根据需求可以实现任意周期 FBG 的制备,该制备方法对光纤的选择性也较强。与紫外激光法相比,紫外激光法只能在掺锗的光敏光纤中制备 FBG,通常还需要载氢以提高光敏性,若是在一些特殊的光纤中,例如光子晶体光纤、纯硅光纤,由于其缺少光敏性,采用紫外激光相位掩模法制备 FBG 的难度大;而飞秒激光法在几乎所有类型的光纤上都可以制备 FBG,尤其适合在特种光纤中制备 FBG,其灵活性强。

目前商用和科学研究所使用的 FBG 制备技术包括:飞秒激光制备串联/并联集成光栅阵列,紫外激光双光束干涉制备光栅阵列,二氧化碳激光制备光子晶体 FBG,电弧放电制备拉锥 FBG,氢氧焰制备螺旋光栅/手征光栅,其中氢氧焰和二氧化碳激光方法只适用于制备长周期的 FBG。

3. 光纤光栅制备技术

近些年,我们制备的三种 FBG 分别是飞秒激光刻写并联集成 FBG、双光束干涉刻写 FBG 阵列、螺旋 FBG。飞秒激光刻写并联集成 FBG 中的每个 FBG 刻写在纤芯区域内;双光束干涉刻写 FBG 阵列是通过相位掩模版将紫外激光和飞秒激光分成正负一阶的光,将二者会聚后,使用干涉条纹形成 FBG,通过改变旋转夹具角度使衍射角发生变化,进而改变干涉条纹的间距制备出不同周期结构的 FBG;螺旋 FBG 是在加载 FBG 的同时,高速旋转并横向移动光纤制备而成,适用于一些特殊场合,例如电流互感器、电流或电场的监测等。目前我们使用飞秒激光制备的高质量 FBG,插入损耗极低,通过优化参数可以达到 0.03 dB 的插入损耗,反射率高达 99.99%。我们还制作了高达 20 dB 的边模抑制比的切趾光栅、低偏振相关性的 FBG,以及掺铒有源光纤上直接写入相移的 FBG。我们知道,目前的光纤激光器对 FBG 是有需求的,在制备光纤激光器之前,FBG 一般都刻写在普通光纤上,很难写在有源光纤上,通过飞秒激光可以有效克服这一难题。近几年,近红外光纤激光器较为热门,我们把 FBG 直接写在近红外光纤上,做到 2 μm、3 μm 甚至是 4 μm 长度的光纤上,从集成度来说,性能更优。

我们给出了一些 FBG 的示例。在光纤激光器中,我们希望把光栅写在泵浦光的波长处,实现了一个 850 nm 波段的 FBG,反射率达到 99.99%,插入损耗为 0.71 dB;实现了一个 980 nm 波段的 FBG,反射率达到 99.95%,插入损耗为 0.65 dB;还制备了 850 nm 和 1550 nm 波段处的串联集成波分复用 FBG 阵列,就是在一个光纤做一系列 FBG,其波段位置可以调整,选择性非常强。

以上主要介绍了普通 FBG 的制备技术,下面分别介绍使用飞秒激光逐点法和飞秒激光逐线法制备串并联集成的 FBG。

1)飞秒激光逐点法

通过飞秒激光照射后,光纤纤芯的折射率发生周期性调制,这种光纤的折射率调制发生在纤芯区域里,我们考虑在单模光纤的纤芯中制备多个 FBG,即在轴向的相同位置和径向的不同位置制备多个 FBG。首先在光纤的几何中心采用逐点法制备一个 FBG,然后分别在光纤截面的 0°、90°、180°、270°方位制备不同的 FBG,这 5 个 FBG 都在纤芯中,两两之间的空间距离需要被精确地控制(2～3 μm)。我们知道单模光纤纤芯直径为 9 μm 左右,这 5 个 FBG 制备的间距不能太大,以免 FBG 制备到包层里;同时间距不宜过小,避免串扰。我们分别制备了单个 FBG 和纤芯中并联 3 个 FBG,从二者的反射谱和透射谱可以看

出,制备一个 FBG 后,制备第二个 FBG 并不会对已经制备的 FBG 性能产生影响,即并联新的 FBG 不会对其他 FBG 产生影响。只要控制好不同 FBG 之间的间距,彼此就互不干扰。

并联集成的 FBG 的反射波长可以相同,也可以不同。我们对此分别制备了 2 个、3 个、4 个 FBG 并联的结构,每个 FBG 的周期不同,其反射波长不同,可以实现波分复用。同样,也可以把并联集成的 N 个 FBG 制备成相同的反射波长,从透射谱上来看最为直接,这些 FBG 的周期相同、波长一致,相当于几个 FBG 的叠加,优势在于该 FBG 的长度可以大大缩短。我们知道,FBG 的反射率大小与折射率调制有关,另一方面也与周期数有关,几乎是成比例的关系,周期数越多,反射率在相同情况下就越大。而紫外激光制备的 FBG 长度一般为 10～20 mm,在做传感应用时,探测的参数是在 20 mm 长的 FBG 上的平均效果,所以该传感器的空间分辨率是 20 mm,该传感器无法应用在对空间分辨率要求更高的场合。用并联集成的 FBG 可以将传感器长度做到 500 μm 以下,具有高反射率和高空间分辨率。

2)飞秒激光逐线法

飞秒激光逐线法刻写 FBG 就是用飞秒激光以线的形式将 FBG 写入光纤,进行周期性折射率调制。逐点法和逐线法各有优势,逐线法适用于相移 FBG 和啁啾 FBG 的制备。我们实际制备了倾斜 FBG,就是在飞秒激光逐线法制备过程中,让划线存在一定角度的偏移,可以是 7°、14° 或者 21°。我们还制备了编码 FBG,利用 FBG 实现编码,有反射峰的波长位置编为 1,没有反射峰的波长位置编为 0,在光纤不同的位置制备 FBG,再在时域和频域上解调,实现一种编码的效果。

4. 光纤波导器件制备技术

飞秒激光当下的一个优势是可以用光刻的方式在波导或者光纤上做一些微结构,比如马赫-曾德尔干涉仪(MZI)。我们用飞秒激光做光刻的基底材料一般选用光纤,与上述纤芯刻写 FBG 不同,我们制备了一种在光纤包层中写入 FBG 的器件。包层中的 FBG 通过波导把纤芯中的光耦合到包层中,该 FBG 在包层表面,对外界环境的变化更敏感,与外界相互作用,从而可以应用于光纤传感。

我们制备了一个波导耦合器,在光纤靠近纤芯的位置做了一个微流的通道,通过控制通道与纤芯的间距把纤芯中的光耦合到微流通道中,该通道与外界相连。该波导耦合器适用于生化方面的传感应用。

我们制备了一个 MZI,在单模光纤包层中靠近纤芯的位置写一个 U 型的波导,两端和纤芯靠近,形成一个耦合器,外界环境弯曲或者扭曲时,参考臂发生变化,从而可以探测外界环境的变化。

我们还制备了 SPR 传感器,与上述原理类似,将光从纤芯中耦合到包层表面,在波导表面镀金属,基于表面等离激元做生化相关的传感应用。

我们制备了一个聚合物微光纤布拉格光栅,即在一个玻璃管内填充聚合物材料,在聚合物材料上写入 FBG,形成一个空间结构的 FBG。利用这种结构,我们还制作了全光的调制器。

此外,双光子聚合还可以在光纤端面做一个悬臂梁结构,该结构与纤芯形成 FP 腔。当外界环境发生变化时,悬臂梁的位置发生变化,干涉条纹跟着发生变化,从而制备成基于 FP 腔的传感器。

我们在微纳光纤的外表面做聚合物材料,再用双光子聚合的方式形成周期性条纹,固化显影,制备成光纤聚合物光子器件,实现空间立体的 FBG。

5. 极端环境光纤传感技术

极端环境通常指的是超高温、超高压、强腐蚀、强辐射以及强电磁环境,在极端环境下的传感与测量的需求牵引着我们制备面向极端环境的特种光纤材料,例如镀金光纤、蓝宝石光纤和高温封装材料。面向极端环境的光纤传感器件包括耐高温 FBG、光纤微腔干涉仪、光纤传感网络信号解调技术和光纤传感器极端环境应用技术等。

航空发动机状态监测及故障诊断。航空发动机的温度在 1500~1800 ℃之间,压强为上百兆帕,需要对涡轮前后、尾喷口等部位的温度、压力以及涡轮叶片的振动做监测。以上光纤波导器件制备技术可以针对上述需求制备高温温度传感器、高温应变传感器、高温压力传感器和高温振动传感器。

高速飞行器热结构健康监测。超高速飞行器在飞行过程中,表面温度可能达到 800 ℃,其状态监测和室温下的监测完全不同,需要性能更好的传感器。

我们利用普通的光纤制备了一系列面向航空航天的超高温光纤传感器。蓝宝石光纤光栅可以制备 1600 ℃ 高温传感器,纯石英芯光子晶体飞秒 II 型 FBG 可以制备 1000 ℃ 高温传感器,金涂覆层纯石英芯飞秒 II 型 FBG 可以制备 800 ℃ 高温传感器,铜涂覆层纯石英芯飞秒 I 型 FBG 可以制备 600 ℃ 高温传感器,聚亚酰胺涂覆层飞秒 I 型光纤光栅可以制备 400 ℃ 高温传感器。

我们还制备了并联集成 FBG 传感器应用于国防科研。我们与战略支援部队航天工程大学合作,成功将该传感器应用于我国航天装备健康管理系统,大

大增强了航天装备结构状态检测的效率和可靠性。

我们还与华为合作,制备了光纤高温传感器,可应用于电磁感应焊接工艺,以检测焊点的工艺是否达标。

6. 生命健康光纤传感技术

我们开创了微创颅内压力和温度光纤实时检测技术。在开颅手术过程中,必须实时检测颅内温度和压力,现在使用的技术和设备都是从国外引入的,使用成本很高。我们制备了压力和温度传感器,将光纤传感器插入脑室中,在光纤末端制作了一个气泡 FP 腔,利用该腔检测压力,并在光纤侧面做了一个超短并联集成的 FBG 检测温度,通过联立方程可以解决温度和压力交叉敏感问题。该成果解决了三个关键技术问题:温度和压力实时检测技术问题、温度和压力交叉敏感问题,以及光纤探头医用封装技术问题。该传感器直径为 125 μm,压力分辨率为 10 Pa,温度分辨率达到 0.1℃。我们进行了生物活体实验,将光纤传感器插入老鼠的脑部进行了脑室内温度和压力的实时监测。

我们研发了可穿戴光纤型无创生命体征综合监护技术。基于光纤传感器技术,把光纤传感器集成到衣服中,实时检测人体生命体征,包括体温、血压、心率、呼吸、咳嗽、血氧饱和度等,通过无线传输芯片经收集终端传输到疾控中心或大数据云平台。其关键技术是传感器可穿戴问题和传感器折叠问题,其温度精度达 0.1℃,血压精度可到 3 mmHg,心率精度达 2 bpm,呼吸精度达 1 bpm,咳嗽精度达 1 bpm,血氧饱和度精度达 2%。

我们研发了基于多芯光纤的机器人灵巧手位姿和触觉光纤传感技术。构建机器人灵巧手的多芯光纤传感神经网络,实现机器人灵巧手位姿和触觉的实时传感,获得具有位姿和触觉自主感知能力的机器人灵巧手样机。将光纤集成到机器人灵巧手上,用 FBG 在每个关节上布置一个矢量弯曲传感器,检测弯曲曲率和弯曲方向,并在光纤的末端集成一系列光纤微腔干涉仪,作为压力传感器实现触觉的传感。

7. 结论

光纤传感器适合在超高温、超高压、强腐蚀和复杂电磁场等极端环境下使用,光纤传感可实现航空发动机、油井勘探、石油化工、特高压电网等实时健康监测,在分布式传感方面有许多用途。

FBG 在传感和通信领域用途很广泛,它的重要性相当于电路系统中的电阻或者电容,相当于光学系统中的阻抗元件。FBG 易于组建分布式传感网络,从而构建物联网感知层,有着巨大的市场需求。FBG 是重要的光纤传感和通信器件,广泛应用于桥梁、大坝、火车、飞机等的健康监测(温度、应变、振动等变量)。

目前的 FBG 制备技术有飞秒激光制备串联/并联集成光栅阵列、紫外激光双光束干涉制备光栅阵列、二氧化碳激光制备光子晶体光纤光栅、电弧放电制备拉锥光纤光栅、氢氧焰制备螺旋光栅/手征光栅等,其中氢氧焰和二氧化碳激光方法只适用于制备长周期的 FBG。本文中涉及了两种光纤光栅制备方法,分别是飞秒激光逐点法和飞秒激光逐线法制备串并联集成的 FBG。除此之外,可将此制备方法应用于波导器件的制备。使用以上制备的光纤传感器或波导器件,我们实现了极端环境下的光纤传感和生命健康光纤传感。

(记录人:张曦)